油田开发效果评价技术发展与实践

方艳君　张继风　王天智　等著

石油工業出版社

内 容 提 要

本书基于大庆油田开发效果评价技术的发展历程，系统介绍了油田注水开发及聚合物驱开发效果评价的主要技术方法，包括单指标对比法、动态管理评价法、系统效率评价法、精细评价法，以及对标评价法等，所述方法既可以用于高渗透、中渗透及低渗透水驱砂岩油藏开展开发效果评价，也可以用于聚合物驱开发效果评价，具有很强的理论性和实用性。

本书可供从事油气田开发工作的研究人员、油气藏工程技术人员及石油院校相关专业师生阅读参考。

图书在版编目（CIP）数据

油田开发效果评价技术发展与实践 / 方艳君等著 .—北京：石油工业出版社，2024.3

ISBN 978-7-5183-6491-6

Ⅰ. ①油… Ⅱ. ①方… Ⅲ. ①油田开发 Ⅳ. ① TE34

中国国家版本馆 CIP 数据核字（2024）第 002099 号

出版发行：石油工业出版社

（北京安定门外安华里 2 区 1 号楼　100011）

网　址：www.petropub.com

编辑部：（010）64523829

图书营销中心：（010）64523633

经　　销：全国新华书店

印　　刷：北京晨旭印刷厂

2024 年 3 月第 1 版　2024 年 3 月第 1 次印刷

787 × 1092 毫米　开本：1/16　印张：16

字数：410 千字

定价：100.00 元

（如出现印装质量问题，我社图书营销中心负责调换）

前言

油田的开发效果是关系到油田如何减缓递减、延长寿命甚至恢复生机的主要判断依据。油田开发效果评价贯穿着油田整个开发历程，也是明确挖潜方向、确定调整措施的重要手段。合理且正确地评价油田开发效果，以总结经验、吸取教训，达到深入挖掘油田开发潜力、深化油藏开发规律认识的目的，从而指导油田更加合理、高效地开发。

大庆油田开发已经持续了60多年，实现不同开发阶段的持续高产稳产，这与不同时期对开发效果的实时、准确评价密切相关。针对大庆油田在不同开发时期出现的不同类型油藏、不同含水阶段、不同挖潜手段等，油田技术人员先后进行了多次效果评价技术专项研究，从油田开发中高含水期到特高含水期、从中高渗透油藏到低渗透油藏、从水驱到聚合物驱，系统分析了每个开发阶段油田开发面临的形势、主要指标的变化规律，阐述了评价指标体系的建立原则及评价标准和评价方法的优选与确定，并引入了大量的油田开发生产实例，很好地展现了如何应用效果评价技术解决油田生产实际问题，对油田开发方案、挖潜措施、调整对策的制定与实施都起到了重要的指导作用，为油田科学、合理开发提供了重要的技术手段。

大庆油田勘探开发研究院的技术人员在多年的油田开发效果评价工作中积累了一些经验，也吸取了很多教训。为了总结经验以利再战，也为了石油界同行在工作中有所借鉴，通过对近四十年来一系列专题研究及现场实际工作的进一步系统总结、梳理和提炼，由企业首席技术专家方艳君执笔，编写了《油田开发效果评价技术发展与实践》一书。全书共六章，方艳君、张继风编写了第一章开发效果评价技术发展综述；张继风、方艳君编写了第二章单指标对比法在油田开发中的应用；王天智、石成方编写了第三章油田开发动态管理评价方法研究与应用；田晓东、张继风编写了第四章水驱中高渗砂岩油藏系统效率评价方法；孙淑艳、郑宪宝编写了第五章低渗透油田开发效果精细评价方法；孙波、张晓芹、张雪玲编写了第六章聚合物驱开发效果对标评价方法研究与应用。全书由方艳君、张继风组织编写和修改完善，由方艳君审定。本书汲取、集成了袁庆峰、杨玉哲、彭鹏商、刘淑君等老前辈和老专家的部分成果与认识，在此深表感谢！

由于水平有限，书中可能有不妥之处，望读者见谅，同时恳请业内专家和读者提出宝贵意见和建议，以便做好本书的完善和再版工作，共同提高油田开发效果评价技术的理论水平和实践应用能力。

目录

第一章　开发效果评价技术发展综述

为更好地了解和掌握国内外油田所应用的开发效果评价方法，了解不同方法的应用原理及适应性，不同研究者根据已有的方法，建立适合于本油田开发效果评价[1]的科学方法，从而找出改善油田开发效果和提高采收率的突破点，进一步明确油田开发潜力并制定相应调整措施，从而实现为油田开发效果评价提供技术支持和理论参考的目标。

美国于19世纪40-50年代[2]开始考虑注水开发的合理性，苏联也于同期开始考虑注水开发油田的合理性，并与美国油田开发主要指标进行了对比，提出了适合本国油田注水开发的指标变化范围。我国从19世纪50年代以来，也开始进行水驱开发效果研究，经过几十年的发展，目前形成了以油藏工程原理为核心的单指标对比法[2-5]、可采储量评价法[6]、系统动态分析法[7]等方法，以及以应用模糊数学、运筹学、多元统计分析、系统分析等数学方法[8-10]与油藏工程方法相结合的综合评价方法，较为明显的发展趋势是运用各种数学方法对各种指标或参数进行综合评价，以期得到合理正确的评价结果，其中现场广泛采用的是单指标对比法和综合评价法。

大庆油田在不同开发阶段针对不同油藏类型、不同驱替方式开展了多次较大规模的开发效果评价工作，有力地指导了油田开发调整工作。20世纪80年代，根据分区采油速度差异，建立了分区采油速度的调整评价方法；20世纪90年代，为了适应当时油田分块管理的需要，提出了一套开发管理评价方法；21世纪初，建立了中高渗透水驱油田系统开发效率评价方法、外围低渗透油田地质与开发特征综合分类方法和评价聚合物驱开发效果的压力恢复曲线法；2010年以来，进一步建立了水驱精细评价方法和聚合物驱对标评价方法。上述油田开发效果评价技术在大庆油田获得了广泛的应用，为油田当时抓住主要矛盾、明确挖潜方向、制定调整对策提供了重要的技术支持。

第一节　油田开发效果评价常用方法

文献调研结果表明，当前对水驱油田的开发效果评价方法大多采用确定一个或几个开发效果评价指标与给定的评价标准进行对比，或者采取将几个评价指标联立运用数学方法进行综合评判等方法来评价开发效果。

一、油藏工程方法

1. 单指标对比法

所谓单指标对比法是指把理论（标准）曲线与实际的生产曲线对比，在相同情况下根据两者之间偏离情况来进行评价。常用的对比曲线有含水率与采出程度关系曲线、存水率与采出程度（含水率）关系曲线、含水上升率与含水率关系曲线等。一般应用水驱特征曲线（或结合相对渗透率曲线）推出理论公式或由生产动态资料拟合出理论公式做出曲线，与实际曲线进行对比，不同的研究人员常常会选择不同的指标（单独分析各个指标）进行评价分析。由于单指标对比法简单明了，在现场上获得了广泛应用。其理论曲线的确定主要采用理论计算法、矿场单层注水开采试验分析法、密闭取心检查井资料统计法和国内外油田开发资料统计对比法等。如陈月明[11]等针对全国注水开发油田目前大多已进入高含水期的现状，为了客观地评价油田开发效果，及时调整油田的开发方案，保证油田获得较高的采收率，采用流管法、合理井网密度法、水驱曲线系列法及经验公式，对油田进行注水开发效果评价，确定合理井网密度，量化油田开采潜力。该方法运用油田动态、静态资料，与油田实际结合紧密，一直在油田广泛应用。

单指标对比法改进之一是提出新的评价指标，即针对已有指标不能满足油田实际需求的情况，根据本油田的实际特征和生产需求，提出并建立新的评价指标。如王国先[12]提出了即时含水采出比或累计含水采出比的概念，其值范围通常为 0~10，并认为该参数是一个有界参数，收敛性好，而且所计算的参数相对集中；卢俊[13]提出了注入倍数增长率（每采出单位数值的地质储量时，相应的注入孔隙体积倍数增长的速度）的概念，从注水角度来评价和预测油田调整挖潜的效果；王文环[14]提出了应用理想系数、实际采出程度和含水关系曲线与理论采出程度和含水关系曲线对比来评价油田开发效果。

单指标对比法改进之二是改进推导方法或理论，即针对已有标准不符合油田实际或不能很好地符合油田开发实际特征，应用统计分析或数学方法，推导或建立新的评价标准。如冯其红[15]以童氏水驱校正曲线为基础，在经验方法标定油藏采收率的基础上，绘制油藏的含水率与采出程度、存水率与采出程度的关系曲线，以此作为理论曲线来评价水驱开发效果；孙继伟[16]从油田开发耗水率的基本概念出发，定义耗水指数为当注采比为 1 时的耗水率。并结合童氏水驱曲线公式，推导了耗水指数与采出程度的关系式，据此制作耗水指数的理论图版，用来评价注水开发效果，并可预测水驱采收率，该方法在河南双河油田的应用取得了成功。

但有的研究者[17]认为，用于水驱开发效果评价的方法其原理是以一维油水两相渗流理论为基础，利用流管法并考虑渗透率非均质性建立的理论曲线，在生产实践中存在两个问题：一是理论曲线是基于一维流动建立的含水率、存水率与采出程度的关系曲线，而实际地层的流动不是一维流动；二是建立理论曲线时需用到渗透率的概率分布模式，而渗透率的分布不一定符合某种特定的模式，因此建立的渗透率概率分布模式本身就存在一些问题。这种情况下建立的理论曲线是一种非常理想条件下的曲线，将该曲线用于水驱开发效果评价会存在一些偏差。

2. 可采储量评价法

可采储量是评价水驱开发效果的重要指标。对于应用可采储量评价法评价油田开发效果，已经形成了许多经验预测公式。1955 年，美国 Guthrie 和 Greenberger[18] 对 73 个完全水驱或部分水驱砂岩油田的基础数据，利用多元回归分析得到预测注水油田的水驱可采储量的经验公式。1956—1967 年美国石油学会（API）采收率委员会对北美和中东地区的 72 个水驱砂岩油田的采收率进行了广泛研究，1967 年美国石油学会提出预测注水油田的水驱可采储量经验公式。1958 年 Wright[19] 根据油田的实际开发数据，首先建立了水油比与累计产油量半对数统计直线关系。1959 年 Matthews[20] 又建立了水油比与累计产油量半对数统计直线关系。后来这两种水驱特征曲线作为预测注水油田的水驱可采储量的基本方法得到广泛应用。

我国在20世纪70年代中期到80年代初又提出利用多种驱替特征曲线来预测注水油田的水驱可采储量，其中应用最广泛的是甲型曲线。从80年代中期开始，人们发现利用驱替特征曲线来预测注水油田的水驱可采储量，仅考虑了采出量（油、水）之间的关系，这样评价油田水驱开发效果就将受到一定限制。同时，油田进入中、高含水期以后，随着注水量的不断增加，注水成本也将不断提高，注水指标作为衡量开发效果的一个方面，其重要性逐渐被人们认识，因此提出了许多新的预测开发指标方法，童宪章、秦同洛、陈元千、俞启泰等对此都有较深入的研究。王俊魁[21]、毕海滨[22]等对处于不同开发阶段油田采用不同的方法进行了可采储量评价；王禄春[23]、王永山[24]等对大庆长垣外围低渗透油田的可采储量评价方法进行了研究探讨。

可采储量的预测方法最实用有效的就是水驱曲线预测方法，当含水率达到40%以上，并出现明显的直线段后，水驱曲线可以有效使用。目前的水驱曲线法有30余种，多年的理论研究和实际应用表明，在石油行业经过系统筛选和定名的甲、乙、丙和丁四种类型的水驱曲线是最为有效的，并在各大油田广泛推广和使用。按这四种公式预测出计算出可采储量可以对水驱开发效果进行评价，通常用预测的可采储量与理论可采储量对比以评价油田开发效果的好坏，也可按SY/T 5367—2010《石油可采储量计算方法》计算目前条件下的水驱可采储量值并与理论值进行对比分析，评价综合治理措施是否得当，制定进一步改善开发效果、提高水驱采收率的方法对策和技术措施。国内储量管理注重程序的合法性，未经评审的可采储量数据不得使用和发布。入中国石油天然气股份有限公司（以下简称股份公司）储量库的可采储量数据需要股份公司评审专家组出具的评审意见书进行认定；入国家储量库的可采储量数据需要自然资源部出具的评审意见书和备案证明进行认定。

二、数学方法

1. 系统动态分析法

王凤琴、薛中天[25]等提出一种新的开发效果评价方法——系统动态分析方法，该方法以大系统理论和方法为依据，把油田看作一个复杂的系统，研究各生产井中产油量与产液量、产水量与产液量、含水率与产液量之间的相关关系；研究各生产井产油量之间、产水量之间的相关关系；研究注采井之间注入量与产水量、产油量的相关关系。从而得到油藏中油水运动关系、储层中能量消耗与储层非均质性关系、储层能量补充和能量消耗的关系，为油田的开发决策提供有力的科学依据。该方法着眼于研究油藏整个开发系统的状态和过程，而不拘泥于局部的、个别的因素，力求表现出系统的最佳特征，但并不需要其所有组成部分（如单井、井组、井网）都具有最佳的特征。通过计算分析，采取适当的措施，如加密、堵水、调剖等，使整个开发系统的总产油量得到提高，延长稳产时间，进而提高整个开发系统的最终采收率。

由于油田本身具有大系统的特点，要逐一研究各个因素对产量的影响以及产量变化对各因素的反应是不可能的。可运用结构分析的概念，将油田集结为一个由输入、输出、中央处理三部分组成的处理系统。其中输入端是注水井，输入的信号是注水量等；输出端是采油井，输出的信号是产量等；中间的处理系统就是储层。常规的信号处理方法是建立中央处理模型，将输入信号输入到模型中进行处理，以求出输出信号。这一思想被引用到油藏数模中，产生了黑油模型。

但对实际生产中的油藏而言，由于非均质性、各相异性等的影响，难以准确地适时选取流体与储层参数，中央处理模型的建立往往依赖于过多的假设条件，处理结果难以避免出现较大误差。要想得到好的处理结果，有必要优化中间的处理部分。因此，根据输入及输出的信号来反馈中间的处理过程，而这些信号正是油田实际生产中容易获取的、连续的、呈动态变化的生产特征参数。

由油田开发动态系统分析理论可知，油田开发是通过井、井组将油藏与地面建立某种关系，分析地面上获得的信息，从而合理地管理油藏、利用油藏，使人的主观能动性达到最好的发挥。在油田开采过程中，尤其是注水开采的油藏，其注水量、注水时机、注水性质、注水方式等油藏外部因素对油藏系统有着不同的影响；由于油藏外部输入因子的内部结构不同，油藏系统内部对其也会有不同的反应，因而表现在输出一端就是多样化、复杂化的。输出的一端反映了输入对系统的影响，又反映系统内部对输入因子的适应。根据大系统分析的原理，可将油藏动态分析中的问题先分散化处理，再进行分解、协调，完成对多级多目标系统的控制。在实际应用中，分别考虑注水井对采油井的作用情况、采油井之间的相互干扰情况、采油井内部信息的相关关系，然后将这些结果进行综合分析，以指导注水开发油田的生产。

2. 模糊综合评判法

模糊综合评判法是一种基于模糊数学的综合评价方法。该综合评价法根据模糊数学的隶属度理论把定性评价转化为定量评价，即用模糊数学对受到多种因素制约的事物或对象做出一个总体的评价。它具有结果清晰、系统性强的特点，能较好地解决模糊的、难以量化的问题，适合解决各种非确定性问题。

模糊综合评判的一般步骤是：（1）构建模糊综合评价指标体系。模糊综合评价指标体系是进行综合评价的基础，评价指标的选取是否适宜，将直接影响综合评价的准确性。进行评价指标的构建应广泛涉猎该评价指标系统的行业资料。（2）构建权重向量。通过专家经验法或者 AHP 层次分析法构建好权重向量。（3）构建隶属矩阵。建立适合的隶属函数从而构建好隶属矩阵。（4）隶属矩阵和权重的合成。采用适合的合成因子对其进行合成，并对结果向量进行解释。

唐海、黄炳光[26]等在分析评价经验公式法、水驱特征曲线法和递减曲线法确定油藏水驱开发效果优缺点的基础上，在影响油藏水驱开发效果的 7 类因素中，选取矿场易获取的且能够反映油藏地质与开发特征的 24 个参数，构成油藏水驱开发效果评价指标体系，提出了用“多级次模糊综合评判法”评价油藏水驱开发效果的新方法。

多级次模糊综合评判法主要步骤：（1）求取一级评判指标的评价矩阵。一级评判指标具有明确的边界值，其单因素评价矩阵可根据参数的具体值和单因素评价标准求取。（2）求取二级综合性评判指标的评价矩阵。在获得各个一级评判指标的评价矩阵的基础上，对于没有明确边界值的二级评判指标，其单因素评价矩阵可利用上一级评判指标的单因素评价矩阵和层次分析法等求出的该级评判指标的权重集，经模糊综合变换后求出。（3）确定砂岩油藏水驱开发效果评价的最终评判结果矩阵。在最终评判结果矩阵中，以最大隶属度为界，结合油藏水驱开发效果评价分类等级，经处理后获得油藏水驱开发效果评价结果。

3. 灰色理论评价法

宋子齐等[27-28]通过对注水开发油藏的地质特征、开发特点和评价指标进行分析，采用灰色系统理论综合评价分析方法，建立了不同类型油藏水驱难易程度、水驱均匀程度及水驱开发潜力综合地质因素的评价参数、标准、权系数和自动处理方法。通过矩阵分析、标准化、标准指标绝对差的极值加权组合放大技术及综合归一，对不同类型油田水驱开发潜力地质因素进行了综合评价处理。对不同开发效果的水驱开发油田进行了调整方法分析，为合理选择该区油田开发决策和改善油田开发效果提供了依据。

灰色系统理论指既含已知又含未知的分析方法或系统，用灰色系统来分析注水开发油田开发地质潜力，就是把影响注水开发地质潜力的因素、评价结果看作一个包含已知因素和未知因素的灰色过程，通过分析研究和提取参数，统计确定灰色信息系统中每个灰数的评价标准和指标。然后用这些参数、指标及特征值去白化灰色系统，实现全面、综合评价和分析注水开发油田开发地质潜力。采用了一种新的思维方式来实现注水开发油田开发效果评价研究，其注水开发效果评价分析结果具有单序列加权和多元归一评价性质，利用了灰色多元加权归一系数综合表达开发地质潜力综合评价结果和特征的定量关系。

以上三种方法均是数学方法在油田效果评价方面的扩展应用，其中系统动态分析方法是一种较为理想的效果评价方法，着眼于提高整个油田大系统的产量及最终采收率，是一种适时的宏观决策方法，但其数学模型的建立存在一定误差以及考虑因素（参数）较多而评价起来较为困难注定其实际应用较少。另外两种方法能够充分应用数学方法的逻辑性，在一定程度上能够准确表述开发效果的好差量度并部分实现了定量表达，但在评价标准的制定上应用了数学统计规律，这还不能够真实反映开发规律，甚至还存在数学方法与油田开发指标变化规律上的不一致，从而导致评价结果失真。

三、其他方法

1. 类比法

广义地讲，可以在某种相同状况下比较相关概念以确定开发效果的好坏。这里的相关概念既可以是决定油田开发效果本质的指标，也可以是其他开发相关指标。评价对象可以是单个区块，也可以是整个油田。这里主要指不同油田或油藏之间的类比评价，一般选择地质特征及开发方式相同或相近类型的油田，把含水率、存水率、采出程度等指标在相同开采时间或开发指标下进行对比，从而评价油田开发效果。

2. 数值模拟法

数值模拟评价水驱开发效果是最方便、最直接的一种方法。既可以模拟不同地质状态去评价开发效果，也可以根据油田开发实际中的问题设计模拟状态，然后进行评价。一般可选择几个参数（如井距、井网、裂缝类型等）并让其在给定范围变化，对油藏进行模拟评价，或就模拟油田的不同井网和井距的开发效果进行评价。数值模拟评价具有与油田实际紧密结合、正演与反演均可模拟的优点，但也存在着模型建立时间长、参数拟合偏差大以及耗时长等共性难题。

3. 流体势法

为获得更多的潜力认识，其他学科也逐步应用到油田开发中来，如油气成藏动力学中的流体势原理[29]就有成功应用的实例。

该方法认为油田的注水开发同油气成藏一样，都遵循由高势区向低势区运聚的流体势原理，即开发中的可动油气一部分运聚到更低势区的油井被采出，另一部分将存留在无井控制的低势闭合区而成为开发中的潜力区。根据流体势原理，油富集区就是储层中被高势面与非渗透性遮挡联合或单独封闭而形成的低势区。此区在含油气盆地中就是油藏的原始分布区，在油田的开发中就是油富集区。

在油田注水开发中，闭合的低势区实质上就是所谓的潜力区，其控制因素可分为两类：一是地质构造与储层变化的静态遮挡因素，二是水动力及其变化形成的高势封隔的动态水势条件。对于注水开发的油田，可动油的采出与滞留是动、静两方面共同作用的结果。因为水动力只能在平面与侧向的二维空间发生作用，而静态遮挡也只能在纵向及侧向上发生垂向排替作用。两者结合，才能形成三维作用而使原油在储层中滞留或被采出。老油田的潜力区是原油滞留的低势区，由于水势的平面与侧向多方位作用，将改变注水前一般由静态遮挡的单一排替作用形成的动态水势与静态遮挡联合作用的动态流体势格局。通常注采井网对油气储量不可能实现 100% 的控制，人们对构造与储层特征也不可能一次认识清楚，而且在开发过程中井网及注采液量一般都要经历较大调整，在我国东部复杂断块油田中，这些现象表现得尤为突出。基于这些现象，可以把老油田的油潜力区概括为三类，即井网布置时已有的潜力区、研究中发现的潜力区、开发中由于动态变化而转化的潜力区。

应用流体势原理对注水油田潜力区做了本质上的分析论证，总结出了潜力区的控制因素、形成原因及类型和特征。油田开发中的潜力区就是闭合的低势区。潜力区控制因素分为静态遮挡与动态水势两方面，按主控因素与开发实践分为静态型、动态型、复合型三种类型。目前老油田主要研究与实践的潜力区即所谓的正向型微构造区，其仅为潜力区的一种类型，而动态型、复合型也是一种重要的潜力区类型。该方法突破了目前老油田所谓潜力区即是正向型微构造区，而缺乏油田中因水动力作用及其变化对潜力区形成作用的认识与实践的局限范围，从而拓展了注水老油田的挖潜方向，展示了注水油田的可观潜力，对目前注水老油田，尤其是特高含水期油田具有较大的参考价值。

四、存在问题及发展趋势

油田开发效果评价方法已经由过去的单指标定性评价转变到目前的应用多个单指标综合评价和多指标综合评价。当前，数学知识在开发效果评价方法上得到了广泛运用，对多个指标进行综合分析以求得到合理正确的评价结果。由于各水驱效果评价指标关系复杂性（一些指标之间具有相关性，而另一些指标又相互独立）、评价指标的局限性（有些指标仅适用油田开发的某一阶段，另一些适用于整个开发历程）以及油田开发的不确定性，也根本不可能实现真正意义上的评价定量化。

总的来看，虽然国内外不少油藏工程研究者在水驱油田开发效果评价这方面进行过许多研究，也取得了一些成果，但并未能实现建立一套系统的、科学的效果评价方法，大部分都是对评价理论进行探讨但其评价方法缺乏通用性、针对性和实用性。对效果评价方法和潜力分析而言，其应用研究存在的问题和将来的发展趋势主要有以下几个方向。

（1）就应用现状而言，在新的实用性的评价方法出现前，单指标对比法在较长的一段时间里将会继续在现场应用。

（2）就评价指标而言，由于每个评价指标都有其局限性，因此应当确定不同类型、不同开发阶段油田的评价指标体系；新的评价指标不断出现，极大地丰富了评价方法的内涵，但其适用性值得进一步检验。

（3）就应用对象而言，不同的油藏类型（砂岩和非砂岩，低渗透和中高渗透）在不同的开发阶段（中含水和高含水）和不同的开发方式（稳定注水和不稳定注水以及聚合物驱）下所应用的评价方法和评价指标是不同的。

（4）就评价目的而言，开发效果评价是为了获得更多的潜力认识，而边缘学科（如流体势和微构造研究）已开始应用到潜力认识中来，一方面，对开发效果评价方法的应用构成了严峻的挑战，要求其必须取得一定的突破和发展；另一方面，二者也可以相互印证，取长补短。

（5）就评价范围而言，评价目标以多大的地域范围构成为宜尚没有明确的界定，是整个油藏，还是一个区块，甚至一个井组。还有是从井网构成，还是地质构造，还是地面管理单元来界定评价目标的评价单元，不同的开发阶段、不同的评价需求、不同的目标导向会有相应的变化，研究方法和思路也应跟随变化。

（6）就评价结果而言，油田开发的现场经验尤为重要，评价结果可能存在与油藏工程师的经验认识不一致的情况，需要重新认识评价指标或建立相应的评价标准，实现评价结果与经验认识两者有机结合与统一。

（7）就发展趋势而言，其他运用数学方法进行综合性评判的方法近一段时间内将会继续发展，系统分析法最终也会转化到数值模拟法，而多个单指标对比法将会一直存在并获得应用。

总之，国内外有不少的油藏专家在注水开发油田的水驱开发效果评价这方面进行过许多研究，取得了很多的成果，促进了水驱油田开发效果评价技术理论方法的进步，有效指导了现场实践。尤其是针对当前，大部分水驱油田均已进入高含水、特高含水阶段，为准确评价开发效果带来了更多的难题和挑战，对开发效果评价方法也由从单指标对比，逐步转向到开展多指标综合评价。

综合评价法是考虑评价目标的所有影响因素，然后综合这些因素得到一个综合评价结果。对于综合评价理论方法介绍的专著已经出现很多，多学科综合评价法涉及模糊数学、运筹学、多元统计分析等，其中油田现场常用到的方法有模糊评价法、主成分分析法、因子分析法、聚类分析法、概率统计法及灰色关联度法等。下面就综合评价方法及权重系数确定方法做以介绍，方便技术人员了解其应用原理。

第二节　综合评价常用数学方法

一、综合评价实质

综合评价是指对多属性体系结构描述的对象系统做出全局性、整体性的评价。目前对评价问题的研究大致可以分为两类：一类是对评价指标体系的研究；另一类是对综合评价方法的研究。后者是评价研究领域中最重要且最具研究前景的研究方向，因为前者是解决（某类）个性问题，后者则针对评价中的共性问题。

综合评价方面的学术论文[30-32]，一般刊于管理类的综合性期刊。国际性的综合期刊包括 Management Science，Decision Sciences，European Journal of Operational Research，Journal of Systems Science and System Engineering，Operations Research 等；专业性的期刊包括 Fuzzy Sets and Systems，Artificial Intelligence，International Journal of Project Management 等；国内期刊，包括《管理科学学报》《管理工程学报》《系统工程理论与实践》《数量经济技术经济研究》等，国内的研究与国际上的研究进展相比，多属跟踪研究和具体性、经验性的总结。

综合评价与单项评价的本质区别不在于评价客体的多少，而在于评价标准的复杂性。综合评价将评价对象的多项指标的信息加以汇集，把多个描述被评价事物不同方面且量纲不同的统计指标转化成无量纲的相对评价值，形成包含各个侧面的综合指标，得出对该事物的一个整体评价，从而在整体上认识评价对象在一定标准下的优劣状况。其数学实质是把高维空间的样本投影到一条直线上，通过投影点来研究样本的规律。其特点有：评价包含若干个指标；多个评价指标分别说明被评价事物的不同方面，彼此间往往是异度量的，而且不存在一个统一的同度量因素；最终要对被评价事物做出一个整体性的评判，用一个总指标来说明被评价事物的一般水平。因此，在不同的场合有的时候可以几种方法并用，有的时候就要考虑它的局限性，不能拿来就用，而要根据不同的评价对象选取适当的评价方法。

综合评价的一般步骤：

（1）根据评价目的选择恰当的评价指标；

（2）根据评价目的确定评价指标在对某事物评价中的相对重要性；

（3）在理论的指导下，结合实践的需要，确定各单个指标的评价等级及其界限；

（4）根据评价目的、数据特征选择适当的综合评价方法；

（5）确定多指标综合评价的等级数量界限。

多指标综合评价问题实质，即为对 n（$n>1$）个被评价对象 S_1，S_2，…，S_n，选定 m（$m>1$）个评价指标 $x_1,x_2,\cdots,x_m$，在取得观测数据 x_{ij} 的情况下，构造评价函数 $y=f(W|X)$，使 S_1，S_2，…，S_n 在其作用下能够排出序或者能够被分成若干类别，式中 $W=(\omega_1, \omega_2, \cdots, \omega_m)^{\mathrm{T}}$，$\omega_j$ 为评价指标 x_j 的权数系数（$j\geqslant 0$，$\sum\omega_j=1$），$X=(x_1, x_2, \cdots, x_m)$，当 m=1 时，评价问题为单指标评价；当只获得某时刻的截面数据 $\{x_{ij}\}$ 时，评价问题为多指标静态综合评价；当获得时刻 t_1，t_2，…，t_k 的时序数据 $x_{ij}(t_k)$ 时，评价问题为多指标动态综合评价。

评价的分类如图 1.2.1 所示。

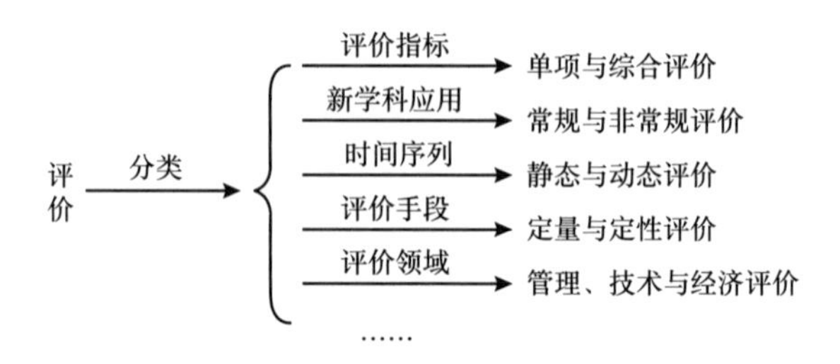

图 1.2.1　评价方法分类示意图

当前，将各学科的评价方法引入多指标综合评价体系，大大扩展了评价方法视野，例如综合评价赋权方法、效用函数评价法、多元统计评价法、模糊综合评价法、灰色系统评价法、DEA 法，以及 ANN 法等，综合评价原理、综合评价指标理论、综合评价权数原理，以及效用函数综合评价原理等也有实用价值。针对油田开发效果涉及开发、管理、经济等复杂化、多样化的评价指标体系，需要建立一套与之相适应的综合评价方法，下面把油田开发效果评价涉及的综合评价方法进行简要介绍。

二、常规综合评价方法

常规综合评价方法一般指不涉及模糊数学、多元统计分析等其他学科的综合评价方法。常规方法的权数通常采用主观赋权法，权数的确定虽然难免有一定的主观性，但可保持相对稳定，从而使评价结果更加具有稳定性和动态可比性，避免其他方法生成的权数可能出现负值或重要指标的权数很小等情况，既容易被理解和接受，也便于利用评价结果进行考核、监督。常规方法还可以进一步对评价体系做分类比较（如经济类、人口与自然资源、社会生活等），有利于评价单位分析和寻找差距所在。所以经常性（指定期或不定期多次进行）的综合评价常常采用常规的统计方法。

常规综合评价方法通常包括两个方面：第一，各评价指标无量纲化的方法。即将评价指标的实际值转化为评价值或称单项得分的计算方法；第二，由单项评价值计算综合评价值总得分的方法。一般采用加权算术平均法，各种常规综合评价方法的区别主要在于单项评价值的计算方法不同。在实际中应用较多、较为成熟的有指数法、改进的功效系数法、最优值距离法，以及排队计分法，它们各有各的优缺点和适用场合，下面对各种方法进行简单介绍和比较。

1. 指数法

指数法将单项指标值与对比标准值（通常取该评价指标的总体平均数或基期数值）相比，求得单项评价指数（单项得分），再对单项评价指数进行加权算术平均，即得综合评价总指数（总得分），对于逆指标可利用倒数法进行同向化处理，将逆指标变换为正指标，综合评价指数的数值越大，说明该评价单位的整体状况越优。指数法计算的评价指数（评价值）完全反映了各评价指标实际数值的大小，充分体现各评价单位之间的差距。指标数值与单项评价指数之间是线性函数关系。

该方法的缺点有：（1）对比标准值的确定有困难。若以被评价单位基础数值作为对比标准值（所得单项评价值实为发展速度），则有“鞭打快牛”之嫌，各评价单位的起点不同，将基数悬殊的评价单位的发展速度等同看待，可能致使评价结果不尽合理，若以平均值为对比标准值，则不同评价指标有不同的差异程度，相应评价值的波动范围也可能有很大差异。（2）单项评价值没有明确和统一的取值范围（即理论上无上下限），若存在极大值时，单项评价值过大，在计算综合评价值时，就会夸大该评价指标对总评价值的影响作用，严重掩盖了其他评价指标方面的不足，实际上也就使得事先确定的权数在评价指标之间分配发生了变化，存在这种不合理情况，某一单位只因一个指标数值特大（从而其单项评价值特大，尽管该指标权数很小），虽然其余指标都很差，但综合评价的结果却位居总体前列。

2. 功效系数法

功效系数法的基本思路是：先确定每个评价指标的满意值和不容许值，然后计算单项评价值，最后将单项评价值加权平均得到综合评价值。

$$功效系数=60+[(实际值-不容许值)/(满意值-不容许值)]\times 40 \quad (1.2.1)$$

1）功效系数法的优点

评价指标不需要经过同向化处理。指标数值与单项评价值之间也是线性转换关系，评价值能够反映出各评价指标的数值大小，可充分地体现各评价单位之间的差距，且单项评价指标值一般为60~100，与指数法相比，它缩小了单项评价值的差距，在很大程度上限定了单项评价值的取值范围，使某一单项评价值过高对综合评价值的影响明显减弱。

2）功效系数法的主要问题

单项得分的计算需事先确定两个对比标准（评价的参照系）——满意值和不容许值。因此，操作难度较大。许多综合评价问题中，理论上没有明确的满意值和不容许值，实际操作时一般做如下的变通处理：以历史上的最优值、最差值来代替；在评价总体中分别取最优、最差的若干项数据的平均数来代替（只取一项即取最优值、最差值分别为满意值和不容许值，可看作其中一种特殊情况），不同对比标准所得到的单项评价值不同，从而影响综合评价结果的稳定性和客观性。

若取最优、最差的若干项数据的平均数作为满意值和不容许值，那么平均项数取多少为宜？若平均项数取少了，评价值容易受极端值的影响，满意值与不容许值的差距很大，致使中间大多数评价值的差距不明显，即该评价指标的区分度很弱，几乎失去了评价的作用，只对少数指标数值处于极端水平的单位有意义；若平均项数取多了，满意值与不容许值的差距缩小，单项评价值的变化范围很大而且没有统一的取值范围，优于满意值和差于不容许值的单位就多，即评价值超出范围的单位就多，是否需要统一限定单项评价值的取值范围？实际中主要关心是否设定上限，即对于单项评价值大于100的情况，是否需要将其单项评价值调整为最高值100？如果把它们的评价值都限定为100，则抹杀了前列单位之间的差异，如果不限定为100，评价值就没有统一的取值范围，就会因单项评价值太大而夸大该评价指标对综合评价值的影响作用，从而影响权数在各评价指标之间的分配。

3. 最优值距离法

最优值距离法的基本思想是以最优值为对比标准，将各单位的实际值与最优值的相对差距作为单项评价值，通常将单项评价值的计算公式写为：

$$评价值=(1-实际值/最优值)\times 100 \quad (1.2.2)$$

对单项评价值加权算术平均即得总评价值。与其他方法不同的是，它的评价值是个逆指标，评价值越小，表示评价单位与最优的距离越近。

上述评价值的计算公式只适合于评价指标本身为正指标的场合，若评价指标有逆指标时，不能采用倒数法进行同向化，即不能采用“1-最优值/实际值”来计算评价值，否则对比标准成为实际值，与最优值距离的含义不符合，实际上也与其他评价指标的评价值具有不可比性，应该采用“实际值/最优值-1”来计算评价值，即由于关心的是实际值与最优值相差的相对距离，所以最优值距离法计算单项评价值的公式应改写为：

$$评价值 =|1- 实际值 / 最优值|\times 100 \tag{1.2.3}$$

上述公式无论对正指标还是逆指标均适合之。

最优值距离法的优点是：评价值都介于（0,1），指标数值与单项评价指数之间也是线性转换关系，评价值能够充分反映出各评价指标的数值原始信息，但很明显，其评价值以单项指标的最优值为对比标准，使评价结果的稳定性较差。当最优值远远偏离一般水平时，评价结果也容易受极端值（最优值）影响，使大多数单位评价结果的差距不明显，在这点上与功效系数法、指数法的缺点相似。

4. 排队计分法

排队计分法的原理是先将所有评价单位的各单项评价指标值按照优劣排队（再根据评价单位指标值的名次计算各单项得分），例如在某个评价指标的排序中某一评价单位在全部评价单位中位居第 k 名（设有 n 个评价单位，$1<k<n$），则该评价单位在此项评价指标上的单项得分 DF 为：

$$DF = 100-(k-1)/(n-1)\times 100=(n-k)/(n-1)\times 100 \tag{1.2.4}$$

第一名的得分为 100，最后一名的得分为 0，中间单位的得分为 1~100，最后将各单项得分加权平均求出总得分，总得分的多少综合说明评价单位整体状况的优劣及其在全部被评价单位中的相对地位。显然，综合评价总得分也为 1~100，总得分的多少综合说明评价单位的整体状况的优劣，数值越大，被评价单位越优，依据总得分的大小，可将全部评价单位进行分类或排序。

为了更符合人们一般的评价习惯，也可对上述排队计分法的评价值公式做如下改进，使第一名的得分为 100，而最后一名的得分为 60，所有单项得分为 60~100，则

$$DF = 60+(n-k)/(n-1)\times 40 \tag{1.2.5}$$

排队计分法不同于以前在进行经济效果评定时采用的三档计分法（即所谓改善、持平和下降分别记以满分、一半和零分），三档计分过于粗糙，不能客观准确地反映各评价单位之间差异，而在排队计分法中只要指标数值有差异，所计算的评价值就有差异，与其他综合评价方法相比，排队计分法还具有以下一些优点：（1）不必人为寻找比较标准，被评价单位的单项评价值由该单位在总体中的相对位置来确定；（2）逆指标不必另行寻找转换为正指标的方法，确定名次时已考虑了正指标和逆指标的不同，不必事先将指标做同向化处理；（3）各单项指标的评价值都有统一的变化范围，即在（0，100）区间内，因此，不会出现某一单项评价值过高从而对总评价值影响过大的情况，即评价结果不易受极端值的影响；（4）对数据的项数多少和分布状况没有严格要求；（5）不仅适用于数值型变量（也适用于包含或全部为）等级变量（或称顺序变量）的综合评价问题，比其他方法的应用范围更为广泛，有些评价要素（变量）无法精确量化，但只要能够在被评价单位之间区分出优劣顺序或等级差异，就可将这些要素纳入综合评价中来（如企业投资环境、竞争意识等）尤其当被评价单位为数不多时使用更为方便；（6）简单、易操作，容易理解，便于推广。

排队计分法也有其缺点：它是由指标值在全部评价单位中的位置，即名次（而不是其数值本身的大小）来决定单项评价值，致使评价指标的原始信息有一定的损失。例如，就评价指标的数值而言，第一名和第二名之间的差异可能远远大于第二名与第三名

之间的差异，但由于名次差异相同，体现在评价值上的差异也就相同。换言之，不管总体数据呈现何种分布，排队计分法都把它转换为均匀分布的名次及其对应的评价值，当评价指标本身不是均匀分布时，评价指标实际值与评价值之间的关系实际上属于一种非线性关系。

指数法一般只在评价目的有明确规定的对比标准、被评价对象差异不太悬殊，以及各单项评价指数的波动范围也相差不大时采用，否则其综合评价的效果不理想。当评价问题有明确的目标或参照系时（如小康目标的实现进程的综合测评），就比较适合采用功效系数法，而当难以确定参照系时，或数据有极端值时，功效系数法的可操作性、稳定性等就不太理想。在许多场合，综合评价就是为了对全部被评价单位进行排序（包括分类），侧重于说明被评价单位之间的相对位置，或评价内容难以精确量化而只能区分优劣顺序，此时排队计分法就是非常简单而又能够满足综合评价需要的评价方法。当然，若是综合评价的问题有明确的参照系，目的在于衡量综合实力距离某一目标（参照系）的差距大小，衡量现象发展演变的进程，则排队计分法就不适合。

三、常用综合评价方法

目前，常用的评价方法按学科分类的单一的综合评价方法大致可分为 9 大类（表 1.2.1）。定性评价方法中常用专家会议法和 Delphi 法；统计分析方法中常用的有主成分分析、因子分析、聚类分析、判别分析等方法；系统工程方法中常用层次分析法、TOPSIS 法（逼近理想解排序法）；智能化评价方法中常用基于 BP 人工神经网络法等。

四、综合评价方法研究进展

随着科学的发展，不同知识领域出现相互融合和交叉的趋势，一方面，管理科学不断引入系统科学（系统论、信息论等）及许多技术方法（计算机技术、工程技术等）的研究成果，以全新的视角和方法促进管理科学取得新的突破；另一方面，不同方法的综合和交叉也促进新方法和新思想的产生。综合评价方法的研究也是如此。近年来，许多学者针对综合评价问题提出新的研究思路，综合起来大致有以下几类。

1. 系统模拟与仿真评价方法

该方法是以反馈控制理论为基础，用模拟为手段的方法，引进动态时间概念，用计算机技术进行系统仿真，进而进行过程分析与评价。传统的系统仿真方法有蒙特卡罗方法、离散时间和连续时间模拟、离散事件模拟仿真等。实现的工具包括传统的计算机程序语言、GPSS 语言、SLAM 语言和 MATLAB 语言中的 SIMULINK 软件包等。其主要的应用领域为复杂的社会大系统，如高速公路建设、大型水利工程建设等。其优点是可以实现动态评价，能解决高阶次、非线性等具有复杂特征的系统，能对数学模型很难表示的系统进行评价。其缺点是建立模型的难度大。

2. 信息论方法

目前主要应用信息熵理论评价，主要分两类，一类是绝对信息熵方法，另一类是相对信息熵方法。现代管理科学广泛引入系统论、信息论、控制论的成果，并且取得很好的效果。信息熵目前主要应用在宏观财税政策评价、项目生命周期投资评价等广泛领域。这种方法的优点是可以排除人为因素、风险因素等的干扰，反映评价对象的客观信息。

表 1.2.1　常用综合评价方法分类表

方法类别	方法名称	方法描述	优点	缺点	适用对象
定性评价方法	专家会议法	组织专家面对面交流，通过讨论形成评价结果	操作简单，可以利用专家的知识，结论易于使用	主观性较强，多人评价有时结论难统一	战略层次的决策分析对象，不能或难以量化的大系统简单的小系统
	Delphi 法	咨询专家，用信件背靠背评价，汇总，总结			
技术经济分析方法	经济分析法	通过价值分析、成本效益分析、价值功能分析，采用 NPV、IRR、T 等指标	方法的含义明确，可比性强	建立模型比较困难，只适用评价因素少的对象	大中型投资与建设项目，企业设备更新与新产品开发效益等
	技术评价法	通过可行分析、可靠性评价等			
多属性决策方法	多属性和多目标决策方法	通过化多为少，分层序列，直接求非劣解，重排次序法来排序与评价	对评价对象描述比较精确，可以处理多决策者，多指标、动态的对象	刚性的评价，无法涉及有模糊因素的对象	优化系统的评价与决策，应用领域广泛
运筹学方法（狭义）	数据包络分析模型	以相对效率为基础，按多指标投入和多指标产出对同类型单位相对有效性进行评价，是基于一组标准来确定相对有效生产前沿面	可以评价多输入多输出的大系统，并可用“窗口”技术找出单元薄弱环节加以改进	只表明评价单元的相对发展指标，无法显示出实际发展水平	评价经济学中生产函数的技术、规模有效性、产业的效益评价、教育部门的有效性
统计分析方法	主成分分析	相关的经济变量间存在起着支配作用的共同因素，可以对原始变量相关矩阵内部结构研究，找出影响某个经济过程的几个不相关的综合指标来线形表示原来变量	全面性，可比性，客观合理性	因子负荷符号交替使得函数意义不明确，需要大量的统计数据，没有反映客观发展水平	对评价对象进行分类
	因子分析	根据因素相关性大小把变量分组使同一组内的变量相关性最大			反映各类评价对象的依赖关系，并应用于分类
	聚类分析	计算对象或指标间距离，或者相似系数，进行系统聚类	可以解决相关程度大的评价对象	需要大量的统计数据，没有反映客观发展水平	证券组合投资选择，地区发展水平评价
	判别分析	计算指标间距离，判断所归属的主体			主体结构的选择经济效益综合评价

续表

方法类别	方法名称	方法描述	优点	缺点	适用对象
系统工程方法	评分法	对评价对象划分等级、打分，再进行处理	方法简单，容易操作	只能用于静态评价	新产品开发计划与结果，交通系统安全性评价等
	关联矩阵法	确定评价对象与权数，对各替代方案有关评价项目确定价值量			
	层次分析法	针对多层次结构的系统，用相对量的比较，确定多个判断矩阵，取其特征根所对应的特征向量作为权数，最后综合出总权数，并且排序	可靠度比较高，误差小	评价对象的因素不能太多（一般不多于9个）	成本效益决策、资源分配次序、冲突分析等
	TOPSIS法（逼近理想解排序法）	基于归一化后的原始数据矩阵，找出有限方案中的最优方案和最劣方案，然后获得某一方案与最优方案和最劣方案间的距离，从而得出该方案与最优方案的接近程度，并以此作为评价各方案优劣的依据	对样本量、指标多少及数据的分布无特殊要求和限制，灵活、方便、实用	只能反映各评价对象内部的相对接近度，并不能反映与理想的最优方案的相对接近程度；灵敏度不高	适用于机构整体或各项业务的工作效益或质量的分析比较
模糊数学方法	模糊综合评价	引入隶属函数，实现把人类的直觉确定为具体系数（模糊综合评价矩阵），表示指标在论域上评价对象属性值的隶属度，并将约束条件量化表示，进行数学解答	可以克服传统数学方法中“唯一解”的弊端，根据不同可能性得出多个层次的问题题解，具备可扩展性，符合现代管理中“柔性管理”的思想	不能解决评价指标间相关造成的信息重复问题，隶属函数、模糊相关矩阵等的确定方法有待进一步研究	消费者偏好识别、决策中的专家系统、证券投资分析、银行项目贷款对象识别等，拥有广泛的应用前景
	模糊积分				
	模糊模式识别				
对话式评价方法	逐步法	用单目标线性规划法求解问题，每进行一步，分析者把计算结果告诉决策者来评价结果，如果认为已经满意则迭代停止；否则再根据决策者意见进行修改和再计算，直到满意为止	人机对话的基础性思想，体现柔性化管理	没有定量表示出决策者的偏好	各种评价对象
	序贯解法				
	Geoffrion法				
智能化评价方法	基于BP人工神经网络的评价	模拟人脑智能化处理过程的人工神经网络技术。通过BP算法，学习或训练获取知识，并存储在神经元的权值中，通过联想把相关信息复现。能够“揣摩”“提炼”评价对象本身的客观规律，进行对相同属性评价对象的评价	网络具有自适应能力、可容错性，能够处理非线性、非局域性与非凸性的大型复杂系统	精度不高，需要大量的训练样本等	应用领域不断扩大，涉及银行贷款项目、股票价格的评估、城市发展综合水平的评价等

3. 灰色系统理论与灰色综合评价

灰色系统理论是中国学者邓聚龙教授首先提出的，包括灰关联度评价方法、灰色聚类分析方法等。灰关联度评价的基本思想是根据待分析系统的各特征参量序列曲线间的几何相似或变化态势的接近程度判断其关联程度的大小。应用领域包括企业的经济效益评价、农业发展水平评估、国防竞争力测算、工程领域等。该方法的优点是能够处理信息部分明确、部分不明确的灰色系统，所需的数据量不是很大，可以处理相关性大的系统；不足点在于定义时间变量几何曲线相似程度比较困难，同时应该考虑所选择的变量应该具备可比性。

4. 智能化方法的新发展

主要是应用第五代计算机（智能计算机）的成果和人工仿真技术。包括：（1）模拟人脑工作的人工神经网络技术，主要是 ANN 算法的改进，例如采取累积误差 BP 算法，采用一些提高网络收敛速度的方法，引进径基函数（Radial basis function）等；（2）模拟生物进化的遗传算法。模拟生物进化的遗传算法是建立在自然选择和遗传变异基础的迭代自适应概率性搜索算法。这里染色体是二进制字符串编码，每一编码字符串为一候选解群，这种染色体有多个，是进化对象，模拟生物进化中繁殖（Reproduction）、交叉（Cross-over）、突变（Mutation）三种现象。在每一代中，对于某一给定问题，保持一定数目 N 为定值的解释 $P(t)$，经过对各个解的适合度（Fitness）值 f，使解群中各个解得到评价。随着智能化计算机技术的发展，这类方法应用领域不断扩大，涉及银行贷款项目、股票价格的评估、城市发展综合水平的评价等。

5. 物元分析方法与可拓评价

现实世界中，决策的目标和给出的条件之间存在矛盾。通过分析矛盾，抓住主要矛盾，采取一些特殊措施，可以把矛盾转化为相容问题加以解决。中国学者蔡文提出物元分析理论，通过分析物元结构和相互关系，找出变化和转化的规律和方法，达到解决矛盾问题的目的。物元分析的数学基础是可拓集合论，用关联函数表示元素和集合的可变属性，通过物元变换和可拓子集域的计算，求得给定问题的相容度，用于判断和评价。物元分析方法可以解决评价对象的指标存在不相容性和可变性的问题，应用领域包括产品质量的综合评价、企业信用等级评价、项目评估等。

6. 动态综合评价方法

在现实生活中，对同一个对象评价时，随着时间的推移与数据的积累，人们拥有大量的按时间顺序排列的平面数据表序列，称为“时序立体数据表”。由时序立体数据支持的综合评价问题，参数值是动态的，定义这类评价为“动态综合评价”问题。其应用领域包括随时间变动指标或参数变动较大的系统。现实中，动态经济系统、管理者的绩效评价和考核、候选人的排列等问题均涉及动态评价。

7. 交互式多目标的综合评价方法

在智能化的基础上进一步实现人—机交互式的对话，来解决评价的主观性与客观性的结合，评价专家知识获取，评价样本积累和决策的柔性化等问题。这类方法包括：（1）基于目标满意度的交互式评价方法。人机对话中，决策者根据客观条件、主观偏好的选择构成交互评价的基础。蒋尚华、徐南荣[33]提出用模糊数学隶属函数实现决策满意度的方法，这类方法解决了交互式多目标评价中关于评价人的决策基础，将人的偏好体现了出来；不足是没有考虑评价对象本身的属性和重要度。（2）基于目标实际达成度和目标满意度综合的交互式评价方法。交互式多目标评价中，比较理想的方式是结合评价对象与实际目标的达成度和评价人主观满意度，使决策者在科学分析的基础上做出“柔性决策”与“模糊决策”。徐泽水[34]提出在初步可行的目标理想点决策基础上，一方面根据主观偏好设定目标贴近值，并给出权重，来求解满意度向量等；另一方面根据实际条件，分别调整部分目标的最低满意度和最低目标贴近度，求出新的满意度向量等，直到决策结束。这种方法同时兼顾主客观并有效提高的决策精度和效率，体现当代管理科学性与人本性结合的特征，使决策真正实现人机结合，是综合评价研究的一个发展趋势。

8. 交合分析法（Conjoint analysis，CA）

交合分析法的基本假设是人们做购买决策时基于对几个属性组合构成的产品的总体评价，而不是单独对一个属性进行评价。CA有两个基本方法：一是一次对两个属性组合概念进行权衡的权衡法（Trade-off）；二是一次对多属性组合成的产品概念进行权衡的全景法（Full-porfile）。朱祖平[35]研究了顾客或潜在顾客对新产品的效用、构成新产品的属性的重要度和各水平的效用的评价信息。

9. 基于粗糙集理论的评价方法

粗糙集理论是波兰学者Pawlak提出的一种处理模糊性和不确定性的数学工具。利用粗糙集可以评价特定条件属性的重要性，建立属性的约简，从决策表中去除冗余属性，从约简的决策表中产生决策规则，并利用规则对新对象进行决策。其传统建模过程主要包括对数据的预处理，连续属性的离散化，数据约简，发现依赖关系，规则生成和分类识别等多种方法。其应用领域包括股票数据分析、专家系统、经济金融与工商领域的决策分析等，为处理不确定信息提供了有力的分析手段。

五、存在问题及发展趋势

1. 综合评价方法的问题和缺陷探讨

由上述可知，目前用于综合评价的方法数量众多，而且在许多领域运用也十分广泛。然而，由于综合评价技术自身的特性，导致综合评价结果常常受到争议和怀疑，如每年网络公布的全国高校排行榜。因此，综合评价方法仍存在不少的问题和缺陷。

1）综合评价方法的选用方面

这方面存在两大争论：第一，是否需要使用综合评价方法？很多国外的研究者认为综合评价结果是令人怀疑的，与其形成一个囫囵的可持续发展整体评价数值，倒不如从各个角度具体观察和分析。从国内的研究来看，也有这方面的争论。第二，所应用的评价方法是否越复杂越好？当前的研究中，评价方法从最初的综合指数法、功效系数法到多元统计分析、模糊综合评判，再到如今的各种组合评价方法，可谓日趋复杂。然而其准确性和可操作性却令人生疑。事实上，一种方法往往由于其简单，才容易得到较广泛的应用。而那些复杂方法，只有深入浅出地把握其抽象叙述，才能最大限度地发挥其作用。综合评价方法数量众多，然而对于相同的研究对象，采用不同的评价方法，常常会得出不同的结果和排序，尤其是其中涉及专家打分和评判的方法。因为专家们由于个人观念、知识背景，以及社会层次的不同，主观判断也有较大差距。那么对于同一类研究对象是否有一个一致性的评价结果呢？对于这类“公说公有理，婆说婆有理”的巨大分歧，是否可以构建一种方法来评判综合评价方法的好坏和适用程度呢？或者说，面对不同的研究对象和数据，应该如何来选择合适的综合评价方法，是一个亟待解决的问题。

2）综合评价结果的稳定方面

综合评价结果往往会由于“评价要素”的变化而产生名次的变化。有些要素的变动引起逆序是合理的，如评价指标体系的变更、权数体系的变化。但有些要素变动引起的逆序确实不够合理的，如指标形式、样本构成等。大多数综合评价方法都会受指标正、逆表现形式的影响，也有学者提出过一些解决方法，如进行对数化预处理，这一处理方式虽然克服了指标正逆形式的影响，但本质上仍然是对原始评价信息的一种转换，而这种转换是否合理，则有待进一步研究。

3）综合评价结果的分析方面

现有的评价体系，大多是对客观现实状态的描述和评价，以揭示指标所反映的现象的状态及水平，较少对变动趋势进行有效预警并进而制定相应政策制度进行调控。前者的意义在于发现问题，提供决策支持，而后者意义在于提前发现问题，揭示影响主要风险因素。如果评价体系不能指导实践，只是事后统计，那么就没有现实意义和应用价值。因此，当得到评价数值后，应当可对其进行横截面和时间序列分析。

4）综合评价方法的基础理论研究方面

当前，人们通常重视对综合评价方法的创新与发展而忽略了对综合评价基础理论问题的研究，特别是综合评价指标体系理论、综合评价标准、综合评价公理体系，以及综合评价保序性等理论问题的研究几乎是空白。而这种基础理论研究上的空白也直接导致了综合评价方法使用上的混乱和综合评价结果的不稳定和争议。因此，应该建立起一套综合评价技术的管理体系。无论是定性指标的量化与综合排序，还是分类与模式识别，都应该有一些基本规则与要求，建立公理体系将有助于综合评价技术的完善与发展。

5）理论研究与实际应用结合方面

从目前国内外的文献看，多数学者在评价方法的研究上都遵循着一种思路，即针对某类问题构造出一种新的方法，然后用一个例子来说明其方法的有效性，仅此而已。理论研究与实际应用距离甚远。另外，随着理论研究的深入，评价方法越来越复杂，又没有有效地面向广大的实际工作者，以至实际工作者望而生畏，评价方法几乎成了专家们的专利，离开了这些专家，实际工作者就束手无策，理论成果的推广应用受到很大的局限。应该说目前不少的研究成果具有一定的理论意义，但理论与实践严重脱节的现象也是不争的事实。有实用意义的评价支持系统软件极为罕见。理论研究与实际应用的脱节也是目前综合评价研究领域一个亟待解决的问题。

2. 综合评价的发展方向

综合评价是个十分复杂的问题，它涉及评价对象集、评价目标（指标）集、评价方法集，以及评价人集，综合评价结果由以上诸因素特定组合所决定。传统的评价方法对以上组合的选择缺乏理性标准，影响评价结论的客观性。基于此，在综合评价研究方面就出现了评价集成的思想。综合集成的评估方法，是采用综合集成的思想，将两种或两种以上的方法加以改造并结合，获得一种新的评估方法。目前关于评价集成问题还处于初探阶段，故称之为“初步集成”。相关的研究成果归结起来有 5 类。

1）一般的综合评价方法与模糊综合评价方法结合（方法模糊化和灰色化）

西蒙[36]提出管理从“最优化”到“满意度”的转变。现代管理科学趋向于“软化”。评价对象由于运行机制不清楚，行为信息不完全，决策目标具有模糊性且难以量化。于是在原有的综合评价方法中引进了可能度和满意度的概念，模糊数学中的“隶属度”和灰色系统理论中的“灰度”正好是实现“柔化”的有效工具。基于此产生了一些初步集化的方法：（1）非线性规划方法和模糊综合评价法结合。宋小敏等[37]建立了基于模糊数学的主观赋权标度法和基于非线性规划模型的客观赋值标度法结合的综合评价方法，并应用于高新技术企业的评价。（2）层次分析（AHP）方法和模糊评判（FCE）方法结合。（3）模糊聚类方法。基于统计方法中系统聚类的基础上引入隶属度，扩展了决策的层次。何小群[38]将之应用到城市发展综合评价，取得较好的成效。（4）灰色层次决策方法。评价对象有不同层次指标，可以分别构造白化值矩阵和决策灰类的白化函数，通过计算各层次的灰色统计决策矩阵与综合权值，进行排序。各类方法模糊化以后，更加符合现代管理“柔性化”原则。不足是只能部分解决单方法的缺点，并且未能实现“智能化”。

2）一般评价方法与人工智能方法的集成（方法智能化）

方法智能化的背景是计算机技术的迅猛发展，管理科学中不断采用新技术使得决策更加科学化、民主化、智能化。目前主要有以下几种综合评价方法：（1）模糊人工神经网络评价方法。其是在基于 BP 算法的 ANN 基础上发展起来的，通过引入模糊数学、遗传算法、基于 agent 的建模方法和 Swarm 仿真、离散事件系统建模工具 Petri 网等，将技术方法应用到综合评价领域，使方法更加灵活、智能化。这些方法正不断地被应用在银行贷款项目评价、城市经济发展水平、工程技术、计算机软件价值评价等领域。国内外学术界目前主要的研究工作就集中在这个方面，主要的方法是算法的改进。（2）群决策支持系统的应用。GDSS 是支持分布式工作的平台，涉及多人多目标协调高效工作。其基础是计算机平台，而核心的模型库是各类单一评价方法的算法模型，是专家系统、知识库、推理机等与人工智能（AI）领域的结合。GDSS 支持半结构化和非结构化问题求解，广泛应用于超大型工程评价等复杂系统，也是综合评价的一个发展方向。

3）评价方法考虑时间因素（方法动态化）

动态评价方法分两类：一类是确定评价指标在不同时刻的权重系数，是目前研究的热点；另一类，因为在时间序列中对象的属性在变化，在不同时间评价指标也应当调整，这方面的研究尚属起步。

4）对评价对象的评价和对评价人的评价的集成（评价要素集成化）

传统的评价方法是研究被评价对象的多属性指标的集成化问题。但对含有软指标或结构不良的对象的评价往往离不开专家，专家的偏好和水平对评价结果会有重要影响。基于评价人集的专家群评价方法的研究，旨在解决对含有软指标或结构不良的对象进行评价时，由于专家判断的主观性而引起的评价结论不一致问题。专家群评价研究的思路是将对对象的评价和对专家的评价结合起来，实际上体现了集成的思想。目前在这方面的研究主要以单一评价方法为基础。

5）集成价值链绩效综合评价思想（价值链集成化）

哈佛大学迈克尔·波特在《竞争优势》中引入价值链分析方法，将企业以及相关联的主体看作创造同一个价值的整体。许多学者提出，集成价值链（Integrated value chain，IVC）综合评价方法注重企业的整体绩效，一方面对顾客价值采用定性评价方法；另一方面对供应链进行全过程评价，得到综合绩效。这种方法体现了 21 世纪管理的发展趋势，是一种全新的思想，有广泛的研究前景。但是目前还没有比较好的定量化模型可以准确表示价值链集成化的评价思想。

总之，评价方法的科学性是客观评价的基础，因此对综合评价方法的研究具有广泛的意义。综合评价面临的常常是复杂系统，正确评价难度甚大，在评价方法方面有许多理论问题和实践问题尚待解决，尤其是对油田开发而言，对地下地质认识的不确定性、开发效果影响因素的多样性、复杂性，都需要油藏工程师和油田开发理论与实践工作者进行更加广泛和深入的研究和应用。

第三节　权重系数确定方法

权重是以某种数量形式对比权衡被评价事物总体中诸因素相对重要程度的量值。在多指标综合评价中，权重具有举足轻重的地位。一方面，指标权重是指标在评价过程中不同重要程度的反映，是决策（或评估）问题中指标相对重要程度的一种主观评价和客观反映的综合度量；另一方面，权重的赋值合理与否，对评价结果的科学合理性起着至关重要的作用。若某一因素的权重发生变化，将会影响整个评判结果。因此，权重的赋值必须做到科学和客观，这就要求寻求合适的权重确定方法。

目前关于权重的确定方法有数十种[39-40]，根据计算权重时原始数据的来源不同大致可归为三类，一类是主观赋值法，其原始数据主要由专家根据经验主观判断得到，如古林法、Delphi 法、层次分析法、模糊聚类法和比重法等。另一类为客观赋值法，其原始数据主要由各指标在被评价对象中的实际数据形成，有熵值法、因子分析法、回归分析法和路径分析法等。在实际运用中，运用单一方法得到权重的结论可信度或多或少存在一定的偏差。因此，为了提高评价结果的精度和可信度，一般利用综合方法确定权重系数较可信，即主客观综合集成赋权法。大庆油田在开发效果综合评价工作历程中，权重的确定主要通过复相关系数法、变异系数法和层次分析法三种方法的综合得到。

一、研究现状

目前国内外关于评价指标权系数的确定方法有数十种，根据计算权系数时原始数据来源以及计算过程的不同，这些方法大致可分为三大类：一类为主观赋权法，一类为客观赋权法，一类为主客观综合集成赋权法。

主观赋权评估法采取定性的方法，由专家根据经验进行主观判断而得到权数，然后再对指标进行综合评估。如层次分析法（AHP 法）、专家调查法（Delphi 法）等方法，其中层次分析法是实际应用中使用得最多的方法，它将复杂问题层次化，将定性问题定量化。AHP 法是由美国运筹学家，匹兹堡大学的萨迪教授于 20 世纪 70 年代初提出的，它是一种整理和综合人们主观判断的客观分析方法，也是一种定量与定性相结合的系统分析方法，它适合于具有多层次结构的多目标决策问题或综合评价问题的权重确定和多指标决策的可行方案优劣排序。该方法于 1982 年由萨迪教授的学生高兰尼柴在天津召开的中美能源、资源、环境学术会上首次向中国介绍。随着 AHP 法的进一步完善，利用 AHP 法进行主观赋权的方法将会更加完善，更加符合实际情况。

客观赋权评估法则根据历史数据研究指标之间的相关关系或指标与评估结果的关系

来进行综合评估。主要有最大熵技术法、主成分分析法、拉开档次法、均方差法、变异系数法、最大离差法，以及简单关联函数法等。其中最大熵权技术法用得较多，这种赋权法所使用的数据是决策矩阵，所确定的属性权重反映了属性值的离散程度。常用客观赋权法的原始数据来源于评价矩阵的实际数据，使系数具有绝对的客观性，视评价指标对所有的评价方案差异大小来决定其权系数的大小。这类方法的突出优点是权系数客观性强，但没有考虑到决策者的主观意愿且计算方法大都比较烦琐，在实际情况中，依据上述原理确定的权系数，最重要的指标不一定具有最大的权系数，最不重要的指标可能具有最大的权系数，得出的结果会与各属性的实际重要程度相悖，难以给出明确的解释。

为此，针对主观赋权法和客观赋权法的优缺点，组合赋权法（主客观综合集成赋权法）提出并获得了较多的应用。目前，这类方法主要是将主观赋权法和客观赋权法结合在一起使用，从而充分利用各自的优点，在融合主观权重与客观权重时根据专家经验或人为偏好，实现客观权重与主观权重的有机融合。

二、主观赋权法

1. 德尔菲法

德尔菲法是由美国兰德公司于1950年创造的，经过多年的使用和理论上的完善已日趋成熟。主要根据专家对指标的重要性打分来定权数，重要性得分越高，权数越大。依据多个专家的知识、经验和个人价值观对指标体系进行分析、判断并主观赋权值的一种多次调查方法。当专家意见分歧程度局限在5%~10%时则停止调查。该方法适用范围广，不受样本是否有数据的限制。

该方法的主要特点表现为：能够充分地让专家自由地发表个人观点，能够使分析人员与专家意见相互反馈。在进行专家调查过程中，可以采用数理统计方法对专家的意见进行处理，使定性分析与定量分析有机地结合起来。一般经过两轮至三轮问卷调查，即可使专家的意见逐步取得一致，从而得到对多项事物或方案符合实际的结论判断。其缺点是受专家知识、经验等主观因素影响，过程较烦琐，适用于不易直接量化的一些模糊性指标。

德尔菲法的基本步骤为：（1）选择咨询专家，一般30~50人为宜。（2）设计调查表，将调查表及资料一并寄予专家，进行问卷调查。（3）回收调查表并进行统计处理，将处理结果用表格的形式反映出来，以此作为下一轮的调查背景资料和调查表的设计依据。若认为调查结果满意则继续下一步，否则转向第二步。（4）整理最终的调查报告，给出说明性的意见。

2. 专家直观判定法

专家直观判定法是最简单的权重确定方法。它是决策者个人根据自己的经验和对各项评价指标重要程度的认识，或者从引导意图出发，对各项评价指标的权重进行分配。有时决策者会召集一些人讨论一下，听取大家的意见，然后由决策者确定。

这种方法基本上是个人经验决策，往往带有片面性。对于比较简单的业绩评价工作，这个办法花费的时间和精力比较少，容易被接受。现行的许多企业人员业绩考评都采用这种方式。在应用时，应该注意的问题是要召集利益冲突的各方进行充分讨论，平衡各种不同的意见，避免专断的行为。

3. 层次分析法

层次分析法（Analytic hierarchy process，AHP）是美国匹兹堡大学运筹学家萨迪于 20 世纪 70 年代提出的一种层次权重决策分析方法。基本原理是将决策问题的有关元素分解成为目标、准则、方案等层次，在此基础上进行定性和定量分析的一种决策方法。其优点是可靠性高、误差小。其缺点是因素众多、规模较大时，容易出现问题，它的应用限于诸因素子集中的因素不超过 9 个对象的系统，此外其重要性等级通常由专家给出，这必然涉及各专家的主观判断的准确性问题。

该方法把复杂问题中的各种因素通过划分相互联系的有序层次，使之条理化，并根据一定的客观现实的判断，就每一层次的元素相对重要性给以定量表示，并利用数学方法确定全部要素的相对重要性次序（权重），从而帮助人们更好地进行评价与决策。此方法针对多层次结构的系统，用相对量的比较，确定多个判断矩阵，取其特征根所对应的特征向量作为权数。

层次分析法的主要步骤为：

（1）明确问题。

明确问题要求评价工作者了解决策者对决策问题的意图，了解 AHP 要得到的目标。因此，要深入调查研究被评价对象和评价目标，罗列出影响目标的各种因素，然后对影响系统目标的各种因素进行分组，按最高层，若干中间层和最低层排列起来。也需要了解要解决问题的历史和发展趋势，了解国内外解决同类问题的思路和策略。

（2）建立层次结构模型。

建立层次结构就是表明上一层因素与下一层因素之间的联系。

（3）构造判断矩阵。

层次结构反映了因素之间的关系，但准则层中的各准则在目标衡量中所占的比重并不一定相同，在决策者的心目中，它们各占有一定的比例。

在确定影响某因素的诸因子在该因素中所占的比重时，遇到的主要困难是这些比重常常不易定量化。此外，当影响某因素的因子较多的情况下，直接考虑各因子对该因素有多大程度的影响时，常常会因考虑不周全、顾此失彼而使决策者提出与他实际认为的重要性程度不相一致的数据，甚至有可能提出一组隐含矛盾的数据。萨迪等建议可以采取对因子进行两两比较建立成对比较矩阵的办法，并建议引用数字 1~9 及其倒数作为标度（表 1.3.1）。

表 1.3.1　1~9 标度的含义

标度	含义
1	表示两个因素相比，具有相同重要性
3	表示两个因素相比，前者比后者稍重要
5	表示两个因素相比，前者比后者明显重要
7	表示两个因素相比，前者比后者强烈重要
9	表示两个因素相比，前者比后者极端重要
2，4，6，8	表示上述相邻判断的中间值

三、客观赋权法

1. 熵值法

在信息论中，熵值是系统无序程度或混乱程度（即不确定性）的度量，信息被解释为系统无序程度的减少，信息表现为系统的某项指标的变异度，即系统的熵值越大，则它所蕴含的信息量越小，系统的某项指标的变异程度越小。反之，系统的熵值越小，则它所蕴含的信息量越大，系统的某项指标的变异程度越大，即信息量越大，不确定性就越小，熵也就越小；信息量越小，不确定性越大，熵也越大。根据熵的特性，可以通过计算熵值来判断一个指标的随机性及无序程度，也可以用熵值来判断某个指标的离散程度，指标的离散程度越大，熵值越小，差异系数越大，则该项指标包含的信息越多，越应选择该指标。

差异系数的计算步骤为：

（1）将各指标同度量化。

$$P_{ij}=\frac{X_{ij}}{\sum_{i=1}^{n}X_{ij}} \tag{1.3.1}$$

（2）计算熵值 e_j。

$$e_j=-k\sum_{i=1}^{n}P_{ij}\ln X_{ij} \tag{1.3.2}$$

（3）计算差异系数 g_j。

$$g_j=1-e_j \tag{1.3.3}$$

式中 P_{ij}——归一化后的指标；

X_{ij}——初始指标；

e_j——熵值；

k——大于零常数；

g_j——差异系数。

2. 变异系数法

由于在指标体系中的各指标所包含的信息是不同的，各指标体系对综合评价的分辨能力也就有差异，即指标体系所包含的信息量决定着评价的效果。由于在指标体系中的各指标所包含的信息是不同的，则反映各指标对被研究对象的分辨能力也就有差异。分辨能力越高，信息量越大，效果就越明显。如果每个被评对象关于某个指标的数值有着显著的差异，则表明该指标在综合评价中具有较强的信息分辨能力，反之，则表明具有较弱的信息分辨能力。如果某个指标上连续多年的数据趋于相同，那么这项指标就不具有分辨力，其权重几乎趋近于0。很明显，信息分辨能力越强，则权重越大，反之则越小。

根据这一原理，可以用各指标所包含的信息量的大小作为确定权重大小的一种方法，而信息量的大小可以用变量的分散程度来加以度量，标准差是衡量各指标变异程度的有效尺度，但由于各指标的度量单位不同和数量级数上的差异，各指标的标准差不具可比性。因此，选用各指标的变异系数作为反映各指标信息分辨能力的指标，即变异权。实质上变异权是反映各指标相对重要程度。

变异系数有全距系数、平均差系数和标准差系数等。常用的是标准差系数，用 CV（Coefficient of variance）表示。标准变异系数是一组数据的变异指标与其平均指标之比，它是一个相对变异指标。变异系数又称离散系数，反映单位均值上的离散程度。可以通过 Excel 表格实现。

由统计学原理可知，变异系数的计算公式为：

$$\mathrm{CV}=\frac{\sigma_k}{\bar{k}} \tag{1.3.4}$$

其中

$$\sigma_k=\sqrt{\frac{\sum_{i=1}^{n}\left(k_i-\bar{k}\right)^2}{n-1}} \tag{1.3.5}$$

$$\bar{k}=\sum_{i=1}^{n}k_i/n \tag{1.3.6}$$

式中　CV——变异系数；

$\bar{k}$——变量 k_i（i=1，2，3，…，n）的平均值；

σ_k——变量 k_i（i=1，2，3，…，n）的标准差。

3. 复相关系数法

在多指标综合评价中，指标间的信息重叠一般可用（复）相关系数来反映，两（多）个指标间的（复）相关系数越接近 1，则它们之间的信息重叠程度越严重，如果等于零，则无信息重叠。如果某项指标（如 X_1）与其余指标的相关程度较大（即复相关系数 R_1 较大），说明非 X_1 的那些指标能替代 X_1 的能力较大；当 R_1 很小时，非 X_1 指标并不能代替它。复相关系数法确定权重的综合评价结果体现了各指标信息的合理利用。如果评价的目的并不仅在于择优，而在于客观地反映情况，那么复相关系数法确定权重的综合评价结果较为客观。而且当被评价对象发生范围、时间、指标组合变化时，指标的权重也会相应地发生变化。

复相关分析保证了筛选结果的独立性。该方法能够反映各个指标的综合影响。几个指标与某一个指标之间的复相关程度，用复相关系数来测定。复相关系数越大说明这个指标越容易被其他指标通过有限的线性组合所代替，就要被删掉，这样就确保剩下指标的相关性较低，因此该方法也叫极大不相关法。

对于两个要素 X 与 Y，如果它们的样本值分别为 X_i 和 Y_i（i=1，2，…，n），则它们之间的相关系数 r_{XY} 被定义为：

$$r_{XY}=\frac{\sum\left(X_i-\bar{X}\right)\left(Y_i-\bar{Y}\right)}{\sqrt{\sum\left(X_i-\bar{X}\right)^2\sum\left(Y_i-\bar{Y}\right)^2}} \tag{1.3.7}$$

复相关系数，可以利用单相关系数和偏相关系数求得。

4. 主成分分析法

主成分分析（Principal component analysis，PCA），是一种统计方法。通过正交变换将一组可能存在相关性的变量转换为一组线性不相关的变量，转换后的这组变量叫作主成分。

主成分分析法是一种降维的统计方法，它借助于一个正交变换，将其分量相关的原随机向量转化成其分量不相关的新随机向量，这在代数上表现为将原随机向量的协方差阵变换成对角形阵，在几何上表现为将原坐标系变换成新的正交坐标系，使之指向样本点散布最开的多个正交方向，然后对多维变量系统进行降维处理，使之能以一个较高的精度转换成低维变量系统，再通过构造适当的价值函数，进一步把低维系统转化成一维系统。

四、组合赋权法

主观赋权法虽然反映了决策者的主观判断或直觉，但由于主观赋权法的原始数据都由专家根据经验主观判断而得，评价结果具有较强的主观随意性，客观性较差，如专家选择不当则可信度更低。而客观赋权法虽然通常利用完善的数学理论知识，但要依赖于足够的样本数据和实际的问题域，通用性和可参与性差，有时会与各指标的实际重要程度相悖，解释性较差，对所得的结果难以给出明确的解释，而且不能体现评判者对不同属性指标的重视程度。因此必须选择相对科学合理的赋权方法，针对此问题，考虑主、客观赋权法各自的优缺点，二者具有一定的互补性，一个合理的做法就是综合主客观权重，于是人们提出了一类综合主、客观赋权结果的赋权方法，即组合赋权法是指通过一定算式将多种赋权法的结果综合在一起，以得到一个组合赋权法的权数值。有关权重确定的主客观集成方法的研究已经引起重视，并且得到了一定的研究成果。

最常用的组合赋权法是将独立的赋权结果以某种组合以平权或非平权求出算术平均值或几何平均值或加权平均值，进而求出综合权重。这种赋权法体现了把多属性决策方案固有信息的客观作用与决策者经验判断的主观能力量化并结合的系统分析思想。该方法应用较广，综合多种方法，精度较高，但计算量较大。

五、应用实例

针对东部某进入特高含水期开发的油田，要对 11 个区块的开发效果进行综合评价，根据确定的 7 个评价指标（表 1.3.2），需要计算每个指标的权重。

表 1.3.2　各区块开发指标统计结果表

区块	注水速度 / %	生产压差 / MPa	油水井数比	井网密度 / （口 /km^2）	水驱指数 / %	采液速度 / %	采油速度 / %
区块 1	8.46	3.72	2.27	48.03	1.43	8.19	0.70
区块 2	8.27	5.90	2.10	50.90	1.56	7.13	0.81
区块 3	9.76	5.23	0.90	49.75	2.93	7.51	0.62
区块 4	3.78	3.99	1.58	40.07	1.88	7.18	0.31
区块 5	8.01	3.95	1.52	36.02	3.24	6.52	1.09
区块 6	7.78	4.50	1.26	42.92	2.65	12.30	1.08
区块 7	11.20	4.24	1.26	56.47	3.22	8.29	0.85
区块 8	8.96	4.16	1.17	46.02	3.33	7.10	0.65
区块 9	8.42	3.72	1.02	55.93	1.49	8.38	0.92
区块 10	6.88	4.24	1.88	32.97	2.22	5.67	0.55
区块 11	8.05	5.47	1.97	19.24	1.68	6.59	0.66

利用 SPSS 软件计算各个指标的复相关系数及相关权，计算结果见表 1.3.3。

表 1.3.3 各个指标的复相关系数及相关权计算结果表

指标	注水速度	生产压差	油水井数比	井网密度	水驱指数	采液速度	采油速度
复相关系数	0.895	0.524	0.662	0.756	0.835	0.914	0.916
相关权	0.121	0.206	0.163	0.143	0.130	0.118	0.118

利用 Excel 工具计算各个指标的变异系数及变异权，计算结果见表 1.3.4。

表 1.3.4 各个指标的变异系数及变异权计算结果表

指标	注水速度	生产压差	油水井数比	井网密度	水驱指数	采液速度	采油速度
变异系数	0.241	0.165	0.300	0.272	0.327	0.266	0.309
变异权	0.128	0.088	0.160	0.145	0.174	0.142	0.164

利用 Excel 工具采用方根法计算各个指标的特征向量及层次权，计算结果见表 1.3.5。

表 1.3.5 各个指标的变异系数及层次权计算结果表

指标	注水速度	生产压差	油水井数比	井网密度	水驱指数	采液速度	采油速度
特征向量	1.024	1.163	0.974	0.831	0.703	0.533	0.682
层次权	0.173	0.197	0.165	0.141	0.119	0.090	0.115

综合权重的计算采用上述三种方法得到的权重进行几何平均，结果见表 1.3.6。

表 1.3.6 各个指标的综合权计算结果表

指标	注水速度	生产压差	油水井数比	井网密度	水驱指数	采液速度	采油速度
综合权	0.142	0.156	0.166	0.145	0.142	0.117	0.133

由综合权重可以看出，对该 7 个区块而言，特高含水期开发效果影响因素最大的指标是油水井数比，其次是生产压差，再次是井网密度。这也与矿场得到的实际认识基本一致。

参考文献

[1] 张继风 . 水驱油田开发效果评价方法综述及发展趋势 [J]. 岩性油气藏，2012，26（3）：118-122.
[2] 秦同洛 . 实用油藏工程方法 [M]. 北京：石油工业出版社，1989.
[3] 张锐 . 应用存水率曲线评价油田注水效果 [J]. 石油勘探与开发，1992，19（2）：63-68.
[4] 李迎辉，孔新海，刘道杰，等 . 高含水油藏水驱开发效果评价方法研究 [J]. 长江大学学报：自然科学版，2018，15（7）：69-73.
[5] 高兴军，宋子齐，程仲平 . 影响砂岩油藏水驱开发效果的综合评价方法 [J]. 石油勘探与开发，2003，30（2）：68-71.
[6] 唐海，李兴训，黄炳光，等 . 综合评价油田水驱开发效果改善程度的新方法 [J]. 西南石油学院学报，2001，23（6）：38-40.

[7] 廖红伟，王凤琴，薛中天，等.基于大系统方法的油藏动态分析 [J].石油学报，2002，23（6）：45-49.
[8] 王凤琴，薛中天.利用系统分析方法评价注水开发油田的水驱效果 [J].断块油气田，1998，5（3）：39-42.
[9] 伏敏，刘黛娥，赵国瑜.油藏动态中的相关分析方法 [J].断块油气田，2000，7（5）：33-34.
[10] 黄炳光，付永强，唐海，等.模糊综合评判法确定水驱油藏的水驱难易程度 [J].西南石油学院学报，1999，21（4）：1-3.
[11] 陈月明，吕爱民，范海军，等.特高含水期油藏工程研究 [J].油气采收率技术，1997，4（4）：39-48.
[12] 王国先，谢建勇，范杰.用即时含水采出比评价油田水驱开发效果 [J].新疆石油地质，2002，23(3)：236-237，241.
[13] 卢俊.评价和预测注水开发油田调整挖潜效果的一项新指标 [J].石油勘探与开发，1993，20（1）：62-65，70.
[14] 王文环.油田开发效果评价新方法研究 [J].石油钻探技术，2004，32（6）：56-57.
[15] 冯其红，吕爱民，于红军，等.一种用于水驱开发效果评价的新方法 [J].石油大学学报(自然科学版)，2004，28（2）：58-60.
[16] 孙继伟，孙建平，孙来喜，等.注水开发油田耗水指数理论图版的制作及应用 [J].新疆石油地质1998，19（4）：334-335.
[17] 冯其红，李闪闪，黄迎松，等.基于瞬时流场潜力系数的水驱开发效果评价方法 [J].油气地质与采收率，2020，27（4）：79-84.
[18] Guthrie R K，Greenberger M H. The use of multiple correlation analysis for interpreting petroleum engineering data[J]. Drill and Prod. Prac. API，1955：130-137.
[19] Wright F F. Field results indicate significant advances in water flooding[J]. J. P. T.(Oct.)，1958：58.
[20] Parts M，Matthews C S. Prediction of injection rate and production history for multifluid Five-Spot-Floods[J]. J. P. T.（May），1959：98.
[21] 王俊魁，孟宪君.预测油藏可采储量的实用方法 [J].大庆石油地质与开发，2009，28（1）：51–54.
[22] 毕海滨，段晓文，郑婧.致密油生产动态特征及可采储量评估方法 [J].石油学报，2018，39（2）：172–179.
[23] 王禄春，杨吉祥，姚建，等.大庆油田类比油藏库建立及其在可采储量评价中的应用 [J].石油地质与工程，2020，34（6）：71-75.
[24] 王永山，王树立，张志龙，等.大庆外围低渗透油田可采储量评价方法研究 [J].大庆石油地质与开发，2003，22（4）：18-20.
[25] 廖红伟，王凤琴，薛中天.基于大系统方法的油藏动态分析 [J].石油学报，2002，23（6）：45-49.
[26] 唐海，黄炳光，李道轩.模糊综合评判法确定油藏水驱开发潜力 [J].石油勘探与开发，2002，29（2）：97-99.
[27] 宋子齐，赵磊，康立明，等.一种水驱开发地质潜力综合评价方法在辽河油田的应用 [J].断块油气田，2004，11（2）：32-37.
[28] 李治平，赵必荣.油田注水开发效果评价的灰色关联分析法 [J].大庆石油地质与开发，1990，9(3)：44-51.
[29] 王斌，徐亮，于红军.流体势原理在注水油田开发中的潜力区研究与应用 [J].石油学报，2000，21（3）：45-50.
[30] 王宗军.综合评价方法 [M].北京：中国科学技术出版社，1990.
[31] 顾基发.综合评价的方法、问题及其研究趋势 [J].管理科学学报，1998，1（1）：75-79.

[32] 陈衍泰，陈国宏，李美娟 . 综合评价方法分类及研究进展 [J]. 管理科学学报；2004，7（2）：69-79.
[33] 蒋尚华，徐南荣 . 基于目标达成度和目标综合度的交互式多目标决策方式 [J]. 系统工程理论与实践，1999，19（1）：9-14.
[34] 徐泽水 . 一种交互式多目标决策新方法 [J]. 系统工程理论与实践，2002，22（2）：104-108.
[35] 朱祖平 . 产品概念交合分析的原理与案例研究 [J]. 科研管理，2000，21（5），95-102.
[36] Simon H.A. The new science of management decision [M]. New York: Harper and Row，1977.
[37] 宋小敏，杨青，万君康 . 高新技术企业综合评价研究 [J]. 科研管理，2002，20（1）:81-83.
[38] 何小群 . 现代统计分析方法 [M]. 北京：中国人民大学出版社，1998.
[39] 王昆，宋海洲 . 三种客观权重赋权法的比较分析 [J]. 技术经济与管理研究，2003（6）：48-49.
[40] 姜瑞忠，刘小波，王海江，等 . 指标综合筛选方法在高含水油田开发效果评价中的应用——以埕东油田为例 [J]. 油气地质与采收率，2008，15（2）：100-101.

第二章　单指标对比法在油田开发中的应用

单指标对比评价方法在油田开发效果评价过程中一直是广为使用的方法，该方法以简洁、实用为主，因其评价结果直接、一目了然，而得到现场油藏工程师的广泛采用。对不同开发阶段、不同类型油藏以及评价目标与油藏工程师的不同偏好，评价指标的选取和评价标准的确定各不相同。最为广泛使用的是采出程度与含水关系图版进行评价，其次是对存水率、采油速度、采液能力等指标进行评价。

第一节　采出程度与含水关系评价

20 世纪 80 年代初，喇萨杏油田进入高含水开发阶段，针对出现大排距条件下主力油层水淹厚度小，高含水井转抽后，部分井大量出水，注水利用率低的情况，应用采出程度与含水关系科学评价油田注水开发效果，提高注水利用率和开发的经济效益。

一、地质储量采出程度与综合含水关系

应用采出程度与综合含水关系评价油田开发效果关键是确定标准曲线，在此基础上，将实际曲线与标准曲线进行对比，并结合油田（区块）的地质特征及采用的开发调整措施全面评价开发效果。

1. 标准曲线的确定

油田开发效果的评价标准必须从油田的具体地质条件出发，以本油田在理想的水驱开采条件下可以达到的开发指标作为评价的上限标准，以油田较好水驱动用条件下可以达到的开发指标作为评价的下限标准[1-2]。

1）标准曲线的确定方法

地质储量采出程度与含水关系的标准曲线是指在理想的水驱条件下，通过理论计算或油田全过程开发数据等方法整理出的具有代表性的曲线，是评价水驱效果的一个重要标准。标准曲线的确定主要采用理论计算法、矿场单层注水开采试验分析法、密闭取心检查井资料统计法和国外油田开发资料统计对比法。

理论计算法，是用一维两相流管法以油田实测油水相对渗透率曲线和比较理想的非均质组合关系为计算参数，通过计算得到开发数据，可以代表油层在全面均匀水驱条件下理想的开发效果。

矿场单层注水开采试验分析法，是以大庆油田小井距试验三个不同类型油层的开采数据为基础，依据不同地区各类油层的储量比例加权平均得到的开发指标，以此作为评价油

田各区开发效果上限。它反映各类油层充分注水受效得到的开发效果，同理论计算值的区别在于它能比较真实地反映不同类型油层本身地质条件（包括油层物性及层内非均质程度等）对注水开发效果的影响。考虑油田开发条例的要求，将上述上限指标乘以储量动用系数（0.85）即可得到相应的下限指标。

密闭取心检查井分析法，是应用油田上不同地区，不同类型的油田的密闭取心资料，整理出不同非均质类型油层的驱油效率，按照不同地区各种非均质类型油层所占的比例，权衡出各个地区能够达到的采收率，对比分析各区的开发效果。

国外资料统计对比法，是应用国际进入注水开发末期的油田资料进行统计整理，可以得到油田地质开发条件与有关开发指标间的相关关系，以此作为对比评价油田开发效果的依据之一。

2）标准曲线的确定结果

为做出油田的标准曲线，首先利用密闭取心井的岩样，做出相对渗透率曲线。对其中资料可靠的未水洗岩样的相对渗透率曲线进行筛选，标定出能代表该油田油层物性的不同渗透率岩样的相对渗透率曲线。以这些相对渗透率曲线为基础，以比较理想的非均质组合关系为计算参数，使用一维两相流管法计算出油田开发数据，利用这些数据做出采出程度与综合含水关系曲线来代表油层全面均匀水驱条件下理想的开发效果，做出的这些曲线也就称之为标准曲线（表 2.1.1）。

表 2.1.1　不同地区理论计算开发指标数据

开发阶段		无水期	低含水期	中含水期	高含水期				
含水率 /%		2	20	30	70	80	90	95	98
喇嘛甸与萨北	采出程度 /%	7.7	14.2	24.7	27.9	32.2	38.2	43.9	51.1
	含水上升率 /%		2.77	3.81	3.13	2.33	1.67	0.88	0.42
萨南与杏树岗	采出程度 /%	9.6	17.4	29.4	32.8	37	43.4	48.4	55
	含水上升率 /%		2.31	3.33	2.94	2.38	1.56	1	0.45

以喇萨杏油田为例，应用 1980 年以来喇萨杏油田 12 口密闭取心井的岩样，先后作了 326 条相对渗透率曲线。选择其中资料比较可靠的未水洗岩样的 148 条相对渗透率曲线进行筛选，标定出一批能代表油田北部和南部地区油层物性的，不同渗透率岩样的相对渗透率曲线。标定时，主要考虑储层物性与束缚水饱和度关系、渗透率与驱油效率关系代表性比较强的相对渗透率曲线。对这些曲线按油田北部和南部油层渗透率分布曲线的比例加权平均，得出分别代表油田北部和南部地区的理论相对渗透率曲线。应用一维两相流管法计算出采出程度与综合含水关系，它反映全面水驱理想条件下的开发效果（表 2.1.2）。

理论计算结果表明，喇萨杏油田含水上升率在低含水期为 2.3%~2.8%，中含水期为 3.3%~3.8%，含水率大于 80% 以后降到 2.0% 以下。不同阶段的采出程度，无水期为 7%~9%；低含水期为 14%~17%；含水率 70% 时为 28%~32.8%；含水率 98% 时为 51%~55%。不同开发区由于油层性质的差异，开发效果存在一定的差别。理论计算的结果可以作为评价不同开发区注水开发效果的极限值。

由于小井距单层注水开发全过程试验，反映了不同类型油层在比较理想的实际注水开采条件下的开发效果。小井距三个试验层的注水开发结果说明，不同非均质类型的油层水驱开发效果有着明显的差异（表 2.1.2）。萨Ⅱ$_{7+8}$层为正韵律油层，开发效果最差，最终水驱采收率 35.20%，累计水油比高达 7.8~8.35；葡Ⅰ$_{4-7}$层属于复合韵律均匀层，开发效果最好，最终水驱采收率为 51.30%，累计水油比 4.06。葡Ⅰ$_2$层该区为低渗透层，厚度也比较薄，开发效果介于前二者之间，最终采收率为 43.00%，累计水油比 4.22。

表 2.1.2　小井距单层注水开采试验及分区标准曲线数据表

井区		不同含水阶段采出程度 /%												
		无水期	10%	20%	30%	40%	50%	60%	70%	80%	85%	90%	95%	98%
小井距	萨Ⅱ$_{7+8}$	5.30	6.80	8.30	10.20	12.00	14.20	16.70	19.00	23.00	25.20	28.00	31.70	35.20
	葡Ⅰ$_2$	7.00	8.50	10.20	12.20	14.30	16.70	19.70	23.30	28.00	30.70	34.00	39.00	43.00
	葡Ⅰ$_{4-7}$	9.50	14.20	18.30	22.20	24.70	26.70	29.00	31.50	35.00	37.30	40.70	46.30	51.30
油水同层		2.00	2.50	3.00	3.60	4.10	4.50	5.10	5.80	6.70	7.20	7.90	9.00	10.00
喇嘛甸	上限	7.38	9.81	12.18	14.69	16.83	19.02	21.67	24.67	28.81	31.26	34.43	39.31	43.50
	标准	6.27	8.34	10.35	12.49	14.31	19.17	18.42	20.97	24.40	26.57	29.27	33.41	36.90
萨北	上限	7.46	9.98	12.40	14.97	17.10	19.28	21.90	24.89	28.97	34.41	34.60	39.51	43.67
	标准	6.34	8.48	10.54	12.72	14.54	16.39	16.62	21.16	24.62	26.70	29.41	33.58	37.10
萨中	上限	7.81	10.96	13.84	16.78	18.98	21.07	23.55	26.20	30.03	32.37	35.53	40.46	44.81
	标准	6.64	9.32	11.76	14.26	16.13	17.91	20.02	22.27	25.53	27.51	30.20	34.39	38.10
萨南	上限	9.06	13.40	17.20	20.84	23.27	25.24	27.55	30.07	33.58	37.65	29.16	44.56	49.36
	标准	7.70	11.39	14.62	17.71	19.78	21.45	23.42	25.56	28.54	30.30	33.29	37.88	42.00
杏北	上限	9.10	13.40	17.20	20.84	23.28	25.28	27.62	30.18	33.74	36.05	26.38	44.83	46.66
	标准	7.74	11.39	14.62	17.71	19.79	21.49	23.48	25.65	28.68	30.64	33.47	38.11	42.20
杏南	上限	8.67	12.76	16.37	19.83	22.15	24.05	26.28	28.73	32.12	34.32	37.49	42.68	47.28
	标准	7.37	10.84	13.91	16.85	18.83	20.45	22.34	24.41	27.29	29.17	31.86	36.28	40.18
喇萨杏	上限	8.12	11.46	14.50	17.55	19.81	21.91	24.38	27.10	30.94	33.28	36.53	41.61	45.90
	标准	6.90	9.74	12.33	14.92	16.84	18.62	20.72	23.04	26.30	28.29	31.05	35.17	39.00

应用小井距的实际开采资料，根据各开发区相似类型油层的储量比例加权计算，可以得到代表不同开发区采出程度与综合含水的关系曲线，它反映多油层油田在实际注水条件下比较理想的开采效果。与理论计算结果相比趋势基本一致，但在数值上要低一些。更加接近油田注水开发的实际，可以作为衡量各开发区开采效果的上限曲线。根据统计结果，油田一次加密后水驱动用程度约为 85%。因此，在上述上限曲线的基础上水驱动用程度的折扣系数采用 0.85，便可以得到评价各开发区采出程度与综合含水关系的标准曲线。这一曲线符合理论曲线的变化趋势，适合油田各开发区的地质特点，反映了各区经过努力可以

实现的开发目标，具体分析在典型区块开发效果分析中介绍。

2. 评价结果及应用

喇萨杏油田 1976 年年产油达到 5000×10^4t，在第一个稳产 10 年中除完善开发井网之外，1980 年以后逐步开展以细分层系为重点的开发调整，开发效果不断得到改善。但分区也有差别。

（1）南部地区开采效果比北部要好。从采出程度与含水、采出程度与累计水油比关系来看，喇萨杏油田六个开发区分成南、北两组，南部三个开发区比北部三个开发区效果要好。杏北、萨南、杏南开发区在相同采出程度下，不管是含水率还是累计水油比都比较低（表 2.1.3 和表 2.1.4），注水利用率要比北部高。南部地区主力油层所占比例大，油层相对比较均匀。从检查井取心资料看，开发效果比较好的复合韵律油层和薄油层的比例占 90% 左右，非均质比较严重的正韵律油层只占 30% 以下，而且原油黏度也比北部地区低。北部三个开发区油层非均质比较严重，原油黏度较高，1981 年以来陆续进行了加密调整。喇嘛甸、萨北、萨中开发区的井网密度分别达到了 19.97 口 /km^2、12.5 口 /km^2、12.6 口 /km^2，开采效果已明显得到改善，北部三个区油层厚度大，单位面积储量大，油层差异大，进一步加密调整的余地也大。南部和北部的标准曲线相比，相同含水时南部采出程度要比北部高 3%~5%。

表 2.1.3　相同含水时采出程度对比表

含水率 / %	北部采出程度 / %				南部采出程度 / %	
	喇嘛甸	萨北	萨中	萨南	杏北	杏南
20	4.5	5.7	2.5	5.9	6.1	4.9
40	7.5	7.9	7.3	9.7	9.7	8.7
60	10.1	12.6	11.8	14.9	16	14.5
70	14.1	14.6	16.7	18.3	18.7	17.4

表 2.1.4　相同采出程度时累计水油比对比表

采出程度 / %	北部累计水油比				南部累计水油比	
	喇嘛甸	萨北	萨中	萨南	杏北	杏南
10	0.43	0.37	0.48	0.28	0.27	0.32
12	0.65	0.52	0.61	0.37	0.35	0.42
14	0.85	0.66	0.79	0.48	0.43	0.53
16	1.08	0.85	1.02	0.61	0.54	0.67

（2）井网一次加密完善后，可以达到标准曲线指标。井网加密调整前，原井网比较稀，差油层水驱控制程度普遍低，油层动用状况差，差油层中 40%~60% 出油状况差。原井网在含水率 60% 时，分区采出程度为 10%~16%，比标准曲线的采出程度低 6.5%~8.5%，相当于标准曲线采出程度的 56%~65%。油田加密调整后，含水上升率明显下降，加密调整前，1976—1980 年平均含水上升率 4.93%；1981—1985 年油田实施加密调整，按

水驱特征曲线计算可采储量，近三年每年大致增加 5000×10^4t，可采储量从 1981 年底的 10.9×10^8t 增加到 1985 年的 13.27×10^8t，剩余可采储量保持在（5.1~5.3）$\times10^8$t，剩余可采储量采油速度大体保持在 9%~10%。与国外同类油田相比，喇萨杏油田在相同含水时采出可采储量比例，和国外油水黏度比相近的油田基本相当。调整工作量比较集中的喇嘛甸、萨北、萨中、萨南开发区，采出程度与含水关系曲线都向采出程度轴偏移，向标准曲线靠拢，调整后的采出程度相当于标准曲线的 73%~81%，比调整前大大提高（表 2.1.5）。因此在完善一次加密的情况下，可以实现标准曲线所要求达到的指标。

表 2.1.5　各开发区开采效果与标准曲线对照表

分区		喇嘛甸	萨北	萨中	萨南	杏北	杏南
加密调整前	含水率 /%	60.00	60.00	60.00	60.00	60.00	60.00
	采出程度 /%	10.10	12.30	11.70	14.70	16.10	14.00
	要求采出程度 /%	18.70	19.50	20.50	24.20	24.00	22.50
	比例 /%	54.00	63.00	57.00	61.00	67.00	62.00
加密调整后	含水率 /%	76.80	77.10	69.50	70.90		
	采出程度 /%	17.10	19.40	16.80	21.30		
	要求采出程度 /%	23.20	24.00	23.00	26.20		
	比例 /%	74.00	81.00	73.00	81.00		

3. 开发效果较好典型区块分析

喇萨杏油田几个开采效果较好的区块，采出程度与含水、采出程度与累计水油比的关系，已经基本上接近所在开发区的标准曲线。大体上可分为四类。

第一类：油田北部北二区东部和西区。油层非均质比较严重，正韵律油层占的比例比较大，原油黏度比较高。开发初期开发效果较差，含水上升快。1972 年进行加密调整前，北二区东部和西区采出程度只有 4.3% 和 8.2%，综合含水率已分别为 27.5% 和 40%，累计水油比达到 0.27 和 0.34，比小井距萨Ⅱ$_{7+8}$ 相同阶段要差得多。加密调整后，开采效果明显改善，在采出程度 15%~20%、含水率 60% 以后，逐步接近层内非均质比较严重的萨Ⅱ$_{7+8}$ 的水平，在目前采出程度下，综合含水率和累计水油比相当于小井距萨Ⅱ$_{7+8}$（表 2.1.6），逐渐接近所在开发区的标准曲线。

表 2.1.6　西区、北二区东部目前开采指标与小井距对比表

开采指标	西区	北二区东部	511 井萨Ⅱ$_{7+8}$	501 井萨Ⅱ$_{7+8}$
采出程度 /%	24.4	21.7	24.0	24.0
综合含水率 /%	85.5	77.6	81.0	83.0
累计水油比	1.34	1.35	1.40	1.20

第二类：南二区、南三区葡Ⅰ组。其油层条件好，多为复合韵律均匀层，水驱控制程度高，油层动用状况好，水驱开采效果较好，采出程度与含水关系和小井距葡Ⅰ$_{1-2}$ 相近

（表 2.1.7）。在较稀井网条件下，含水率 80% 时采出程度 25.4%，对这类油层按动用程度 90% 的标准要求，可以达到标准曲线的 82%，趋近于萨南开发区标准曲线。与标准曲线差距主要原因为：一是葡 I $_{5-7}$ 砂岩组油层条件差，动用状况差；二是大排距开采厚油层受重力作用的影响，水淹厚度较薄，主力油层还可以通过调整从增加水淹厚度上改善开发效果。

表 2.1.7 累计水油比相同时采出程度对比表

分区	不同累计水油比时的采出程度 /%							
	0.10	0.20	0.30	0.40	0.50	0.60	0.70	0.80
501 井萨 II $_{7+8}$	10.30	12.20	13.40	15.10	16.70	18.00	19.40	20.50
杏 4~6 区面积井网	9.10	12.40	14.50	16.50	18.20	19.50	21.00	22.10
南二区、南三区葡 I 组井网	6.80	13.60	16.50	18.70	20.50	22.00	23.20	24.10
511 井葡 I $_{4-7}$	22.80	27.00	29.50	31.00	32.40	33.40	34.80	36.20
高台子试验区北块	8.10	11.00	13.60	15.50	17.40	18.80	20.10	21.10

第三类：杏 4~6 区面积井网。是南部地区面积井网比较完善的区块，油层非均质程度比油田北部好，比较发育的主力油层以复合韵律为主，渗透率较低的薄油层在平面上相对油田北部有较好的连续性。从密闭取心分析资料看，复合韵律层和薄油层的全层平均驱油效率要比正韵律和多段韵律高。这个区块见水初期开采效果比较好，含水上升比小井距萨 II $_{7+8}$ 慢，累计水油比介于萨 II $_{7+8}$ 与葡 I $_2$ 之间。进入高含水期后，层间矛盾加剧，含水上升加快。在未进行加密调整的情况下，含水率 80% 时的采出程度相当标准曲线的 81.2%，加密调整后，开发效果可以达到杏北开发区的标准曲线。

第四类：萨中高台子油层试验区北块。采用 150m 较密的注采井距开发，油层层间差异小，控制程度高，动用状况好，分层测试及密闭取心资料表明，绝大多数油层可以在水驱条件下开采，从含水与采出程度及累计水油比关系看开采效果介于萨 II $_{7+8}$ 与葡 I $_{4-7}$ 之间，达到了萨中地区标准曲线所要求的开采水平。

二、可采储量采出程度与综合含水关系

一般也可采用可采储量采出程度与综合含水关系评价油田开发效果。综合含水是反映当前状态下地质因素与开发因素的综合指标，可采储量采出程度为累计产油量与可采储量的商，累计产油量是主要反映了过去开发因素大小的指标，可采储量主要反映了当前状态下开发因素对地质因素影响大小，那么可采储量采出程度则是反映了当前状态下开发因素对地质因素影响大小。

1. 评价标准的确定

研究可采储量采出程度与综合含水的关系离不开对水驱油田含水变化规律的研究，而研究含水变化规律又离不开水驱特征曲线。水驱曲线是研究水驱油田含水变化规律的主要方法，广泛用于评价油田开发及调整效果、描述及预测油田开发指标及计算油田可采储量，由水驱曲线推导得到的可采储量采出程度及累计存水率与综合含水的关系式能够反映油田水驱开发特征。

国内大多数油田已进入高含水期或特高含水期，其产液量与产油量大都符合丙型水驱

特征曲线，故以丙型水驱特征曲线为例，将水驱特征曲线对累计存水率与含水率数学关系式进行推导，丙型水驱特征曲线累计产油量与累计产液量关系为：

$$\frac{L_p}{N_p}=a_1+b_1L_p \tag{2.1.1}$$

式中 N_p——累计产油量，10^4t；

L_p——累计产液量，10^4t；

a_1，b_1——甲、乙、丙、丁四种水驱特征曲线系数。

把式（2.1.1）变换关系式，并对时间求导：

$$N_p=\frac{1}{b_1}\left[1-\sqrt{a_1\left(1-f_w\right)}\right] \tag{2.1.2}$$

式中 f_w——含水率。

不考虑经济效益前提下，当 f_w=100% 时：

$$N_P=N_R=\frac{1}{b_1} \tag{2.1.3}$$

式中 N_R——可采储量，10^4t。

把上式两边同时除以 $N_R=\frac{1}{b_1}$ 得：

$$R_{NR}=1-\sqrt{a_1\left(1-f_w\right)} \tag{2.1.4}$$

式中 R_{NR}——可采储量采出程度。

式（2.1.4）即为可采储量采出程度与含水率的理论评价标准。不难看出，可采储量采出程度随含水率的增加而增加，当 f_w=100% 时，R_{NR}=100%，与理论认识相符。

2. 评价结果及分析

以萨中开发区 6 个区块作为评价单元为例进行分析：这六个评价单元均处于特高含水阶段，均符合丙型水驱曲线特征，因此可以利用丙型水驱曲线来进行分析。利用可采储量采出程度与含水率的理论评价标准给出各区块开发效果的相对好或差。

由动态数据拟合求得该开发区 6 个区块的 a、b 值，结果见表 2.1.8。

表 2.1.8　各区块基础井网拟合 a、b、R^2（拟合系数）参数结果表

区块	a	b	R^2
北一区断西	0.9991383	0.0003372	0.9999391
北一区断东	0.9782972	0.0002179	0.9993652
东区	1.1760759	0.0005002	0.9990379
西区	1.5020433	0.0004888	0.9988350
东过	1.2347236	0.0006114	0.9995253
西过	1.2995147	0.0003194	0.9996677

根据上面得到的参数求得 N_R、R_{NR}，结果见表 2.1.9。

表 2.1.9　各区块基础井网可采储量采出程度结果对比表

区块	f_w/%	N_R/10^4t	R_{NR}（实际）/%	R_{NR}（理论）/%	R_{NR} 差值 /%
北一区断西	92.29	2965.599	72.57806	72.24508	0.332979
北一区断东	94.13	4589.261	73.66063	76.03627	−2.37564
东区	93.08	1999.200	68.14297	71.47204	−3.32907
西区	93.80	2045.827	66.57518	69.48333	−2.90815
东过	94.07	1635.590	70.78144	72.94097	−2.15953
西过	92.38	3130.870	65.90059	68.53208	−2.63148

对同一油田理论值与实际值对比可以看出，在相同含水情况下各区块实际与理论可采储量采出程度相差不超过 4%，6 个区块的开发效果均较好，其中北一区断西开发效果最好，其实际 R_{NR} 值已超过理论值，虽然东区和西区的地质储量采出程度均较高，但由于其实际 R_{NR} 值低于理论值近 3%，故开发效果相对较差的是东区和西区，其余各区块开发效果相对一般。不同油田相近含水率下采出程度进行对比可以发现，北一区断西的可采储量采出程度比西过高近 4 个百分点，北一区断东比东过高近 3 个百分点，东区比西区相差不大，综上可知，开发效果最好的是北一区断西，最差的是东区和西区，总体看来，相近含水率下纯油区比过渡带开发效果好（表 2.1.10）。

表 2.1.10　六个区块评价结果表

开发效果	区块
好	北一区断西
中	北一区断东、东过、西过
差	东区、西区

第二节　存水率评价

存水率指地下存水量（注入水量减采出水量）与注入水量之比。它是评价注水开发油田注水状况及注水效果的一个重要指标，现场中得到了较多的应用。存水率表明注入水存留在地层中的比率，主要表征注入水利用率的高低。存水率，即净注率（Net injection percent）是地下存水量（注入水量减去采出水量）与注入水量之比。一般说来，油田存水率高，则采出程度高，含水率低，注入水利用效率高，开发效果好；反之，油田存水率低，则采出程度低，含水率高，注入水利用效率低，开发效果差。它的高低不仅表明油田开发效果的好坏，而且也反映着经济效益的高低。

影响存水率的地质因素主要有：（1）油层物性的影响。对同一油层而言，渗透率的不同影响着存水率的变化，渗透率较低的地层，油水井连通性差，地下存水率较高，渗透率高的地层则相反；对多层油田来说，笼统注水情况下，非均质性高的油层存水率低，非均质性低的油层存水率高；（2）地下油水黏度比不同，其存水率的变化也不同。地下油水黏度比大的油层，水驱油效果差，注入水突进现象严重，地下存水率较低；油水黏度比较低则存水率高。此外注采比等开发因素对其影响也较大。

存水率分为累计存水率与阶段存水率，累计存水率适用于从开发以来从整体上对评价单元进行评判，阶段存水率适用于阶段性的效果进行评判，对处于高含水期、特高含水期油田而言，应当采用累计存水率，主要有两点原因：（1）在油田注水开发过程中，随着原油采出量的增加，综合含水不断上升，注入水则不断被排出，含水越高，排出水量越大，地下存水率越来越小，采用阶段存水率已不能真实反映地下的状况；（2）如果把油田作为一个系统，从整体上进行分析，则注入水一直在发挥着作用，而阶段存水率则不能反映这个过程。因此建议通过对累计存水率来进行分析研究。

一、阶段存水率

存水率主要表征注水利用率的高低，地下存水率是指地下存水量（阶段注水量减阶段采出量）与注入量之比，即

$$E_{\rm i}=\frac{\Delta Q_{\rm i}-\Delta Q_{\rm w}}{\Delta Q_{\rm i}}=1-\frac{\Delta Q_{\rm w}}{\Delta Q_{\rm i}} \tag{2.2.1}$$

式中 $E_{\rm i}$——阶段存水率；

$\Delta Q_{\rm i}$——阶段注水量，$10^4 {\rm m}^3$；

$\Delta Q_{\rm w}$——阶段产出量，$10^4 {\rm m}^3$。

阶段存水率的标准曲线确定方法有理论公式法和经验统计法两种。

1. 理论公式法

根据式（2.2.1）有：

$$E_{\rm i}=\frac{\Delta Q_{\rm i}-\Delta Q_{\rm w}}{\Delta Q_{\rm i}}=1-\frac{1}{Z\left(\dfrac{\Delta Q_{\rm o}V}{\Delta Q_{\rm w}}+1\right)} \tag{2.2.2}$$

式中 $\Delta Q_{\rm o}$——阶段产油量，$10^4{\rm t}$；

V——原油换算系数（由地面体积换成地下体积的系数，喇萨杏油田取 1.31）；

Z——注采比。

由水驱特征曲线得：

$$\Delta Q_{\rm w}=Q_{\rm wi}-Q_{\rm wi\text{-}1}=10^{A+BQ_{\rm oi}}-10^{\left(A+BQ_{\rm oi\text{-}1}\right)} \tag{2.2.3}$$

式中 A——水驱曲线直线段截距；

B——水驱曲线直线段斜率；

$Q_{\rm oi-1}$，$Q_{\rm wi-1}$——阶段前累计产油量、累计产水量，$10^4{\rm t}$；

$Q_{\rm o2}$，$Q_{\rm w2}$——阶段末累计产油量、累计产水量，$10^4{\rm t}$。

进一步，可得：

$$E_{\rm i}=1-\frac{1}{Z}\left[\frac{\left(R_{\rm i}-R_{\rm i\text{-}1}\right)N_{\rm o}V}{10^{\left(A+BR_{\rm i}N_{\rm o}\right)}-10^{\left(A+BR_{\rm i\text{-}1}N_{\rm o}\right)}}+1\right]^{-1} \tag{2.2.4}$$

式中　N_o——地质储量，10^4t；

R_{i-1}，R_i——阶段前、后采出程度。

由式（2.2.4）看出，当水驱特征曲线出现有代表性直线段后，求出 A、B 值代入式（2.2.4），并给定一个合理的注采比，就可求出不同采出程度时的阶段存水率。

首先，根据现状水驱特征曲线直线段确定现状条件下存水率标准曲线。用油田实际资料做出（现状）水驱曲线，回归后确定 A、B 值，连同 N_o、V 及合理注采比 Z 值代入，分别给出 R_{i-1}、R_i（R_{i-1} 和 R_i 相差 1%~2% 为宜），就可计算出对应的 E_i 值，做出现状 E_i 与 R_i 标准曲线。

其次，计算油田实际存水率。如果在实际值接近理论值，说明注水开发效果较好、注水利用率高；若实际值偏离理论值较大，则表明注水开发效果差、注水利用率低。

2. 经验统计法

确定阶段存水率标准曲线，还可以采用矿场经验统计法，其计算公式为：

$$E_s = 1 - e^{A_s + D_s \frac{R}{R_m}} \tag{2.2.5}$$

式中　E_s——累计存水率；

A_s，D_s——与油水黏度比相关的统计常数；

R——采出程度；

R_m——最终采出程度。

将实际存水率曲线与标准曲线对比，分析注水利用率的高低，评价水驱开发效果的好坏。如果在同一采出程度下实际值接近理论值，说明注水开发效果较好；如果实际值远小于理论值，则表明注水开发效果差。

二、累计存水率

累计存水率即是指地下存水量（累计注入水量减累计产水量）与累计注入水量之比。从累计存水率的定义出发，以丙型水驱特征曲线为例基于水驱特征曲线推导出累计存水率与含水率数学关系式，并结合相对渗透率曲线求解丙型水驱特征曲线经验系数，对其进行较深入的探讨。通常将实际存水率与理论存水率相比较，从而用来评价油田注水开发的效果以及进行挖潜和调整措施的分析。

1. 累计存水率与含水率关系式的推导

由累计存水率的定义：

$$E_s = \frac{W_i - W_p}{W_i} = 1 - \frac{W_p}{W_i} \tag{2.2.6}$$

式中　E_s——累计存水率；

W_i，W_p——累计注水量和累计产水量，$10^4 m^3$。

又由累计注采比的定义：

$$Z_s = \frac{W_i}{L_p} \tag{2.2.7}$$

式中 L_p——累计产液量，10^4t；

Z_s——累计注采比。

把式（2.2.7）代入式（2.2.6）得：

$$E_s = 1 - \frac{1}{Z_s}\left(1 - \frac{N_p}{L_p}\right) \tag{2.2.8}$$

把式（2.1.1）代入式（2.2.8）得：

$$E_s = 1 - \frac{a_1 + b_1 N_p - 1}{a_1 Z_s} \tag{2.2.9}$$

把式（2.2.10）代入式（2.2.12）得：

$$E_s = 1 - \frac{a_1 - \sqrt{a_1(1 - f_w)}}{a_1 Z_s} \tag{2.2.10}$$

式（2.2.10）即为累计存水率与含水率的关系。可以看出，累计存水率不但与含水率有关，同累计注采比以及丙型水驱特征曲线经验统计系数 a_1 也有关。在其他条件一定的情况下，累计注采比越大，存水率越大，累计注采比越小，存水率越小。

2. 系数的确定方法

由式（2.2.2）两边分别除以 N_o 得：

$$R = \frac{N_p}{N_o} = \frac{1}{b_1 \times N_o} - \frac{\sqrt{a_1}}{b_1 \times N_o} \times \sqrt{1 - f_w} \tag{2.2.11}$$

令

$$A = \frac{1}{b_1 \times N_o} \tag{2.2.12}$$

$$B = \frac{\sqrt{a_1}}{b_1 \times N_o} \tag{2.2.13}$$

式中 A，B——相关公式系数；

f_w——年均含水率；

N_o——地质储量，10^4t。

把式（2.2.12）、式（2.2.13）代入式（2.2.11），可得：

$$R = A - B\sqrt{1 - f_w} \tag{2.2.14}$$

式中 R——地质储量采出程度。

式（2.2.13）除以式（2.2.12）再变形，可得：

$$a_1 = \left(\frac{B}{A}\right)^2 \tag{2.2.15}$$

则由相对渗透率曲线做出 R 与 $\sqrt{1-f_w}$ 的关系曲线，再由线性拟合可求出 A 与 B 的值，进而可以求出 a_1 的值。

利用大庆喇萨杏油田相对渗透率曲线数据求出六个开发区的 a_1 值，结果见表 2.2.1。

表 2.2.1　喇萨杏油田六个开发区 a_1 值计算结果

代号	萨中	萨南	萨北	杏北	杏南	喇嘛甸
a_1 值	1.19718	1.059962	0.97442	0.970324	0.971617	1.068061

3. 对累计存水率与含水率关系的讨论

当油田已注水开发但未见水，并在无边、底水及夹层水的侵入时，综合含水 f_w=0，累计产水量 W_p=0，由式（2.2.10）可知 E_s=1，这也是累计存水率的最大值。当 f_w=100% 时，就是注水开发的末期，W_p 接近 W_i，在此极限情况下，E_s=0。因此累计存水率与含水率关系曲线过（1，0）和（0，1）两点。

把（1，0）和（0，1）代入式（2.2.10）可求出理想条件下（即无边底水入侵，系统封闭无外溢，岩石不可压缩，仅存油水两相情况下）累计存水率与含水率的关系为：

$$E_s = \sqrt{1-f_w} \tag{2.2.16}$$

其中 a_1=1，Z_s=1。累计注采比为 1，这与理想条件下物质平衡原理（注采平衡，也就是体积平衡）相符。

理想条件下累计存水率与含水率关系曲线如图 2.2.1 所示。从图 2.2.1 中不难看出，累计存水率随着含水率的增加而下降，将实际的存水率和相应的含水率点做在理论存水率和含水率关系曲线上，如果该点位于曲线附近或稍上方则说明注入水利用率较高，若偏离曲线下方较大则说明注入水利用率比较低，需要进一步采取措施进行调整以增加累计存水率。

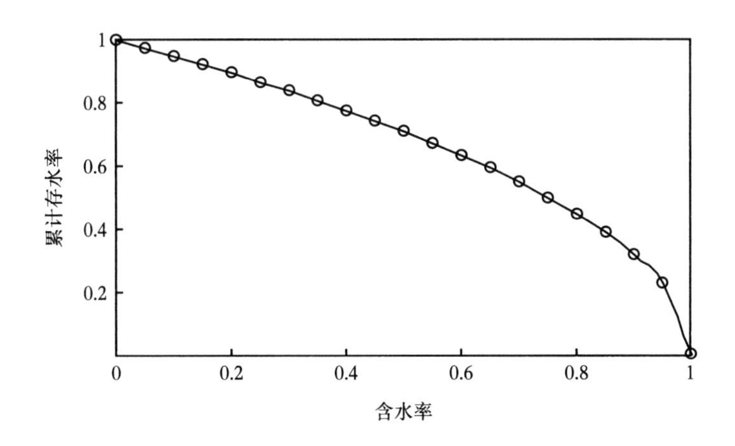

图 2.2.1　累计存水率与含水率理论关系曲线

累计存水率低于理论值主要有 2 个原因：一个是边水、底水的侵入，夹层水的产出，特别是在油田开发初期，而这部分侵入水对油藏来说相当于注入水，但它并没有纳入累计注入水中，却增加了产水量，根据累计存水率的定义，累计存水率一定偏低；另一个是注、采不平衡，特别是在开发初期，当多产、少注时，降压开采，累计存水率也偏低。

累计存水率高于理论值主要有 4 个原因：一是在压力恢复或弥补亏空阶段，注采比大于 1.0；二是注入水有溢出；三是措施的作用，扩大了注水波及体积，改善了开发效果；四是储层连通性差，注水不见效。

因此，在累计存水率高于理论值时必须做细致分析，同时需观察油藏压力和注采比的变化，如果累计存水率高，压力也高，则储层连通性差。如果排除上述因素，累计存水率下降减慢或曲线上翘，则是由于措施产生了效果。

又由油田开发行业推荐的其他三种水驱曲线表达式，同理可推导符合该类型水驱特征曲线条件下的累计存水率与含水率的数学关系（表 2.2.2）。

表 2.2.2　四种水驱特征曲线对应的累计存水率与含水率数学关系式

水驱曲线	水驱曲线表达式	累计存水率与含水率关系表达式
甲型	$\lg W_{\mathrm{p}}=a_1+b_1N_{\mathrm{p}}$	$E_{\mathrm{s}}=1-\dfrac{\dfrac{0.4343}{b_1}\left(\dfrac{f_{\mathrm{w}}}{1-f_{\mathrm{w}}}\right)}{Z_{\mathrm{s}}\left[\lg\dfrac{0.4343}{b_1}\left(\dfrac{f_{\mathrm{w}}}{1-f_{\mathrm{w}}}\right)-a_1+\dfrac{0.4343}{b_1}\left(\dfrac{f_{\mathrm{w}}}{1-f_{\mathrm{w}}}\right)\right]}$
乙型	$\lg L_{\mathrm{p}}=a_2+b_2N_{\mathrm{p}}$	$E_{\mathrm{s}}=1-\dfrac{\left[\dfrac{0.4343}{b_2(1-f_{\mathrm{w}})}\right]^{\frac{1}{b_1}}-\dfrac{1}{b_2}\lg\dfrac{0.4343}{b_2}\left(\dfrac{1}{1-f_{\mathrm{w}}}\right)}{Z_{\mathrm{s}}\left[\left(\dfrac{0.4343}{b_2(1-f_{\mathrm{w}})}\right)^{\frac{1}{b_1}}-\dfrac{a_2}{b_2}\right]}$
丙型	$\dfrac{L_{\mathrm{p}}}{N_{\mathrm{p}}}=a_3+b_3L_{\mathrm{p}}$	$E_{\mathrm{s}}=1-\dfrac{a_3-\sqrt{a_3(1-f_{\mathrm{w}})}}{a_3Z_{\mathrm{s}}}$
丁型	$\dfrac{L_{\mathrm{p}}}{N_{\mathrm{p}}}=a_4+b_4W_{\mathrm{p}}$	$E_{\mathrm{s}}=1-\dfrac{a_4-1}{Z_{\mathrm{s}}\left[a_4-1+\sqrt{(a_4-1)\left(\dfrac{1-f_{\mathrm{w}}}{f_{\mathrm{w}}}\right)}\right]}$

4. 提高油田存水率的途径

1）增注提高地下存水率

提高注水井的注水量，是提高地下存水率的主要途径之一，但注水井的增注要根据油田物性特点，采取不同的措施。（1）高压增注。对于油层物性差，油水井连通性差，启动压力高的油层，应采取集中高压增注的措施，通过提高注水压力增加注水量；（2）压裂酸化增注。对于注水井本身油层物性较好，但由于水质差、黏土膨胀等原因引起油层堵塞注水下降的井，应对水质进行改善并通过压裂、酸化结合精细过滤或采用多段塞复合活化水增注技术等途径提高注入量；（3）新井增注。通过打新的水井进行增注，主要针对注采关系不完善、波及系数低的油层，通过增加注水井提高存水率。

2）应用调堵技术提高地下存水率

注水井调剖是改善吸水剖面的技术之一，尤其对于那些夹层条件不能满足分注的厚油层合注井。在层间干扰严重、层内差异大的层系，为减少注入水沿大孔道或高渗透带做无效循环，开展深度调剖改善吸水剖面，提高中低渗透层段的注水量，提高地下存水率。

3）减少无效排液提高地下存水率

（1）封堵高含水强淹层。受油田各层的沉积特点、物性变化的影响，在纵向上注入水沿着物性好的油层快速推进，从而使物性好的油层过早水淹，在多层开采的情况下由于层间干扰，注入水沿着水淹通道，直接在对应油井的高渗透层段采出，造成大量水的无效采出。因此，应充分利用油水井产液、吸水剖面资料，同时结合油层各种动、静态资料，研究油井各层段的含水、压力差异，找准高渗透、高能量、强水淹层，采取机堵、化堵、打塞、超细水泥等措施封堵，减少无效排液量，提高地下存水率。但值得注意的是调剖堵水短期内会影响水的注入量，长期看能够增加存水率。

（2）关停特高含水低效井。开发后期，油田的高含水低效井越来越多，造成大量的无效排液。目前对于含水特高的油井，基本上无再措施的余地，对其实施关井后，则可降低无效排水，增加地下存水率。

（3）实施或加大分层注水力度。对非均质性较强，层系多的油藏，分层注水是实现中、低渗透层有效注水并控制高渗透层注水有效方法。

（4）高含水井转注。对特高含水井，尤其是已和水井形成优势渗流通道的油井，可以充分利用形成的大孔道，将其当成裂缝来处理，在考虑井网变化等情况下转为注水井，从而提高存水率。

5. 实例应用

以大庆油田萨中开发区 6 个区块的基础井网作为评价单元为例分析如下，这 6 个评价单元均处于特高含水阶段，利用累计存水率与含水率关系进行现状对比和趋势评价。

1）现状评价

各区块基础井网的目前实际与理论累计存水率见表 2.2.3。

表 2.2.3　各区块基础井网目前实际与理论累计存水率对比表

区块	f_w/%	Z_s	E_s（实际）/%	E_s（理论）/%	E_s 差值 /%
北一区断西	92.29	1.3323	45.54488	45.79262	−0.24774
北一区断东	94.13	1.3156	44.26339	42.41233	1.85106
东区	93.08	1.4599	49.92667	49.52985	0.396821
西区	93.80	1.0824	28.24277	30.6292	−2.38643
东过	94.07	1.3529	43.46894	44.09023	−0.62128
西过	92.38	1.3219	44.11729	45.24193	−1.12464

一般来说，处于特高含水期的油田属于开发后期，采出程度较高，实际累计存水率低于理论存水率。横向对比评价结果表明：6 个区块的实际值与理论值均相差很小或稍高于理论值，这说明各区块的注水效果均较好，注入水利用率较高。其中北一区断东和东区的累计存水率高于理论值，但可采储量采出程度实际值与理论值相差较大，分析认为是累计注采比较高（前者在 10 年内一直大于 1.32，后者则大于 1.46）导致存水率计算结果偏高，

需采取封堵以及补孔等措施以实现高效注水；西区和西过的存水率和可采储量采出程度均低于理论值较大，是值得进一步挖掘潜力的区块，需采取压裂酸化、加大分层注水力度等措施提高存水率和注入水波及系数；对含水率较高的北一区断东和东过需采取如周期注水或高含水井转注等措施以减少低效循环，降低含水上升率；相同含水率下，纯油区与过渡带存水率相差不大，而东区和西区在含水率相近的情况下，存水率相差较大，需进行深入的比较判别和地质研究以找到影 响存水率高低的主要原因。

2）趋势评价

存水率变化趋势受开发系统制约，如果实际存水率变化趋势与理论趋势基本相吻合，存水率变化比较稳定，则说明水驱效果较好，开发系统选择合理，有利于油田的合理开采，开发系统应继续保持下去；如果实际存水率下降较大或波动性很大，则反映油田注水状况不太稳定，导致注入水利用率变差，水驱效果变差。

纵向对比评价结果表明：除西区外其余 5 个区块的实际存水率与理论曲线变化趋势基本一致，存水率下降缓慢甚至高于理论值，表明这 5 个区块的水驱效果好，注入水利用率高，开发系统选择合理；而西区的实际存水率变化波动性很大，表明其注水利用率差，水驱效果差，分析认为可能由于注采比低（西区累计注采比近 10 年一直保持在 1 左右）、井网不完善，或以单层单向、多层单向见水为主导致，西区的累计存水率和可采储量采出程度均与理论值相差较大，也证实了这一点。值得注意的是北一区断东存水率的变化趋势，在含水 90% 以前其实际值低于理论值，在含水 90% 以后其实际值高于理论值，这与其保持较高的注采比有一定的关系（其累计注采比在 10 年内一直大于 1.32，最高达 1.46），这也是导致其含水率较高（达 94.13%）的原因之一。

第三节　注采系统相关指标评价

注水方式和注采井网适应性是衡量油藏所采取的技术方法和技术措施是否得当，油藏潜力是否得到充分发挥的一项重要内容。矿场实际通常从以下几个方面进行分析评价。

一、水驱储量控制程度和水驱储量动用程度

水驱储量控制程度和水驱储量动用程度是评价注水方式和注采井网适应性的两个常用指标。

1. 水驱储量控制程度

水驱储量控制程度用现井网下和注水井连通的采油井射开有效厚度与采油井射开总有效厚度之比值来表示：

$$R_c = \frac{h}{H} \tag{2.3.1}$$

式中 R_c——水驱储量控制程度；

h——与注水井连通的采油井射开有效厚度，m；

H——采油井射开总有效厚度，m。

水驱储量控制程度本质上是注入水体波及系数的反映，与井网密度的大小、注采系统

的完善程度有关。一般情况下，水驱储量控制程度随着井网密度的增加和注采系统的完善而提高。随着开发的深入，水驱储量控制程度随之增加，其值越大，说明水驱油藏的注水开发效果越好；反之，则说明注水开发效果越差（表 2.3.1）。

表 2.3.1　喇萨杏油田水驱某区块水驱储量控制程度变化情况表

年度	井控面积 /（10^4m^2/ 口）	油水井数比	水驱储量控制程度 /%
1985	16.7354	2.08	71.23
1989	11.1564	1.95	82.64
1992	9.4665	1.91	84.80

2. 水驱储量动用程度

水驱储量动用程度用注水井总的吸水厚度与总的射开连通厚度之比值或油井的总产液厚度与总的射开连通厚度之比值来表示：

$$R_p = \frac{h_i}{H_i} \tag{2.3.2}$$

或

$$R_p = \frac{h_o}{H_o} \tag{2.3.3}$$

式中　R_p——水驱储量动用程度；

h_i，h_o——注水井总吸水厚度、油井总产液厚度，m；

H_i，H_o——注水井、油井总射开连通厚度，m。

水驱储量动用程度还可以用丙型（西帕切夫）水驱特征曲线来确定：

$$\frac{L_p}{N_p} = A + BL_p \tag{2.3.4}$$

$$N_{mo} = \frac{1}{B} \tag{2.3.5}$$

$$R_{mo} = \frac{N_{mo}}{NE_R} \tag{2.3.6}$$

式中　L_p——累计产液量，10^4t；

N_p——累计产油量，10^4t；

N_{mo}——水驱动用储量（可动油储量），10^4t；

N——石油地质储量，10^4t；

E_R——由油藏地质特征参数评价出的油藏最终采收率。

水驱储量动用程度直接反映注水开发油藏的水驱效果。一般情况下，水驱储量动用程度随着开发程度的加深而提高，其值越大，说明水驱油藏的注水开发效果越好；反之，则说明注水开发效果越差。

通常用丙型水驱曲线计算出来的水驱储量动用程度值应小于1。但有时也可能大于1，这除了反映水驱效果较好外，主要是地质储量偏小所致。

计算出油藏的水驱储量控制程度和水驱储量动用程度后，也可参照行业标准SY/T 6219—1996《油田开发水平分级》制定的标准，衡量油田或区块的这两个指标在油田开发水平分级表中属于哪一类（表2.3.2）。

表2.3.2 水驱储量控制程度和动用程度评价标准

项目	中高渗透率层状砂岩油藏			低渗透率砂岩油藏		
	一类	二类	三类	一类	二类	三类
水驱储量控制程度/%	≥85	70~85	<70	≥70	60~70	<60
水驱储量动用程度/%	≥75	60~75	<60	≥70	50~70	<50

二、采液（采油）能力与吸水能力

1. 采液（采油）能力

在油田注水开发过程中，采液指数的变化实质上是反映油水井井底附近渗流阻力的变化，随着含水饱和度的不断升高，渗流阻力不断下降，采液指数随之增大。为便于理论分析，一般采用无量纲采液（采油）指数。无量纲采液（采油）指数是指某一含水率下的采液指数与含水为零时的采液指数（采油指数）之比，它是评价不同含水条件下产液（采油）能力的指标。它与储层物性、油藏流体性质及生产条件有关。在不同条件下，油井的采油和采液能力可能很大，但其变化有一定的规律性。通常以相对渗透率曲线为基础的理论计算可以得到油井采油指数和采液指数随含水的变化规律。根据达西定律，可得无量纲采油指数和采液指数随含水的变化关系式。

无量纲采油指数：
$$J_o=K_{ro} \tag{2.3.7}$$

无量纲采液指数：
$$J_l = K_{ro} + K_{rw}\frac{\mu_o}{\mu_w} \tag{2.3.8}$$

式中 J_o——无量纲采油指数；

J_l——无量纲采液指数；

K_{ro}——油相相对渗透率；

K_{rw}——水相相对渗透率；

μ_o——油黏度，mPa·s；

μ_w——水黏度，mPa·s。

1）脱气条件下的采液量与采油量

“八五”期间，大庆油田进入高含水开发阶段，开采方式也由自喷转变抽油，油井流压低于原油饱和压力，井底附近一定范围内出现脱气，出现油气水三相渗流的情况，气相的出现会降低油井的采液指数。为准确评价脱气后的采液与采油能力变化趋势，大庆油田研究院技术人员进行了深入研究，并得到了相关认识和成果。

（1）井底脱气条件下的产量计算。

尽管大庆油田采取早期注水，保持地层压力开采的原则，但“六五”以后，为保持原油稳产，开采方式由自喷转向抽油，使油井流压远低于泡点压力，从而在油井附近形成脱气圈，渗流条件发生了变化。根据流态，可将油井渗流区划分成两个流动区域，在脱气区内考虑油气水三相存在，在未脱气区内仅考虑油水两相。运用赫氏方程和裘比公式，推出了脱气半径和产油量计算公式分别为：

$$\ln r_{\mathrm{b}}=\frac{\int_{p_{\mathrm{f}}}^{p_{\mathrm{b}}}\frac{K_{\mathrm{ro}}}{B_{\mathrm{o}}\mu_{\mathrm{o}}}\mathrm{d}p(\ln r_{\mathrm{e}})+(p_{\mathrm{e}}-p_{\mathrm{b}})\left.\left(\frac{K_{\mathrm{ro}}}{B_{\mathrm{o}}\mu_{\mathrm{o}}}\right)\right|_{p_{\mathrm{b}}}\ln r_{\mathrm{w}}}{\int_{p_{\mathrm{f}}}^{p_{\mathrm{b}}}\frac{K_{\mathrm{ro}}}{B_{\mathrm{o}}\mu_{\mathrm{o}}}\mathrm{d}p+(p_{\mathrm{e}}-p_{\mathrm{b}})\left.\left(\frac{K_{\mathrm{ro}}}{B_{\mathrm{o}}\mu_{\mathrm{o}}}\right)\right|_{p_{\mathrm{b}}}} \tag{2.3.9}$$

$$q_{\mathrm{o}}=2\pi Kh\frac{\int_{p_{\mathrm{f}}}^{p_{\mathrm{b}}}\frac{K_{\mathrm{ro}}}{B_{\mathrm{o}}\mu_{\mathrm{o}}}\mathrm{d}p+(p_{\mathrm{e}}-p_{\mathrm{b}})\left.\left(\frac{K_{\mathrm{ro}}}{B_{\mathrm{o}}\mu_{\mathrm{o}}}\right)\right|_{p_{\mathrm{b}}}}{\ln\frac{r_{\mathrm{e}}}{r_{\mathrm{w}}}} \tag{2.3.10}$$

式中　K_{ro}——相对渗透率；

B_{o}——油相体积系数；

μ_{o}——油相黏度，mPa·s；

p_{e}，p_{b}，p_{f}——分别为供油边缘压力、泡点压力和流压，MPa；

r_{e}——供油半径，m；

r_{w}——井径，m。

喇萨杏油田相对渗透率曲线和高压物性统计资料表明，$K_{\mathrm{ro}}/(B_{\mathrm{o}}\mu_{\mathrm{o}})$ 可表示为 $\frac{K_{\mathrm{ro}}}{B_{\mathrm{o}}\mu_{\mathrm{o}}}=a+bp_{\mathrm{b}}$，进一步整理，可得到直接用于喇萨杏油田的产油量公式：

$$q_{\mathrm{o}}=\frac{2\pi Kh}{\ln(r_{\mathrm{e}}/r_{\mathrm{w}})}\left[(a+bp_{\mathrm{b}})-\frac{b}{2}(p_{\mathrm{b}}-p_{\mathrm{f}})^2\right] \tag{2.3.11}$$

令 $c=\frac{b}{2(a+bp_{\mathrm{b}})}$，则产油量公式为：

$$q_{\mathrm{o}}=J_{\mathrm{b}}\left[(p_{\mathrm{r}}-p_{\mathrm{f}})-c(p_{\mathrm{e}}-p_{\mathrm{f}})^2\right] \tag{2.3.12}$$

式中　J_{b}——泡点压力下的采油指数，t/(d·MPa)。

一般情况下，$p_{\mathrm{e}}\approx p_{\mathrm{r}}$，则：

$$q_{\mathrm{o}}=J_{\mathrm{b}}\left[(p_{\mathrm{r}}-p_{\mathrm{f}})-c(p_{\mathrm{b}}-p_{\mathrm{f}})^2\right] \tag{2.3.13}$$

式中　p_{r}——油井区平均地层压力，MPa。

式（2.3.13）是描述水驱油藏油井脱气对产量影响的一个基本规律，在理论上比 vogel 方程更加完善，更适用于喇萨杏油田的开发条件，对保持压力开采油田具有普遍意义。

运用油气相对渗透率曲线 K_{ro}—S_o 以及 $\mu_o(p)$、$B_o(p)$、$\mu_g(p)$ 和生产气油比数据，研究了喇萨杏油田各大开发区的 $K_{ro}/(B_o\mu_o)=a+bp$ 经验曲线，这些曲线具有较强的相关性。确定出 a、b 值后，可计算出参数 c 值（表 2.3.3）。

表 2.3.3　各地区 *a*、*b* 及 *c* 值计算结果表

地区	a	b	c
喇嘛甸	2.414×10^{-3}	4.369×10^{-3}	3.129×10^{-2}
萨北	2.027×10^{-3}	2.843×10^{-3}	3.015×10^{-2}
萨中	2.132×10^{-3}	5.010×10^{-3}	3.714×10^{-2}
萨南	2.885×10^{-3}	4.291×10^{-3}	3.185×10^{-2}
杏树岗	4.023×10^{-3}	7.802×10^{-3}	3.868×10^{-2}

（2）油井脱气后的产液量计算。

运用赫式方程和裘比公式相结合推出了脱气后的产油量的计算公式，是在油气两相条件下推导出来的，而且没有考虑含水对脱气影响系数的影响，由于含水的存在增加了油层中液流的总流度，并考虑到含水对脱气的影响，应该对其进行修正。修正后得到产液量的计算公式为：

$$q_l = j_b e^{bf_w}\left\{p_r - p_f - \left[c + n/\left(1+e^{f_w}\right)\right](p_b - p_f)^2\right\} \tag{2.3.14}$$

式中　b，n——经验系数，喇萨杏油田 b=1.6~2.0。

矿场实际数据检验表明，上式可以较准确地描述产液量变化趋势，比 vogel 方程更适合于水驱油田抽油开采时流压小于泡点压力时计算产液量，进而可以对其进行评价。

2）最大采液指数的计算与对比

（1）流动压力高于饱和压力。

采液指数：

$$J_l = ae^{bf_w} \tag{2.3.15}$$

采油指数：

$$J_o = a(1-f_w)e^{bf_w} \tag{2.3.16}$$

（2）流动压力低于饱和压力。

采液指数：

$$J_l = ae^{bf_w}\left(1 - c\frac{p_b - p_f}{p_r - p_f}\right) \tag{2.3.17}$$

采油指数：

$$J_o = ae^{bf_w}(1-f_w)\left(1 - c\frac{p_b - p_f}{p_r - p_f}\right) \tag{2.3.18}$$

式中　J_l——采液指数，t/（d·MPa）；

J_o——采油指数，t/（d·MPa）；

p_b——饱和压力，MPa；

p_f——油井流压，MPa；

f_w——含水率；

a，b，c——待估系数。

根据式（2.3.15）和式（2.3.17）可计算出理论单井最大日采液指数，喇萨杏油田的合理流压下限在 3~5MPa 左右，而喇萨杏油田的注采比一般保持在 1 左右，地层压力一般不会上升，故压力取目前地层压力，流压取为 3~5MPa，喇萨杏油田 1990 年地层压力与流动压力见表 2.3.4，从而可计算得出当前情况下理论最大采液指数（表 2.3.5）。

据各区块的对比结果可以看出：萨中、萨南、杏北和杏南开发区各区块的目前采液指数与理论最大采液指数差距不大，但喇嘛甸开发区与萨北开发区目前采液指数与理论最大采液指数差距较大，有进一步提液的可能性。

表 2.3.4　喇萨杏油田地层压力、井底流压及含水率（1990 年）

开发区	喇嘛甸开发区	萨北开发区	萨中开发区	萨南开发区	杏北开发区	杏南开发区
含水 /%	82.8	86.8	82.1	77.4	88.6	88.6
地层压力 / MPa	9.95	10.9	10.78	10.36	9.76	10.7
流动压力 / MPa	5.05	3.74	4.04	4.96	5.28	3.29
生产压差 / MPa	3.65	7.16	6.74	5.40	4.48	7.41

表 2.3.5　喇萨杏油田各区块目前采液指数与最大采液指数

开发区	喇嘛甸开发区	萨北开发区	萨中开发区	萨南开发区	杏北开发区	杏南开发区
目前采液指数 /［t/（d·MPa）］	30.4	21.7	30.2	17.8	25.1	17.9
最大采液指数 /［t/（d·MPa）］	42.6	37.8	36.2	21.5	29.3	22.4

3）油田产液能力变化趋势分析

以 1990 年油田含水率接近 80%，即将进入高含水后期为例进行产液能力变化趋势分析。

（1）目前井网和注采系统条件下，不同压力系统的产液能力变化趋势。

一是保持目前注水压力和地层压力不变下的产液能力变化趋势。若使目前注水压力和地层压力保持不变，则注采压差不变，注水量只能随含水上升有所提高。经计算，油井流压可由目前的 6.61MPa 降到 1995 年的 5.41MPa 和 2000 年的 5.04MPa。生产压差有所放大，但产液量提高的幅度不大。液量可由目前的 2.29×10^8t 分别提高到 2.85×10^8t 和 3.06×10^8t。

二是保持目前注水压力，将油井流压降到所允许的最低流压情况下的产液能力变化趋势。将油井流压降到最低流压，生产压差加大，产液量提高。若使注水量满足注采平衡，而注水压力不提高，必然使地层压力下降来加大注采压差提高注水量。经计算，地层压力由目前的 10.6MPa 分别下降到 1995 年和 2000 年的 9.68MPa 和 9.10MPa。产液量可分别提高到 3.12×10^8t 和 3.38×10^8t。

三是油井流压降到最低流压，注水压力提高到所允许的最高压力，产液能力变化趋势。注水压力提高，注采压差加大，注水量将大幅度提高，由于注水能力提高使油井产液能力提高，到 1995 年和 2000 年产液能力可分别达到 3.65×10^8t 和 3.87×10^8t。

通过对目前井网条件下，不同压力水平产液能力计算看出，虽然产液量都有不同程度提高，但地层压力水平较低。若使地层压力逐渐提高到原始地层压力附近，必须增加注水井点才能满足注采平衡条件下所需要的注水量。

（2）将地层压力提高到原始地层压力，流动压力降到最低流压，不同注水压力情况下的产液能力变化趋势。

若以目前注水压力注水，需转注 1158 口井，到 1995 年和 2000 年产液量可分别达到 3.9×10^8t 和 4.1×10^8t。

若以所允许的最高注水压力注水，转注井减少，只需转注 714 口，产液量到 1995 年和 2000 年可达 4.1×10^8t 和 4.2×10^8t。

由此可见，如果将地层压力提高到原始地层压力，无论是以目前注水压力注水，还是把注水压力提高到所允许的最高压力注水，都必须适当地增加注水井点。

（3）注采井数比改变下的产液能力变化。

逐渐把地层压力提高到原始地层压力附近，把流动压力逐渐下降，油田北部地区降到 4MPa，油田南部地区降到 3~3.5MPa，将注水压力逐渐提高到所允许的最高注水压力的 95%，同时适当增加注水井点情况下产液能力变化趋势。

增加注水井点，一是油井转注，二是钻更新补充注水井。若油井转注，全油田转注 563 口井，到 1995 年和 2000 年产液量为 3.66×10^8t 和 3.9×10^8t；若钻更新补充注水井，全油田将钻井 854 口，使油田注水量提高，因而油田产液能力比油井转注的产液能力高，到 1995 年和 2000 年产液量分别达到 3.97×10^8t 和 4.2×10^8t。如果以油井转注的产液量为基数不变，这样油井流压还会升高，同时还可少钻一些更新补充注水井。

（4）喇萨杏油田“八五”期间的合理产液量。

在目前井网不变下，从不同注水压力水平的产液量对比看：无论是保持目前注水压力还是把注水压力提高到所允许的最高注水压力，产液量都有不同程度的提高，但地层压力很难保持稳定。若使地层压力有所提高，或逐渐提高到原始地层压力附近，并将流动压力降到最低流压生产，必须调整注采井数比，增加注水井点。否则只有大大地超过破裂压力注水，才能满足注采平衡条件下所能达到的注水量。

在改变注采井数比条件下，从不同注水压力水平的产液量对比看：若将油井地层压力提高到原始地层压力附近，只是增加的注水井点有所不同，同时产液能力提高的幅度有所不同。存在的主要问题是同时实现注水压力已达到所允许的最高压力注水，且油井流压降低到所允许的最低流压，在油田实际开采过程中可能受到种种因素限制很难实现。

矿场已开展的提高采液量试验表明：通过油井转注或钻更新补充注水井来增加注水井点；注水压力以所允许的最高压力的 95% 左右，流动压力略高于最低流压（一般高于 30%），即油田北部地区流压降到 4.0MPa，油田南部地区降到 3.0~3.5MPa，同时把地层压力提高到原始地层压力附近。

若油井转注太多，对今后进一步调整可能带来某些不利因素。若钻更新补充注水井，打井过多投资较大。通过优选、测算和综合对比评估，结果表明：全油田可共钻更新补充井 436 口，油井转注 254 口，产液量到 1995 年和 2000 年分别达到 3.78×10^8t 和 4.14×10^8t，分别比目前提高 65.5% 和 80.8%，采液速度由目前的 5.5% 分别提高到 9.06% 和 9.92%。

各开发区转注井数，只是从提高采液量的角度所计算的结果，如何调整有待进一步研究落实。其中喇嘛甸油田转注 125 口井，钻更新补充井 16 口，产液能力到 1995 年和 2000 年分别达到 8070.5×10^4t 和 8890.1×10^4t，采液速度分别为 9.92% 和 10.91%。萨北地区钻更新补充井 98 口，采液能力分别为 5904×10^4t 和 6341.1×10^4t，采液速度分别为 9.83% 和 10.34%。萨中地区钻更新补充注水井 143 口，油井转注 80 口，采液能力分别为 9658.3×10^4t 和 10965.7×10^4t，采液速度分别为 7.87% 和 8.93%。萨南地区钻更新补充注水井 90 口，油井转注 20 口，产液能力分别达到 7234×10^4t 和 7931.2×10^4t，采液速度分别为 9.920% 和 10.88%。杏北地区钻更新补充注水井 49 口，油井转注 19 口，采液能力分别达到 5297.8×10^4t 和 5609.2×10^4t。采液速度分别为 6.22% 和 6.58%。

从各开发区采液速度来看，到 1995 年各区采液速度都在 10.0% 以内。全油田平均采液速度为 9.06%，与提高采液量试验区的采液速度接近。因此推荐的最大合理产液量通过努力是可以实现的。

从各开发区目前开采状况和注水井井况来看，喇嘛甸油田主要问题是注水不足，地层压力低。葡Ⅰ组主力油层注水井负担过重，应以油井转注为主增加注水井点。个别注采不协调地区也可钻少数补充注水井。高台子油层吸水能力低，注水不足使油井产能得不到充分发挥，应以油井转注为主增加注水井点，这样喇嘛甸油田主要是通过油井转注进行注采系统调整，使注水量不断提高，把地层压力逐渐恢复到原始地层压力。通过对油井采取增产措施提高全区产液量保持稳产。

萨北地区北二区、北三区西部，套管损坏较严重，注采不协调，该地区应补钻更新注水井，对其他个别由于套管损坏影响注水地区也应补钻部分更新井，完善注采系统。减轻萨北地区部分注水井注水压力过高的问题，以免造成不良后果。从萨北加密调整井来看，对于个别缺水地区应采取油井转注的方式调整注采系统，使全区注采系统进一步完善。同时对压力系统也可做些适当调整。

萨中地区中区东部和东区套管损坏严重，注水不足，影响油田开发效果的改善，应钻更新补充井。另外高台子油层和加密调整井地层压力太低，油井生产能力不能得到充分发挥，应以油井转注为主增加注水井点，提高注水量，逐渐把地层压力回升到原始地层压力附近。同时萨中地区注水压力偏低，也应逐渐把注水压力提高。

萨南和杏北地区的南七区、南八区和杏一区套管严重损坏，应补钻更新井。其他部分地区因套管损坏影响注水地区也应补打更新补充注水井，扭转注水不足的被动局面。协调好注采关系，使该地区地层压力逐渐有所回升。同时对于新加密调整井，个别缺水地区也要通过油井转注协调好注采系统，不断改善全区开发效果。

杏南地区主要是老井地层压力下降使油井生产能力下降。该地区对个别注采不完善以及由于套管变形影响注水地区在钻加密调整井时补打部分补充注水井，同时对新投产的加密井应及时转注，提高注水量。扭转因注水不足使地层压力下降，影响油井生产能力的被动局面。

通过以上分析，认为影响油田注水和提高采液量的主要是反九点法注水方式地区和注水井套损地区。因此，除反九点法注水方式地区（特别是喇嘛甸地区）需进行注采系统调整外，其他各种开发层系井网地区只要对因套管损坏而关井的注水井进行更新，对新加密调整井的排液井及时转注，或局部注采不太协调地区进行适当调整，便可使油田最大合理产液量在 1995 年和 2000 年分别达到 3.78×10^8t 和 4.14×10^8t。

2. 吸水能力

1）主要影响因素

吸水指数是单位注水压差下注水井的日注水量，它可以反映注水井注水能力及油层吸水能力的大小，并可用来分析注水井工作状况及油层吸水能力的变化。吸水指数的大小与注水井的日注水量、注水压差密切相关，而注水井的注水量则取决于油层的有效渗透率、油和水的黏度、砂层厚度、井的有效半径和注水井的完井效率等因素。吸水指数表示油藏吸水能力的好坏，一般情况下，吸水指数越大，油层吸水能力越强，地层渗透率越大。它是油田注水开发过程中衡量注水井注入效果好坏的重要指标之一。

2）理论计算公式

在油田正常生产时，不可能经常关井测注水井静压，因此没有办法得到每个阶段吸水指数的变化规律，为此需推导建立无量纲吸水指数的理论计算公式。

在一个油藏中，对于任何井网系统来说，与井处的极小横断面相比，注入井与生产井间的横截面积是很大的，所以这些井实际上提供了所有的流动阻力。因此，以五点法井网为例，假定用它代表径向流系统来模拟注水井网，注入井与生产井之间的总压力降是井网中注水侧和采油侧中压力降的总和，其公式为：

$$p_{wi} - p_{wp} = \Delta p_{注水} + \Delta p_{注采} \tag{2.3.19}$$

式中 p_{wi}——注入井井底流动压力，MPa；

p_{wp}——生产井井底压力，MPa；

$\Delta p_{注采}$——注采压差，MPa；

$\Delta p_{注水}$——注水压差，MPa。

根据平面径向流，假定注入侧和开采侧的半径比是相等的，当生产井未见水时，生产井只产油，同时考虑油田开发过程中的注采平衡，则式（2.3.19）可以写成：

$$p_{wi} - p_{wp} = \frac{i_0 \dfrac{\mu_w}{K_w} \ln \dfrac{r_e}{r_w}}{2\pi h} + \frac{i_0 \dfrac{\mu_o}{K_o} \ln \dfrac{r_e}{r_w}}{2\pi h} \tag{2.3.20}$$

式中 r_e——径向流区域半径，m；

r_w——井径，m；

μ_w——水黏度，mPa·s；

μ_o——原油黏度，mPa·s；

K_w——水相有效渗透率，μm^2；

K_o——油相有效渗透率，μm^2；

i_0——生产井未见水时的注入量，m^3/d；

h——有效厚度，m。

则注入量为：

$$i_0 = \frac{2\pi\left(p_{wi} - p_{wp}\right) \Big/ \ln \dfrac{r_e}{r_w}}{\dfrac{\mu_w}{K_w} + \dfrac{\mu_o}{K_o}} \tag{2.3.21}$$

因此，生产井未见水时，其吸水指数为：

$$I_0 = \frac{i_0}{\left(\Delta p_{注水}\right)_0} \tag{2.3.22}$$

式中　I_0——生产井未见水时的吸水指数，$m^3/(d \cdot MPa)$。

当生产井见水时，模型中产油一侧的压力降若以水的产量为依据，则总压力降为：

$$p_{wi} - p_{wp} = \Delta p_i + \Delta p_p = \frac{i_t \frac{\mu_w}{K_w} \ln \frac{r_e}{r_w}}{2\pi h} + \frac{q_w \frac{\mu_w}{K_w} \ln \frac{r_e}{r_w}}{2\pi h_w} \tag{2.3.23}$$

根据注采平衡原理，可以得到产水量：

$$q_w = i_t f_w \tag{2.3.24}$$

当生产井见水时，流过水的横截面积仅仅是生产井中总横截面积的一个分数。如果油水流度比为1，则生产井中正在流水的总横截面积的分数必将和含水率一样，因此，产水的厚度将是含水量与总厚度的乘积。然而当流度比不是1时，其产水厚度应为：

$$h_w = \frac{f_w h}{f_w + (1 - f_w) M} \tag{2.3.25}$$

式中　M——油水流度比。

将式（2.3.25）整理，可以得到：

$$i_t = \frac{2\pi\left(p_{wi} - p_{wp}\right) \Big/ \ln \frac{r_e}{r_w}}{\frac{\mu_w}{k_w}\left[1 + f_w + (1 - f_w) M\right]} \tag{2.3.26}$$

因此，当生产井见水时，其吸水指数为：

$$I_t = \frac{i_t}{\left(\Delta p_{注水}\right)_t} \tag{2.3.27}$$

式中　i_t——生产井见水后任一时刻的注入量，m^3/d；

I_t——生产井见水后任一时刻的吸水指数，$m^3/(d \cdot MPa)$。

与无量纲采液指数一样，定义无量纲吸水指数 I_t 为任意时刻的吸水指数与生产井未见水时（f_w=0）的吸水指数之比，则有：

$$I_t = \frac{I_t}{I_0} \tag{2.3.28}$$

进一步整理，可以得到：

$$I_t=\frac{1+M}{1+M+\left(1-M\right)f_{\mathrm{w}}}\frac{\left(\dfrac{\Delta p_{注水}}{\Delta p_{注采}}\right)_0}{\left(\dfrac{\Delta p_{注水}}{\Delta p_{注采}}\right)_t}=\frac{1+M}{1+M+\left(1-M\right)f_{\mathrm{w}}}A \tag{2.3.29}$$

式中 I_t——无量纲吸水指数；

A——压差系数。

从式（2.3.29）中可以看出，无量纲吸水指数的大小取决于油水流度比、综合含水和 A 值。其中流度比则取决于油藏相对渗透率曲线的变化，即无量纲吸水指数随相渗曲线形式的变化而变化；A 值则是与注水压差和注采压差相关的参数，定义 A 值为压差系数。

3）参数 A 的确定

对于确定的油藏，流度比已知，压差系数即 A 值则由于油藏压力系统分布的复杂性，在理论上很难准确描述。因此，针对开发时间较长的油田，已经取得了很多的油水井压力资料，可依据这些矿场数据进行统计回归来确定。

我国目前对于注水开发的油田，其开发阶段的划分方法是以含水指标为划分依据，即按油田含水级别划分为低含水期（含水率小于 20%）、中含水期（含水率为 20%~60%）和高含水期（含水率为 60%~90%）。高含水期又可分为高含水前期（含水率为 60%~80%），高含水后期（含水率为 80%~90%）及特高含水期（含水率大于 90%）。按此标准，分别统计了喇萨杏油田各开发阶段的 A 值。从统计结果来看，A 值大体上都大于 1，其中在含水为 0 时，A 值为 1，中低含水阶段（含水率小于 60%）A 值基本上为 1，高含水阶段和特高含水阶段 A 值与含水近似呈线性关系，依据此规律可以进行理论无量纲吸水指数的计算，同时此结果也可以为同类砂岩油藏注水开发吸水指数计算提供借鉴。

4）吸水指数变化规律

绘制了喇萨杏油田理论的无量纲吸水指数和无量纲采液指数随含水率的变化曲线（图 2.3.1），从曲线形态看，采液指数和吸水指数的变化规律不一致，吸水指数在高含水

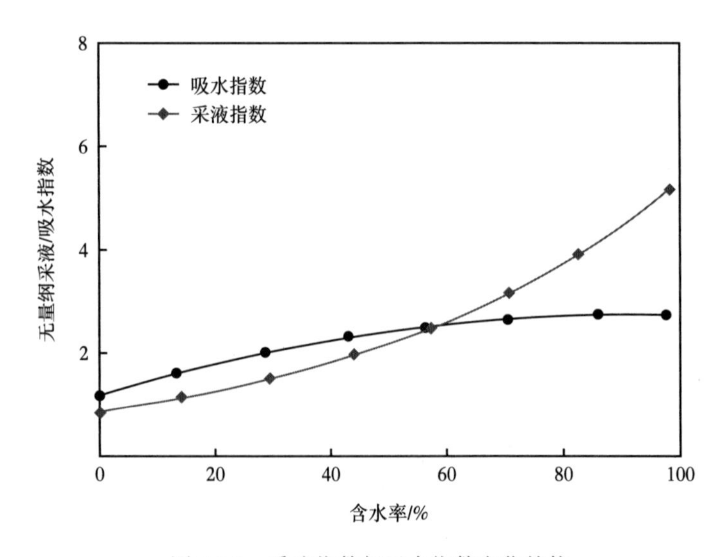

图 2.3.1　采液指数与吸水指数变化趋势

期前快速增长，高含水期后基本保持稳定；采液指数在高含水期以前变化不明显，但在高含水期以后迅速上升；高含水阶段后吸水指数增幅远低于采液指数增幅。因此，在进入高、特高含水阶段需强化注水系统，采液速度需由注水速度限制。

为反映整个油田开发过程的开发规律，大庆油田开展了小井距单层水驱油全生命周期开采试验。应用小井距试验区 2 口中心井及周围各 3 口水井，分别计算了采液指数和吸水指数，实际数据统计结果表明：其采液指数和吸水指数的变化规律与理论计算结果一致。实际资料证明，在高注水倍数采油期间，注水倍数增加 4.2 倍，采出程度提高了 7.3 个百分点。由此证明在含水达到 98% 以后，仍可以采用强化注水和采液的方法来提高油田采收率。

三、采油速度评价

以大庆喇萨杏油田典型区块 BD 块为例进行具体分析[3]，该区块位于松辽盆地大庆长垣的萨尔图构造北部，产层是萨尔图、葡萄花、高台子三套油层，为下白垩系河流三角洲相碎屑岩沉积。油层有效渗透率一般为 0.04~1.2μm^2，单层厚度从零点几米至十几米以下不等，是一个典型的多油层、非均质砂岩油田。该区 1966 年投入开发，2001 年含水率达到 90%，至 2004 年该区块已进入特高含水开发阶段 4 年。

1. 开发历程

BD 块自全面注水开发后，经历了四个阶段。

（1）主力油层挖潜稳产阶段（1966—1984 年）。

油田开发初期，以自喷开采方式开采主力油层，采用切割注水中间三排生产井开发，开发的特点是全面恢复主力油层地层压力并充分发挥其生产能力，特别是加强点状注水、抓住时机搞好主力油层层间接替，不断提高地层压力、加大生产压差，保持油井旺盛的生产能力，随着油田进入高含水期，主力油层产量出现递减，为提高非主力油层的井网控制程度，改善差油层的开发效果，实现全区稳产，对中低渗透层进行一次加密调整。

（2）全面转抽及一次加密阶段（1985—1990 年）。

随着油田地层压力的不断提高，为进一步稳产带来了困难，采取降低井底流压，放大生产压差，来减缓递减，全面转抽后，地层压力、注水压力得到了调整，套损井逐年减少，同时进行了一次加密调整。

（3）高含水后期加密调整稳产阶段（1991—2000 年）。

为弥补老井产量递减，改善薄差油层动用状况，进行了二次加密调整。同时利用各层系间含水率、压力及动用的差异，实现注水、产液、储采的三个结构调整，减缓油田递减，实现油田稳产。

（4）特高含水期开采阶段（2001—2004 年）。

区块综合含水率已达 90%，进入特高含水期开采，进行了三次加密和注采系统调整。面临的低效无效循环严重，各项措施的有效率大大降低，挖潜难度大、控水难度高的特高含水期的各项矛盾和问题都凸显出来。采油速度基本保持在 0.43% 左右，采出程度 30.6%。

2. 评价思路

采油速度是衡量油田开发效果的另一个关键指标，它是指年采出油量与地质储量之比，它是衡量油田开采速度快慢的指标。从理论上讲，若不考虑经济极限和三次采油接替问题，无论采用何种井网方式的注水开发，都能驱出所有的可流动油，即任何二次采油方法的最终采出程度（采收率）在理论上是基本相同的，只是在生产期内原油产量的分布不同而已。从同一油田的不同开发方案看，油田开发若采用较高采油速度与采用较低采油速度的开发方案相比，开发初期其原油产量高，但开发后期由于产量递减速度较快，其原油产量反而低。

本次评价先通过对比评价当前采油速度的高低，然后采用客观分析（应用数学方法进行定量分析）与主观分析（应用油藏工程原理及矿场实际）相结合的方法分析主要影响因素，并结合该区实际情况对各主要影响因素进行分析。

定量分析中采用相关系数法与灰色关联分析法进行结合分析，两两指标的相关性无外乎两种——直线相关和曲线相关，据此选择相关系数法和灰色关联分析法两种数学方法来进行定量分析。相关系数法根据两个指标的相关系数大小判断其相互影响程度，灰色关联分析法根据关联度大小判断两个指标的紧密程度，然后参考定量分析结果，应用油藏工程原理及矿场实际进行选择影响特高含水期油田采收率的主要因素。

相关系数法反映的是两个指标的线性关系，即直接相关程度，根据统计学原理，两个指标的相关系数 r 的范围在 −1 到 1 之间，即 $-1 \leqslant r \leqslant 1$，当 $r=1$ 为完全正相关，$r=-1$ 为完全负相关，$r=0$ 为不相关。r 的范围在 0.3~0.5 是低度相关；r 的范围在 0.5~0.8 是显著相关；r 的范围在 0.8 以上是高度相关。

灰色关联分析中，灰色关联度反映的是两个指标的曲性相似程度，关联度越大，二者之间的关系越紧密，关联度的几何含义为比较序列与参考序列曲线的相似与一致程度，关联度越大，与参考序列的曲线形状越接近，表明两个指标的相互影响程度越大。

3. 当前采油速度评价

1）理论采油速度的确定

（1）生产压差法。

采油速度是采油指数与生产压差的乘积，一般采油指数在较短一个时期或含水阶段可认为变化较小，因而可根据合理生产压差确定理论采油速度。在应用试油、试采、试井、岩心分析和实际生产资料统计等多种方法统计分析对各油层的采油指数变化趋势的基础上，考虑地层压力、流动压力、饱和压力和破裂压力之间的关系确定合理生产压差，这样就确定了合理采油速度。

（2）数值模拟法。

利用数值模拟方法，确定开采的各项条件如地层压力、含水上升率等，利用不同的采油速度开发，并进行相应的开发指标预测，根据不同时期不同的开发目标从结果对比中选择相对合理的采油速度。

（3）经验公式法。

国内多个低渗透油田设计和实际达到的采油速度资料统计结果表明，油藏的合理采油速度可由下式计算。

$$v_{\mathrm{o}} = 1.6545\lg(Kh/\mu)^{-1.509} \tag{2.3.30}$$

式中　v_{o}——采油速度；

K——有效渗透率，μm^2；

h——有效厚度，m；

μ——地层原油黏度，mPa·s。

（4）理论模型法。

对处于递减阶段的油田，还有用衰减方程来计算：

$$N_p = N_R - \frac{b}{t+c} \tag{2.3.31}$$

$$v_o = \frac{{N_R}^2}{bN}(1-R_{NR})^2 \tag{2.3.32}$$

式中　b，c——常数；

v_o——采油速度；

N_p——累计产油量，10^4t；

N_R——可采储量，10^4t；

t——开采年限，a；

N——地质储量，10^4t；

R_{NR}——可采储量采出程度。

由式（2.3.31）可以推出式（2.3.32），进而可以计算采油速度。

（5）动态资料法。

由含水上升率与含水上升速度的定义：

$$f'_w = \frac{\Delta f_w}{\Delta R} \tag{2.3.33}$$

进一步推导，可得：

$$\Delta f_w = f'_w \frac{Q_o}{N} = f'_w v_o \tag{2.3.34}$$

式中　Δf_w——含水上升速度；

Q_o——年产油，10^4t，

ΔR——阶段采出程度；

f'_w——含水上升率。

由此可知，可以利用含水上升率与含水上升速度之间的线性关系，通过拟合得到斜率的大小，即在该阶段下应达到的理论采油速度与该阶段的实际采油速度比较，从而进行判别分析。由于动态资料法较为简单、直接，且更为准确地反映了各种因素的影响，故本次评价采用动态资料法确定。

2）实际与理论采油速度的比较

为更好地评价特高含水期阶段的采油速度，从2001年含水率达到92.88%以来开始进行拟合（图2.3.2），可以看出该线性拟合精度很高（相关系数接近于1），该阶段理论平均采油速度0.4161%，该阶段实际平均采油速度0.4286%，实际值大于理论值表明该阶段采油速度方面取到了较好的开发效果。

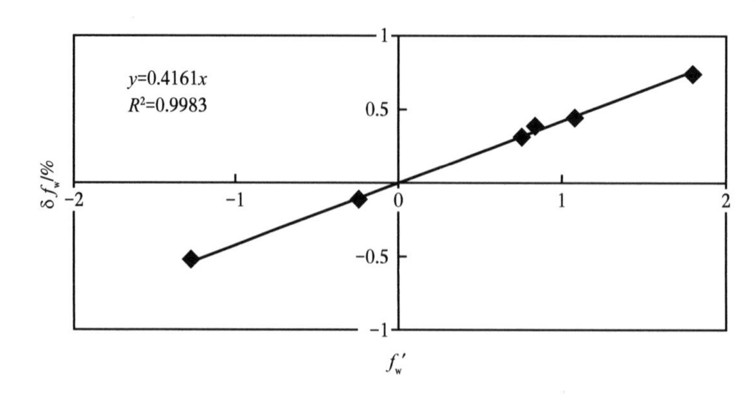

图 2.3.2 BD 块水驱含水上升速度与含水上升率关系曲线

4. 采油速度影响因素分析

下面利用数学方法对油田常用的 20 项开发指标与采油速度进行定量分析，并利用油藏工程原理进行验证，以确定特高含水期油田影响采油速度的主要因素。

通过 36 个区块的统计结果（表 2.3.6）可以看出，两种方法得出结果基本一致，且与理论认识和现场实际基本相符。从相关系数法得到的结果看，前四个影响因素与油藏工程原理及现场实际基本一致，但理论上采出程度与采油速度关系应当是负相关。从 BD 块水驱不同时期的采油速度与采出程度的统计结果（图 2.3.3）不难看出，二者呈明显的负相关关系，因而实际分析中暂不考虑采出程度的影响。从灰色关联分析法得到的结果看，根据油藏工程原理可以选择前 4 个指标，但其中的水驱控制程度可除去，因为当前各区块的水驱控制程度差别不大，与采油速度的直接关系不大，根据以上分析结果初步确定影响采油速度的主要因素依次为采液速度、注水速度、井网密度、油水井数比 4 项指标，从单相关分析结果和灰色关联分析结果来看，即要提高采油速度首选提高采液速度，其次为提高注水速度，接着是增加井网密度和改善油水井数比，各影响因素权重大小计算结果见 2.3.7。

表 2.3.6 采油速度影响因素定量分析表

序号	相关系数法		灰色关联分析法	
	开发指标	相关系数	开发指标	关联度
1	采液速度	0.7501	采液速度	0.8931
2	注水速度	0.6410	注水速度	0.8753
3	采出程度	0.5449	油水井数比	0.8505
4	井网密度	0.4482	水驱控制程度	0.8489
5	采油强度	0.3966	采出程度	0.8488
6	采收率	0.3848	水驱指数	0.8441
7	累计存水率	0.3369	储量动用程度	0.8402

续表

序号	相关系数法		灰色关联分析法	
	开发指标	相关系数	开发指标	关联度
8	累计注采比	0.2439	累计注采比	0.8352
9	注入孔隙数	0.2171	注水强度	0.8076
10	水驱控制程度	0.2020	油井流压	0.8062
11	储量动用程度	0.1494	生产压差	0.8062
12	采液指数	0.1409	井网密度	0.8035
13	水驱指数	0.1252	采液指数	0.7829
14	注水强度	0.0421	累计存水率	0.7763
15	注水压差	−0.1263	水井流压	0.7747
16	油井流压	−0.1766	注水压差	0.7543
17	生产压差	−0.2081	注采井动压差	0.7479
18	油水井数比	−0.2118	注入孔隙数	0.7398
19	注采井动压差	−0.2376	采油强度	0.6822
20	水井流压	−0.4430	采收率	0.6723

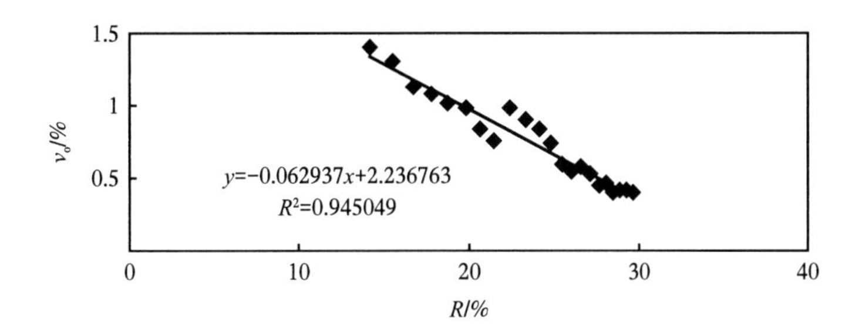

图 2.3.3　BD 块水驱采出程度与采油速度关系曲线

表 2.3.7　采油速度影响因素指标权重表

方法 / 指标	采液速度	注水速度	井网密度	油水井数比
相关权	0.18	0.21	0.23	0.38
变异权	0.25	0.21	0.37	0.17
综合权	0.22	0.21	0.30	0.27

整体上看，各主要影响因素的权重相差不大，其中井网密度与油水井数比对采油速度的影响因素稍大，然后是采液速度和注水速度。

1）采液速度

很明显，采液速度与采油速度呈线性关系。不难看出，采油速度一定的情况下，随含水上升，则采液速度必然上升，即提液稳产模式，若采液速度不变或略有上升，则要求含水上升较慢，即稳油控水模式。关于采液速度对采油速度和采收率的影响依然存在着不同看法，国内外的相关研究也表明在处于特高含水期的油田在一定程度上的提液不但能够提高采油速度，也能够提高采收率，也有研究认为提高采液速度会增加含水上升速度，总体来看，提液已成为水驱油田进入开发后期减缓产量递减的一个重要措施。

从 BD 块变化趋势看，开发初期随着采液速度的增加，采油速度增加，接着到高含水期，采液速度增加变缓，随着含水的上升采油速度开始递减，到了特高含水期，采液速度波动中平稳，采油速度依然递减，但趋势变缓。保持较高的采液速度是减缓采油速度的重要原因之一。

2）注水速度

注水的意义不言而喻，在美国阿尔兰砂岩油田的模型实验结果表明，砂岩储层中原油被驱替的程度取决于注水速度、油层渗透率的大小及其在层间的分布状况。高渗透层新占比例越小，层间渗透率比值越大，与最佳注水速度差值越大，进入低渗透层的水量就越少，在总产液量中，低渗透层的产量所占比例就越少，采收率就越低。苏联有学者综合应用各种统计方法，以丘罗夫达格油田Ⅰ层第 2 区块为例，研究采液速度和注水速度在非均质多油层油藏采油中的作用。通过改变采液速度和注水速度调整注水过程，指出在开发初期注水速度对采油量的影响较多，而在以后采液速度的影响较大。可见对处于特高含水期的油田而言，注水速度主要通过影响采液速度来影响采油速度。

BD 块注水速度“六五”以前，平缓递增，随之上升保持平稳，“六五”和“七五”期间急速上升，但采油速度开始大幅递减，“八五”至“十五”期间注水速度保持平稳后下降，采油速度也递减，“十一五”以来，注水速度和采油速度基本保持平稳。

BD 块水驱年注采比变化趋势：1970—1991 年注采比平均为 1.15，1992—1999 年注采比平均达到 1.55，2000 年以来注采比平均为 1.14。正是由于保持了较高的注采比才保持了旺盛的产液能力，保证了以往较高的采油速度，并减缓了递减。

3）井网密度

整个区块的井网密度随着三次加密调整的实施也随之呈阶梯状增加，但采油速度的递减幅度由大到小，其中基础井井网密度最低，采油速度递减幅度较大，后期递减较平缓，一次井和二次井井网密度较高，一次井采油速度较低，后期随着井网密度的增加保持平稳，在 2001 年这两类井的采油速度保持平稳，是由于井网密度的增加导致，其中二次井井网密度增加的幅度更大，因而其采油速度最高（表 2.3.8）。加密井网是提高采油速度的一个重要方面。

表 2.3.8　BD 块水驱各井网 2006 年井网密度指标对比表

井网	采油速度 /%	井网密度 /（口 /km^2）
基础井网	0.2378	4.5050
一次井网	0.4035	14.0594

续表

井网	采油速度 /%	井网密度 /（口 /km²）
二次井网	1.2615	18.7129
区块	0.4059	37.2772

4）油水井数比

油水井数比是改善注采系统、扩大波及体积的一个重要方面。保证充足的供液量和扩大波及体积是减缓采油速度的一个重要方面。BD 块基础井和一次井的油水井数比较高达 1.4 以上，而二次井网油水井数比较低，故也是采油速度相抵较高的一个重要原因（表 2.3.9）。

表 2.3.9　BD 块水驱各井网油水井数比指标对比表

井网	采油速度 /%	油水井数比
基础井网	0.2378	1.4595
一次井网	0.4035	1.4483
二次井网	1.2615	1.0769
区块	0.4059	1.2478

综上可知，BD 块采油速度保持较好的主要原因在于保持较高的采液速度和注水速度，同时依次进行加密调整，改善油水井数比，所有这些措施都有利于提高采油速度。

参考文献

[1] 袁庆峰，陈鲁含，任玉林．油田开发规划方案编制方法 [M]. 北京：石油工业出版社，2005.
[2] 朱丽莉，方艳君，吴梅，等．喇萨杏油田开发过程中吸水指数变化规律 [J]. 大庆石油地质与开发，2017，36（1）：70-74.
[3] 薛睿．影响水驱油田特高含水期采收率的主要因素 [J]. 西安石油大学学报（自然科学版），2017，32（6）：99-104.

第三章　油田开发动态管理评价方法研究与应用

喇萨杏油田是一个特大型油田，无论是油田开发，还是企业发展，管理都是贯穿始终的重要一环，开发效果评价究其根源是管理成效的评价。因此，为适应油田分块管理的需要，提出了一套油藏开发及管理于一体的评价方法[1]。这套方法在总结完善以往采用的开发分析评价方法的基础上，重新研究了评价标准的确定方法。研究了各项评价指标之间的关系及在分类评价中所起的作用，把油田开发看作一个系统，统筹考虑，并把模糊数学中的模糊评判方法应用于油田开发综合评价中，进行多层次分析评价，使分类评价结果更加科学合理。通过分类评价以便于开发管理状况较好的区块，继续发扬成绩，开发状况较差的区块找出差距，克服缺点，以达到不断提高油田整体开发管理水平的目的。

第一节　评价指标体系及其标准的建立

一、评价指标体系建立原则

描述油田开发动态状况的指标可以归纳为三类，即综合指标，管理指标和措施指标。其中描综合指标主要有含水变化趋势、采油速度及其变化趋势、地下能量的保持与利用、产液量的变化趋势等。措施指标即堵水，压裂、三换和打加密调整井四项主要措施的效果及工作量的完成情况等。管理指标如产量、注水完成情况、注水井分注率及分注合格率、抽油井泵效、油水井利用率、免修期、资料全准率等。其中综合指标是油田开发管理状况的综合反映，因此在评价油田开发管理水平时起主要作用，措施效果和管理指标则是综合指标产生差别的原因和条件，是综合指标的补充。

（1）以地质条件和开发阶段为基础，评价开采条件不同造成开发状况的差别，使不同开发单元具有可比性。

影响油田开发效果和开发指标变化趋势的因素，总结起来主要包括三个方面：一是地质条件，包括储层岩石渗透性、空间分布的连续性、原油黏度、油层非均质性等，这是先天的因素。二是开采条件，包括注采井网、层系的划分、生产制度（技术政策）、生产管理和措施技术等，这是人为的因素，取决于对油田状况和有关规律的认识程度、技术水平和生产管理水平。三是开发阶段，即油田开发所经历的过程。主要反映在含水的高低上，在油田含水不同情况下，其各项指标是不同的。因此，各项开发指标的评价标准也应有一定的差别。地质条件和开发阶段是不以人的意志为转移的，因此应根据油田的地质条件和开发阶段来确定评价标准，分析评价由于开采条件不同造成开发状况的差别，使不同的开发单元具有可比性。例如油层发育较好、非均质程度较弱、原油黏度较低的开发单元，相同含水时，采出程度相对较高，其评价标准也应当高一些再如，油田进入高含水期后，随着油田含水的上升，含水上升率是逐渐下降的，含水高的开发单元其含水上升率的评价标准也就应该相对低一些。

（2）每项评价指标评价目前现状和变化趋势两方面内容。

开发指标所处现状是油田投产以来所有开采条件和开采过程的综合反映。年度变化趋势则是一年来所有工作状况的反映。工作状况好，油田开发效果管理水平将向好的方向发展；工作状况差，则向坏的方向转化。既看到油田开发的总体水平，又明确其发展变化趋势，从而全面系统地掌握油田生产状况和挖潜调整方向。

（3）每项评价指标应具有独立性，不能重复。

使评价指标具有独立性的好处在于，一是便于统筹考虑各方面指标在分类评价中的重要程度。二是尽量减少评价指标，简化工作量。在软件编制过程中应尽可能全面一些，在使用时，可根据油田的具体情况和评价的不同要求、不同目的选择评价指标。

（4）对开发单元的综合评价结果分好、中、差三类。

采用层次分析的方法，从单项评价到总体评价，按照评价指标的类型，分四个层次进行评价，除单项评价外，每个层次的评价均采用模糊数学中的模糊评判方法，建立模糊模型和隶属函数。按各项指标在评价中的重要程度确定权数，对所有指标进行综合评价，最后评出好、中、差三类开发单元。以利于各开发单元保先进、找差距、上等级，推动全油田开发管理水平的提高。

在上述各类指标内部又可以划分状态指标和趋势指标。所谓状态指标是指描述油田开发管理现状的指标，是对油田投产以来所有开采条件和开采过程的综合反映；趋势指标是描述油田开发管理状况变化趋势的指标。若以年为时间单元，趋势指标则是一年工作状况的反映。措施指标只考虑了各种措施的效果和措施工作量完成情况，未考虑评价变化趋势。措施效果和措施工作完成情况既是措施工作水平的反映，又是一年工作状况的反映，因此，措施效果和工作量完成情况包含了状态指标和趋势指标双重意义。

二、评价标准的确定

油田开发作为一个有机整体，各方面指标有着密切的联系，而且其重要程度也是不同的。根据大庆油田的具体情况，逐项研究了评价标准的确定方法。这些评价标准不是不变的，应根据油田开发状况的变化不断完善。

1. 综合指标

综合指标共分为四个方面内容十项指标。

1）水驱油状态及含水变化趋势

（1）水驱油状态评价评价。

水驱油状况可采用采出程度 R 和水油比 WOR（即含水率）的关系描述。在相同的含水情况下，采出程度越高，说明开发效果越好。采出程度和含水的关系取决于油田的地质条件（影响最大的是原油黏度、渗流特征和非均质性）和综合开采水平（主要反映在储量动用状况上）。因此根据各开发单元的地质条件和对储量动用程度的统一要求，建立标准曲线。然后，用油田目前的含水和采出程度与之比较，按照目前含水情况下，实际采出程度和标准曲线采出程度相差的幅度，对该开发单元水驱油状况进行分类评价。

标准曲线：

$$\lg\mathrm{WOR}=A+BR \tag{3.1.1}$$

系数 A、B 的计算：

$$B=B_0/E_{v0} \tag{3.1.2}$$

$$A=\lg\mathrm{WOR}_{max}-BE_{R0} \tag{3.1.3}$$

B_0 为该开发单元理论曲线的斜率，可用能够代表该开发单元的相渗透率曲线、油水黏度及油层特点进行理论计算（数值模拟或流管法），得到描述全过程的含水率（水油比）和采出程度关系，然后回归得到 B_0。

E_{v0} 为标准储量动用程度。根据中国石油天然气集团有限公司油田开发水平分类评价标准，一类油田动用程度应达到 70% 以上的要求，萨杏油田储量动用程度较高，因此 E_{v0} 采用 0.8。

WOR_{max} 为最大水油比，采用 49（即含水率 98%）。

E_{R0} 为标准采收率，用下式计算：

$$E_{R0}=K\times E_{v0}\times E_D \tag{3.1.4}$$

E_D 为驱油效率。系数 K 是考虑含水率超过 95% 以后，曲线上翘使水驱曲线测算的采收率增大的系数。

把目前含水和代入标准曲线，得出：

$$R_0=\frac{\lg\frac{f_w}{1-f_w}-A}{B} \tag{3.1.5}$$

因此，在目前含水情况下，采出程度达到标准曲线采出程度为一类，在 R_0 到 R_0-4 之间为二类，低于 R_0-4 为三类，即

一类标准：$R\geqslant R_0$；

二类标准：$R_0-4\leqslant R<R_0$；

三类标准：$R\leqslant R_0-4$。

（2）含水变化趋势评价。

应用含水上升率评价含水的变化趋势。年度规划制定的含水上升率指标，可作为一类标准。若该开发单元在年度规划中未确定含水上升率指标，可用下面的方法计算。

应用上年底以前的资料确定该开发单元的水驱曲线：

$$\lg\mathrm{WOR}=A+BR \tag{3.1.6}$$

则含水上升率和含水率的关系为：

$$f'_w=2.3Bf_w(1-f_w) \tag{3.1.7}$$

然后用定液求产法确定含水上升率标准。

确定水驱曲线的方法有两种：一是近期内没有进行井网加密调整的区块，且水驱曲线

已出现较为明显的直线段，可用最小二乘法回归确定；二是近期正在进行井网加密调整的开发区块，可首先确定可采储量（即采收率），则水驱曲线斜率用下式计算：

$$B = \frac{\lg \mathrm{WOR}_{\max} - \lg \mathrm{WOR}}{E_{\mathrm{r}} - R} \tag{3.1.8}$$

对未出现直线段的开发单元，可采用类比等方法确定含水上升率。

二类标准可在一类标准的基础上增加一定的幅度。

含水上升率是油田开发管理上的一项重要指标。在开发规划和计划中有明确的要求，其评价标准可用计划指标来确定；用 B_{WJ} 表示计划指标，用 B_{W} 表示实际值，则含水上升率评价指标确定为：

一类标准：$B_{\mathrm{w}} \leqslant 0.7B_{\mathrm{wj}}$；

二类标准：$0.7B_{\mathrm{wj}} < B_{\mathrm{w}} \leqslant B_{\mathrm{wj}}$；

三类标准：$B_{\mathrm{w}} > B_{\mathrm{wj}}$。

2）采油速度及递减趋势

保持油田高产稳产是获得较好经济效益的保证，因此以较高速度稳产是油田开发工作追求的主要指标，也是评价油田开发效果的重要方面。随着含水的升高产量下降，不同开发阶段用地质储量计算的采油速度是不同的。不同的开发单元投产时间不同，含水不同，油田处于不同的开发阶段用地质量计算的采油速度没有可比性（或可比性差）。即使投产时间相同，由于地质条件和开采条件的差别，也可能处于不同的开发阶段，因此不能用地质储量采油速度进行评价。

（1）剩余可采储量采油速度。

剩余可采储量采油速度很大程度上排除了开发阶段的影响，目前已成为评价油田产量水平的常用指标。因此采用剩余可采储量采油速度来评价采油速度的高低，用综合递减率评价年度产量的变化趋势。

剩余可采储量采油速度用下面的公式计算：

$$V_{\mathrm{R}}=Q_{\mathrm{o\,老井}} / (N_{\mathrm{R\,年初}} - N_{\mathrm{P\,年末}}) \times 100\% \tag{3.1.9}$$

式中　V_{R}——剩余可采储量采油速度；

$Q_{\mathrm{o\,老井}}$——年产油量，10^4t；

$N_{\mathrm{R\,年初}}$——年初的可采储量，10^4t；

$N_{\mathrm{P\,年末}}$——年初的累计采油量，10^4t。

根据 SY/T 6219—1996《油田开发水平分级》，剩余可采储量采油速度评价标准确定为：

一类标准：$V_{\mathrm{R}} \geqslant 7\%$；

二类标准：$5\% \leqslant V_{\mathrm{R}} < 7\%$；

三类标准：$V_{\mathrm{R}} < 5\%$。

（2）自然递减率。

自然递减率是描述扣除当年新井产油和当年措施增油量油田产油量下降幅度的指标。这项指标在开发规划中要进行测算，在开发计划中也有明确要求。其评价标准可用计划指标来确定，用 D_{nj} 表示计划指标，用 D_{n} 表示实际值，则自然递减率评价标准定为：

一类标准：$D_n \leqslant 0.9D_{nj}$；

二类标准：$0.9D_{nj} < D_n \leqslant 1.2D_{nj}$；

三类标准：$D_n > 1.2D_{nj}$。

（3）综合递减率。

综合递减率是描述油田扣除当年新井产油量后老井产油量下降幅度的指标。同自然递减率类似，其评价标准可用计划指标 D_{rj} 表示计划指标，用 D_r 表示实际值，则综合递减率评价标准暂定为：

一类标准：$D_r \leqslant 0.9D_{rj}$；

二类标准：$0.9D_{rj} < D_r \leqslant 1.2D_{rj}$；

三类标准：$D_r > 1.2D_{rj}$。

3）地下能量的保持与利用

根据以往的研究成果，油田地层压力应保持在原始压力附近。因此，可用总压差的大小评价能量的保持状况。目前喇萨杏油田大多数开发单元地层压力较低，因此，存在一个逐渐恢复地层压力的问题，按照目前地层压力水平与原始地层压力的差距，确定每年恢复地层压力的标准。

地下能量的利用是指生产压差的大小。由于埋藏深度、岩石性质、原油饱和度、压力，以及含水等决定了生产压差可以放大的幅度，即不同地区按其油层特点最大压差是不同的。因此，可采用地下能量利用系数（即目前生产压差与目前可放大的最大压差的比例）来评价油层能量的利用情况。

（1）地层压力保持水平。

地层压力保持水平可用总压差 Δp 评价，总压差的评价标准为：

一类标准：$\Delta p \geqslant -0.5$；

二类标准：$-1 \leqslant \Delta p < -0.5$；

三类标准：$\Delta p < -1.0$。

（2）地下能量的利用。

采用地下能量利用系数 K 评价地下能量的利用状况：

$$K = \frac{\Delta p}{\Delta p_{max}} = \frac{p_e - p_w}{p_e - p_{wmin}} \tag{3.1.10}$$

地下能量利用系数是油田实际生产压差同可放大生产压差的比值。若流动压力已经低于流压界限值，在计算地下能量利用系数时，最低流动压力选用实际流压值（即地下能量利用系数最大为1）。

根据喇萨杏油田实际情况，地下能量利用评价标准确定为：

一类标准：$K \geqslant 0.95$；

二类标准：$0.87 \leqslant K < 0.95$；

三类标准：$K < 0.87$。

（3）年压差。

年压差即本年度与上年度地层压力的差值，根据评价年度初总压差水平，年压差 Δp_e 的评价标准分为四种情况：

①当评价年度初 $\Delta p_{总} \geqslant 0.5$ 时，年压差评价标准：

一类标准：$-0.3 \leqslant \Delta p_e \leqslant -0.1$；

二类标准：$-0.5 \leqslant \Delta p_e < -0.3$ 或 $-0.1 < \Delta p_e \leqslant 0.1$；

三类标准：$\Delta p_e < -0.5$ 或 $\Delta p_e > 0.1$。

②当评价年度 $-0.5 \leqslant \Delta p_{总} < 0.5$ 时，年压差评价标准：

一类标准：$-0.1 \leqslant \Delta p_e \leqslant 0.1$；

二类标准：$0.1 < \Delta p_e \leqslant 0.3$ 或 $-0.3 \leqslant \Delta p_e < -0.1$；

三类标准：$\Delta p_e < -0.3$ 或 $\Delta p_e > 0.3$。

③当评价年度初 $-1.5 \leqslant \Delta p_{总} < -0.5$ 时年压差评价标准：

一类标准：$-0.3 \leqslant \Delta p_e \leqslant -0.1$；

二类标准：$0.3 < \Delta p_e \leqslant 0.5$ 或 $-0.1 \leqslant \Delta p_e < 0.1$；

三类标准：$\Delta p_e > 0.5$ 或 $\Delta p_e < -0.1$。

④当评价年度初 $\Delta p_{总} < -1.5$ 时，年压差评价标准：

一类标准：$0.2 \leqslant \Delta p_e \leqslant 0.4$；

二类标准：$0.4 < \Delta p_e \leqslant 0.6$ 或 $0 \leqslant \Delta p_e < 0.2$；

三类标准：$\Delta p_e > 0.6$ 或 $\Delta p_e < 0$。

上述标准是在综合递减率达到一类标准情况下生产压差放大评价标准。如果综合递减率达到一类标准，可以取消该项评价指标。因为放大生产压差的目的是保证减缓产量递减。如果通过其他方面的努力达到了减缓产量递减的目的，可以不放大生产压差，这部分潜力可留下以后使用。

4）产液量水平及变化趋势

油井转抽以后，油田产液量的水平和变化趋势，反映了采油注水两个方面的综合管理水平。油井利用率泵况直接影响产液量水平，注水是保持地层压力使油井具有较大生产压差的保证。因此，产液量水平及变化趋势也反映了注水井的管理水平。

（1）产液量水平。

用实际年产液量占目前最大产液量的比例 L 评价产液量水平：

$$L = \frac{Q_L}{Q_{Lmax}} \tag{3.1.11}$$

最低流动压力按前面提到的方法确定，不再重述。根据喇萨杏油田产液量的总体水平，其评价标准如下：

一类标准：$L \geqslant 0.9$；

二类标准：$0.8 \leqslant L < 0.9$；

三类标准：$L < 0.8$。

（2）产液量增长率。

根据油田上年地层压力和流动压力水平，确定评价年度地层压力和流动压力应达到的水平（前面已讲过），应用采液指数法测算油田评价年度应达到的产液量水平及产液量增长率标准。则产液量增长率评价标准确定如下：

一类标准：$Q_{L实际} \geqslant Q_{L标准}$；

二类标准：$0 \leqslant Q_{L实际} < Q_{L标准}$；

三类标准：$Q_{L实际} < 0$。

2. 管理指标

管理指标包括产量完成情况、注水状况、分层注水率、分层注水合格率、抽油井泵效、油水井免修期、油水井利用率，以及资料全准率。确定评价标准的主要思想为：

（1）以完成原油生产任务作为参加一、二类开发单元评比的必要条件，对于未完成产量的开发单元，其评价结果只能是三类。对这类开发单元，也可以进行其他指标评价，目的是分析产量没有完成的原因以及其他方面存在的差距。

（2）其他指标评价标准，主要根据规划要求，并结合中国石油天然气集团有限公司油田开发水平分类标准和油田的实际情况来确定。

（3）各项指标年度变化趋势的评价标准分为两种情况，一是上年该项指标达到一类标准的开发单元，其变化趋势的评价标准：要保持稳定上升即可为一类，二类允许下降，但状态指标仍为一类，下降到一类标准以下为三类。二是上年该项指标未达到一类标准的开发单元，其变化趋势评价标准：一类应达到一类状态标准，二类保持稳定上升，三类下降。

3. 生产措施指标

生产措施主要评价堵水、压裂与三换和新井。

1）堵水

评价单井日降水量、单井日增油量和工作量完成情况。在目前油田情况下，堵水工作的主要目的有两个，一是针对油田存在一批高含水井和相当一部分高含水层，继续采下去经济上是不合算的；二是通过堵水起到一定的平面调整作用。因此，在本节内，只要产油量没有或基本没有下降，则堵水的效果就是好的。产水量下降幅度较大，产油量下降幅度也较大，堵水效果是不好的。因此，评价堵水效果应考虑油、水两个方面。堵水的平面效果由于目前还没有可靠的测算方法，因此未列入评价指标之内。

（1）单井日降水量 W_{DS} 评价标准。

一类标准：$W_{DS} \geqslant 50m^3$；

二类标准：$30m^3 \leqslant W_{DS} < 50m^3$；

三类标准：$W_{DS} < 30m^3$。

（2）单井日增油量 Q_{DS} 评价标准。

一类标准：$Q_{DS} \geqslant 0$；

二类标准：$-2 \leqslant Q_{DS} < 0$；

三类标准：$Q_{DS} < -2$。

（3）堵水工作完成情况（用 KD 表示完成工作量的比例）：

$$KD=N_{DS}/N_{DSJ} \tag{3.1.12}$$

式中 N_{DS}——实际堵水井数；

N_{DSJ}——计划堵水井数。

一类标准：$KD \geqslant 1$；

二类标准：$0.8 \leqslant KD < 1$；

三类标准：$KD < 0.8$。

2）压裂和三换

三换是指抽油机换型、抽油机换电泵、大电泵由大换小或由小换大。压裂和三换仍然是大庆油田目前及今后减缓老井产油递减的重要生产措施。分别评价增油效果和措施工作量两个方面，其评价标准均根据生产设计来确定。

（1）单井日增油量。用 q_{oj} 表示方案单井日增油量，用 q_o 表示实际单井日增油量，则其评价标准为：

一类标准：$q_o \geqslant q_{oj}$；

二类标准：$0.7q_{oj} \leqslant q_o < q_{oj}$；

三类标准：$q_o < 0.7q_{oj}$。

（2）措施工作量。压裂和三换措施工作量评价标准根据开发单元产量是否完成分为两种情况：

①当开发单元完成原油生产任务时措施工作量评价标准为：

一类标准：完成计划的 70% 以下；

二类标准：完成计划的 70%~100%；

三类标准：完成计划的 100% 以上。

②当开发单元未完成原油生产任务时，措施工作量评价标准为：

一类标准：完成计划的 100% 以上；

二类标准：完成计划的 70%~100%；

三类标准：完成计划的 70% 以下。

3）新井

新井评价主要包括两个方面的内容，一是单井日产量是否达到设计标准，二是投产工作量是否完成计划。

（1）单井日产油。用 q_{oxj} 表示单井设计日产油，用 q_o 表示实际单井产油，则其评价标准为：

一类标准：$q_o \geqslant q_{oxj}$；

二类标准：$q_{oj} \leqslant q_o < q_{oxj}$；

三类标准：$0.7q_{oxj} > q_o$。

（2）产能建设完成情况。用 N_J 表示计划投产井数，用 N 表示实际投产井数，则其评价标准为：

一类标准：$N \geqslant N_J$；

二类标准：$0.8N_J \leqslant N < N_J$；

三类标准：$N < 0.8N_J$。

上述开发效果评价指标体系及评价标准制定后，为进行分区及区块的分类评价工作奠定了坚实的基础。

4. 采收率

油田采收率是衡量油田开发水平的一项重要指标。大庆油田目前正处于注水开发阶段，所要评价的采收率指的是目前油田的水驱采收率。油田的水驱采收率的大小取决于油田的地质条件和开采条件两个方面，在地质条件中影响最大的是原油黏度、渗流特征和非均质性。在开采条件中影响最大的是井网密度和其他综合开发管理水平。因此，评价水驱采收率的指导思想是：用地质条件和开发条件中的井网密度确定评价标准，评价各开发单元由于其他综合开发管理水平不同所造成的水驱采收率的差别。

根据谢尔卡乔夫公式，采收率和油田储层、流体性质以及井网密度的关系可以写成：

$$E_{R}=E_{D}e^{-\frac{b}{f}} \tag{3.1.13}$$

式中 E_R——油层水驱油采收率；

E_D——水驱油效率；

f——井网密度，口 /km^2；

b——与油层非均质性有关的系数。

从谢尔卡乔夫公式可以看出，采收率随着井网密度的增加而不断增加，但增加的幅度逐渐减小，极限值为油层的驱油效率。公式中除驱油效率外，还有一个参数 b，它主要与油层非均质性有关，下面分别叙述这两个参数的确定方法。

1）水驱油效率的确定

水驱油效率最直接的确定方法就是采用密闭取心井取样实验室测试，但是如果测试资料较少，测得数据的代表性也是值得重视的问题。而且就大庆喇萨杏油田目前的资料现状而言，并不是每个区块都有取心井，这就需要研究其他可行的方法。

通过大量的研究表明，影响驱油效率的主要因素是油水黏度比和油层渗透率，中国石油天然气集团有限公司研究院俞启泰等通过我国 25 个油田实验资料研究得到了以下相关公式：

$$E_{D}=0.4787-0.08873\lg\mu_{k}+0.09783\lg K_{a} \tag{3.1.14}$$

通过对美国、苏联许多油田大量资料统计分析，也得出了同式（3.1.14）类似的关系。大庆喇萨杏油田各地区油水黏度比较接近，驱油效率主要与渗透率有关，通过大量资料统计得出了以下关系式：

$$E_{D}=18.7+9.31\lg K_{a} \tag{3.1.15}$$

同辽河油田统计的稀油油田（黏度比小于 10）驱油效率和空气渗透率的关系大致相当，但是由于大庆喇萨杏油田原油黏度相对较高，相同空气渗透率的驱油效率相对低一些。

通过油田动态资料分析，式（3.1.15）的计算结果是可靠的。因此可用式（3.1.15），通过研究油田或区块的渗透率来确定驱油效率。

2）参数 b 值的确定

由谢尔卡乔夫公式：

$$E_{R}=E_{D}e^{-\frac{b}{f}}=E_{D}E_{动} \tag{3.1.16}$$

式（3.1.16）中的 $E_{动}=e^{-\frac{b}{f}}$，是储量动用程度，或称波及系数，影响波及系数大小的开采条件主要是井网密度，影响波及系数大小的地质条件主要是油层非均质性，体现在b值上。

油层非均质性可用渗透率变异系数描述，通过研究表明，大庆喇萨杏油田各类油层渗透率的分布规律符合对数正态分布，应用狄卡斯和派逊斯关于油层渗透率变异系数的计算方法：

$$V_K=\left(K_{50}-K_{84.1}\right)/K_{50} \tag{3.1.17}$$

式中　V_K——渗透率变异系数；

K_{50}——样品累计百分数，为 50% 所对应的渗透率值；

$K_{84.1}$——样品累计百分数，为 84.1% 所对应的渗透率值。

应用油田静态数据库对喇萨杏油田老井钻遇的有效厚度按有效渗透率进行了分级统计，把统计结果点在对数正态坐标纸上，得出了较好的直线关系，对萨北开发区各区块统计结果也得出较好的直线关系。

按照统计结果，用式（3.1.17）计算出喇萨杏油田各开发区的变异系数（表 3.1.1 和表 3.1.2）。

表 3.1.1　喇萨杏油田变异系数统计结果

开发区	喇嘛甸	萨北	萨中	萨南	杏南	杏北
变异系数 V_K	0.79	0.72	0.71	0.68	0.62	0.65

表 3.1.2　萨北开发区各区块变异系数统计结果

开发区	北二东	北二西	北三东	北三西	东过	北过
变异系数 V_K	0.77	0.79	0.70	0.74	0.67	0.68

喇萨杏油田从北到南，变异系数由大到小，萨北地区纯油区到过渡带变异系数也是由大到小，反映了油层非均质性由强到弱的客观实际，符合油田地质特点[2-3]。

利用水驱特征曲线，计算出了喇萨杏油田井网加密前后油田的采收率$E_{R前}$、$E_{R后}$；根据上述方法确定的驱油效率E_D，可以求出参数b值。

$$b=-\frac{\ln\left(E_{R前}-E_{R后}\right)}{\left(\dfrac{1}{f_{前}}-\dfrac{1}{f_{后}}\right)} \tag{3.1.18}$$

$$b=-f\ln\frac{E_R}{E_D} \tag{3.1.19}$$

式（3.1.18）和式（3.1.19）是用谢尔卡乔夫公式推导得出的两种求b值的方法。

式中　$E_{R前}$，$E_{R后}$——井网加密调整前后的采收率；

$f_{前}$，$f_{后}$——井网加密调整前后的井网密度，口 /km^2。

利用喇萨杏油田计算得出的渗透率变异系数和b值获得了较好的相关关系：

$$V_K=1-X_1e^{-X_2b} \tag{3.1.20}$$

式中 V_K——渗透率变异系数；

X_1，X_2——相关系数。

这样就可以用油田或区块的渗透率变异系数计算采收率评价标准所需要的 b 值。

必须指出的是，用上述方法确定驱油效率和 b 值，然后再用谢尔卡乔夫公式计算得出的采收率并不是油田实际的采收率，而是"这类油田"在目前井网密度条件下，按照"目前开发水平"，应该达到的采收率水平。因此，这个值可以作为评价标准。

考虑到按区块确定渗透率和变异系数等参数目前还有一定困难，即使确定出来了，还有精确度不高等问题，因此在评价区块年度动态管理水平时，暂时取消这项指标。但是在评价开发区和区块总体开发水平时，不应取消采收率这项重要指标，各项指标的分类标准见表 3.1.3。

表 3.1.3 油田开发动态区块管理评价标准

项目	一类标准	二类标准	三类标准	备 注
采收率	$E_R \geqslant E_{R0}$	$E_{R0}-4 \leqslant E_R < E_{R0}$	$E_R < E_{R0}-4$	E_{R0} 确定方法报告中详细说明
剩余可采储量采油速度	$V_R \geqslant 7\%$	$5\% \leqslant V_R < 7\%$	$V_R < 5\%$	
总压差	$\Delta p \geqslant -0.5$	$-1 \leqslant \Delta p < -0.5$	$\Delta p < -1.0$	
含水上升率	$B_w \leqslant 0.7B_{wj}$	$0.7B_{wj} < B_w \leqslant B_{wj}$	$B_w \geqslant B_{wj}$	B_{wj} 为计划指标
自然递减率	$D_n \leqslant 0.9D_{nj}$	$0.9D_{nj} < D_n \leqslant 1.2D_{nj}$	$D_n > 1.2D_{nj}$	D_{nj} 为计划指标
综合递减率	$D_r \leqslant 0.9D_{rj}$	$0.9D_{rj} < D_r \leqslant 1.2D_{rj}$	$D_r > 1.2D_{rj}$	D_{rj} 为计划指标
年压差（1）	$-0.3 \leqslant \Delta p_e \leqslant -0.1$	$-0.5 \leqslant \Delta p_e \leqslant -0.3$ 或 $-0.1 < \Delta p_e \leqslant 0.1$	$\Delta p_e < -0.5$ 或 $\Delta p_e > 0.1$	
年压差（2）	$-0.1 \leqslant \Delta p_e \leqslant 0.1$	$0.1 < \Delta p_e \leqslant 0.3$ 或 $-0.3 \leqslant \Delta p_e < -0.1$	$\Delta p_e < 0.3$ 或 $\Delta p_e > 0.3$	
年压差（3）	$-0.3 \leqslant \Delta p_e \leqslant -0.1$	$0.3 < \Delta p_e \leqslant 0.5$ 或 $-0.1 \leqslant \Delta p_e < 0.1$	$\Delta p_e > 0.5$ 或 $\Delta p_e < -0.1$	
年压差（4）	$0.2 \leqslant \Delta p_e \leqslant 0.4$	$0.4 < \Delta p_e \leqslant 0.6$ 或 $0 \leqslant \Delta p_e < 0.2$	$\Delta p_e > 0.6$ 或 $\Delta p_e < 0$	
堵水单井日降水	$q_w \geqslant q_{wj}$	$0.8q_{wj} \leqslant q_w < q_{wj}$	$q_w < 0.8q_{wj}$	q_{wj} 为计划单井日降水
堵水单井日增油	$q_o \geqslant q_{oj}$	$0.7q_{oj} \leqslant q_o < q_{oj}$	$q_o < 0.7q_{oj}$	q_{wj} 为计划单井日降水
堵水工作量完成情况	$N \geqslant N_j$	$0.7N_j \leqslant N < N_j$	$N < 0.7N_j$	N_j 为计划单井数
压裂单井日增油	$q_o \geqslant q_{oj}$	$0.7q_{oj} \leqslant q_o < q_{oj}$	$q_o < 0.7q_{oj}$	q_{oj} 为计划单井日降水
压裂工作量（1）	$N \leqslant 0.8N_j$	$0.8N_j < N \leqslant N_j$	$N > N_j$	当完成产量计划时
压裂工作量（2）	$N \geqslant N_j$	$0.8N_j \leqslant N < N_j$	$N < 0.8N_j$	当没有完成产量计划时
三换单井日增油	$q_o \geqslant q_{oj}$	$0.7q_{oj} \leqslant q_o < q_{oj}$	$q_o < 0.7q_{oj}$	q_{oj} 为计划单井日降水
三换工作量（1）	$N \leqslant 0.7N_j$	$0.7N_j < N \leqslant N_j$	$N > N_j$	当完成产量计划时

续表

项目	一类标准	二类标准	三类标准	备 注
三换工作量（2）	$N \geqslant N_j$	$0.7N_j \leqslant N < N_j$	$N < 0.7N_j$	当没有完成产量计划时
新井单井日增油	$q_o \geqslant q_{oj}$	$0.7q_{oj} \leqslant q_o < q_{oj}$	$q_o < 0.7q_{oj}$	q_{oj} 为设计单井日增油
新井投产工作量	$N \geqslant N_j$	$0.8N_j \leqslant N < N_j$	$N < 0.8N_j$	
分层注水率 FZ	FZ ≥ 60	40 ≤ FZ < 60	FZ < 40	
分层注水合格率 HG	HG ≥ 70	60 ≤ HG < 70	HG < 60	
机采井时率 SL	SL ≥ 95	90 ≤ SL < 95	SL < 90	
油水井利用率 LY	SL ≥ 95	90 ≤ SL < 95	SL < 90	
抽油机井免修期 CM	CM ≥ 500	400 ≤ CM < 500	CM < 400	
电泵井免修期 DM	DM ≥ 700	600 ≤ CM < 700	CM < 600	
资料全准率 QZ	QZ ≥ 95	90 ≤ QZ < 95	QZ < 90	
计量仪表使用率 YL	YL ≥ 80	50 ≤ YL < 80	YL < 50	
分层注水率变化趋势 dFZ（1）	dFZ ≥ 0	60-FZS ≤ dFZ < 0	dFZ < 60-FZS	FZS ≥ 0
分层注水率变化趋势 dFZ（2）	60-FZS ≥ dFZ	0 ≤ dFZ < 60-FZS	dFZ < 0	FZS < 60
分层注水合格率变化趋势 HG（1）	dHG ≥ 0	70-HGS ≤ dHG < 0	dHG < 70-HGS	HGS ≥ 0
分层注水合格率变化趋势 HG（2）	dHG < 70-HGS	0 ≤ dHG < 70-HGS	dHG < 0	HGS < 70
机采井时率变化趋势 dSL（1）	dSL ≥ 0	95-SLS ≤ dSL < 0	dSL < 95-SLS	SLS ≥ 95
机采井时率变化趋势 dSL（2）	dSL ≥ 95-SLS	0 ≤ dSL < 95-SLS	dSL < 0	SLS < 95
油水井利用率变化趋势 dLY（1）	dLY ≥ 0	95-LYS ≤ dLY < 0	dLY < 95-LYS	LYS ≥ 95
油水井利用率变化趋势 dLY（2）	dLY ≥ 95-LYS	0 ≤ dLY < 95-LYS	dLY < 0	LYS < 95
抽油机井免修期变化趋势 CM（1）	dCM ≥ 0	500-CMS ≤ dCM < 0	dCM < 500-CMS	CMS ≥ 500
抽油机井免修期变化趋势 CM（2）	dCM ≥ 500-CMS	0 ≤ dCM < 500-CMS	dCM < 0	CMS < 500
电泵井免修期变化趋势 dDM（1）	dDM ≥ 0	700-DMS ≤ dDM < 0	dDM < 700-DMS	DMS ≥ 700
电泵井免修期变化趋势 dDM（2）	dDM ≥ 700-DMS	0 ≤ dDM < 700-DMS	dDM < 0	DMS < 700
资料全准率变化趋势 dQZ（1）	dQZ ≥ 0	95-QZS ≤ dQZ < 0	dQZ < 95-QZS	QZS ≥ 95
资料全准率变化趋势 dQZ（2）	dQZ ≥ 95-QZS	0 ≤ dQZ < 95-QZS	dQZ < 0	QZS < 95
计量仪表使用率变化趋势 YL（1）	dYL ≥ 0	80-YLS ≤ dYL < 0	dYL < 80-YLS	YLS ≥ 80
计量仪表使用率变化趋势 YL（2）	dYL ≥ 80-YLS	0 ≤ dYL < 80-YLS	dYL < 0	YLS < 80

5. 各项评价指标的关系及在分类评价中的作用

油田开发作为一个有机的整体，各方面指标有着密切的联系，但其重要程度是不同的。为了评价油田开发管理水平，对油田开发各方面指标的关系及其重要程度进行了分析研究，得出以下几点认识，并把这些思想应用于油田开发管理评价方法之中。

（1）在综合指标、管理指标和措施指标这三类指标中，综合指标是最重要的，基本反映了油田的开发水平。管理指标是实现综合指标的基础和条件，但是综合指标又不能完全代表管理指标和措施指标。因此后两类指标又是综合指标的必要补充。

（2）由于状态指标反映了油田投入开发以来的总体技术管理水平，是油田开发水平的反映。因此，在评价油田总体开发水平时应起主要作用。在评价年度开发管理水平时，也应起一定的作用，以避免油田开发的短期行为及在资料使用上的偏差。趋势指标反映了年度油田开发管理水平和变化趋势，在评价年度开发水平时，应起主要作用。

（3）在综合指标中，采油速度及其变化趋势和含水及其变化趋势指标是最重要的，压力指标和产液量次之。其中提高产液量仍然是油田今后一段时间内的主要措施，但是这并不意味着产液量增长率越大越好，如果综合递减率已经达到较低水平（一类标准），工作的目标已经达到，继续追求产液量增长率必然使含水上升率增大。因此在这种情况下，产液量增长幅度越小越好。考虑到有相当一部分开发单元，是按计划通过提高产液量，才使综合递减率小的。因此，在这种情况下，产液增长率不参加评比。其权数转移到综合递减率和含水上升率上。如果综合递减率较大，产液量增长率则成为较重要的指标。

（4）在管理指标中，产量是否完成是该开发单元参加一、二类评比的必要条件。注水状况的重要程度次之。其他管理指标在油田开发管理方面都是应该达到的而且是很重要的指标，其重要程度大致相当，可根据实现指标的难易程度和工作量的大小确定其在评价中的作用。

（5）在措施指标中，压裂和三换是油田老井减缓产量递减的主要措施，措施效果的好坏直接影响着产量的完成和老井综合递减率减缓的幅度，同新投调整井一样都是较为重要的。由于目前油田措施工作量还比较少，故堵水在评价中的作用相对要小些。当综合递减率达到规划要求时，增产措施工作量越小，经济效益越好，而且为今后稳产创造了条件，说明管理水平是好的。相反，当综合递减率较大时，若措施工作量干的又较少，则说明管理水平是差的，应该按规划工作量评价。在目前情况下堵水工作的目的为：①针对油田存在一批高含水井和高含水层，堵掉一部分产水量，提高经济效益。②通过改变液流方向，改善油层动用状况，提高开发效果。因此，计划工作量是必须要完成的。新投产调整井属于产能建设，也是必须要完成的。

由此可以看出，前面所列的各项指标，既独立地反映某一方面的情况，又与其他指标存在着密切的内在联系。某一项指标发生变化，另几项指标的重要程度和评价标准也发生变化。

第二节　油田开发状况分类评价

油田开发管理工作是一个庞大的复杂的系统工程，对其状况及水平的描述需要采用多项指标进行衡量。对一个具体的油田或开发区块来说，有的指标较好，属于一类；有的指标较差，属于二类，甚至三类。在这种情况下，如何评价一个开发单元的客观状况？如何分析不同开发单元的好坏？

SY/T 6219—1996《油田开发水平分级》中提出“考虑到分类标准的条目较多，有些油田难以全部达到。若符合所列标准的三分之二以上即可划为该类，低于三分之二者应降级分类”。这种分类方法在一般情况下是可行的，给出一个大概的界限。但存在一些问题，首先三分之二这个界限就是很“模糊”的。首先，多几项或少几项是否更合适没有一个明确的量化指标；其次，由于所列项目的重要程度是不同的，当同是“三分之二”时，其意义是存在差别的；最后，不同地区的某项指标虽然同属于相同类型，但存在着程度上的差别。例如：剩余可采储量采油速度，喇嘛甸油田 1990 年为 9.42%，萨中为 7.15%，虽然同属于一类（大于 7%），但程度上的差别是较大的，这在上述方法中是没有考虑的。此外，对于一些特殊情况，如按界限严格执行（用计算机实现）是不合理的。假如某区块在所考查的 12 项指标中，有 7 项指标属于一类，另外 5 项属于三类，按照“三分之二”的标准，一类油田应有 8 项以上指标达到一类标准，所以该油田不符合一类条件。相同道理，也不能定为二类油田，只能是三类。这显然是不合理的。

应用模糊数学中的模糊评价方法，可以很好地避免上述分类方法中的不足。模糊数学是用数学方法研究和处理模糊性现象的数学。所谓模糊性就是由于概念外延的模糊，而造成划分上的不确定性。油田开发管理得是好还是不好，是一个具有模糊性的问题。好和坏实际没有明确的界限。对于一个开发单元有的指标较好属于一类，有的指标一般属于二类，有的指标较差属于三类。而且每项指标又有重要程度和好坏程度上的差别。对于两个开发单元的比较也是复杂的，只比较一类指标的多少是不全面的，各项指标重要程度和好坏程度的差别，以及二、三类指标的数量和程度的差别将使比较发生偏差。初看起来是“模糊”的，不明确的。实际上，通过数学处理，各项指标的分类标准和描述重要程度的权数一旦给定，所评价开发单元的类属就明确了。

为了把油田开发管理水平分为好、中、差三类，按照模糊数学方法，首先根据所评价开发单元各项指标的分类标准建立好、中、差三个模糊模型 A_1、A_2、A_3 和隶属函数。然后计算出每项指标对三个模型的隶属度，再乘上每项指标的权数，得到各项指标对三个模型的贡献值。把三个模型的贡献值分别相加，就可以得出该开发单元对三个模型的总隶属度。按照最大隶属原则，可以判断出所评价开发单元 U_O 属于哪一类[4]。

一、模糊分类评价基本原理

模糊综合评价就是应用模糊变换原理和最大隶属度原则，考虑与被评价事物相关的各个因素，对其所做的综合评价。这里评价的着眼点是各个相关因素。

设所研究的因素集和评语集分别为：

$$\boldsymbol{U}=\{\boldsymbol{U}_1,\boldsymbol{U}_2,\cdots,\boldsymbol{U}_m\};\quad \boldsymbol{V}=\{\boldsymbol{V}_1,\boldsymbol{V}_2,\cdots,\boldsymbol{V}_n\} \tag{3.2.1}$$

则模糊综合评判模型为：

$$\boldsymbol{B}=\boldsymbol{A}\circ\boldsymbol{R} \tag{3.2.2}$$

其中，$\boldsymbol{R}=(r_{i,j})_{m\times n}$ 是 $\boldsymbol{U}\times\boldsymbol{V}$，模糊子集，通常称为模糊矩阵，由各单因素评判结果得到，$r_{i,j}$ 表示 i 个因素对第 j 个评语的隶属度；$\boldsymbol{A}=(a_1, a_2, \cdots, a_m)$ 是 $\boldsymbol{U}$ 上的模糊子集，常称为关于 $\boldsymbol{U}$ 上的权向量；$\boldsymbol{B}=(b_1, b_2, \cdots, b_n)$ 是 $\boldsymbol{V}$ 上的模糊子集，常称为综合评判结果向量；

“。”为合成运算，可取为(＋，×)。

当确定综合评判的结果属于哪个评语时，根据最大隶属度原则，若 $b_{j0}=\max b_j$ ($1 \leqslant j \leqslant n$)时，则断定评判结果为第 j_0 个评语。

二、模糊分类评价模型的建立

一个模糊模型可以理解为一个油田的样本，是由一组我们要考查的所有指标具体数值组成的。假如某油田的各项指标与之相等，则该油田对该模型的隶属度为 1（根据油田开发评价指标的特点，不完全相等也可能产生隶属度为 1 的情况，将在下面讨论），我们称该油田绝对隶属于该模型。

按照前面提出的各项指标分类标准，一类标准和二类标准之间的界限分别用向量 $\boldsymbol{A}$、$\boldsymbol{B}$ 表示：

$$\begin{aligned} \boldsymbol{A} &= (a_1, a_2, \cdots, a_n) \\ \boldsymbol{B} &= (b_1, b_2, \cdots, b_n) \end{aligned} \tag{3.2.3}$$

一类模型：

$$\begin{gathered} \boldsymbol{A}_1 = (x_1, x_2, \cdots, x_n) \\ x_i = a_i \pm \frac{1}{2}|a_i - b_i| \mp K|a_i - b_i| \begin{cases} a_i > b_i \\ a_i < b_i \end{cases} \quad (i = 1, 2, 3, \cdots, n) \end{gathered} \tag{3.2.4}$$

二类模型：

$$\begin{gathered} \boldsymbol{A}_2 = (y_1, y_2, \cdots, y_n) \\ y_i = \frac{1}{2}|a_i \pm b_i| \mp K|a_i - b_i| \begin{cases} a_i > b_i \\ a_i < b_i \end{cases} \quad (i = 1, 2, 3, \cdots, n) \end{gathered} \tag{3.2.5}$$

三类模型：

$$\begin{gathered} \boldsymbol{A}_3 = (z_1, z_2, \cdots, z_n) \\ z_i = b_i \pm \frac{1}{2}|a_i - b_i| \mp K|a_i - b_i| \begin{cases} a_i > b_i \\ a_i < b_i \end{cases} \quad (i = 1, 2, 3, \cdots, n) \end{gathered} \tag{3.2.6}$$

若油田实际指标恰好等于 $\boldsymbol{A}_1$，按照评价标准，该指标属于一类。不加后面的修正项时，该项指标同一类模型的“距离”和同二类模型的“距离”是相等的。加上后面的修正项，使三个模型整体下降一个无穷小，从而使所有落入一类标准范围内的指标对一类模型的隶属度最大。若油田实际指标恰好等于 $\boldsymbol{A}_2$、$\boldsymbol{A}_3$，情况同上类似。因此式(3.2.4)、式(3.2.5)和式(3.2.6)中的 K 可以取一个正无穷小。

三、分类隶属函数的确定

若一开发单元，所要评价的指标用向量表示，$\boldsymbol{U}_0=(U_1, U_2, \cdots, U_n)$，则采用线性内差法确定隶属函数。

一类模型的隶属函数：

$$\lambda_{A1}(\mu_i)=\begin{cases}1 & \begin{cases}\text{当}x_i\geqslant z_i\geqslant\mu_i\text{时}\\ \text{当}x_i\leqslant z_i<\mu_i\text{时}\end{cases}\\ 1-\left|\dfrac{\mu_i-y_i}{x_i-z_i}\right| & \begin{cases}\text{当}x_i>z_i>\mu_i\text{时}\\ \text{当}x_i<z_i<\mu_i\text{时}\end{cases}\\ 0 & \begin{cases}\text{当}x_i>z_i>\mu_i\text{时}\\ \text{当}x_i<z_i<\mu_i\text{时}\end{cases}\end{cases} \tag{3.2.7}$$

即等于或好于一类模型该项指标时，所评价油田该项指标对一类模型的隶属度为 1。等于三类模型或指标更差时，所评价油田该指标对一类模型的隶属度为 0。处于一类模型和三类模型之间的隶属度在 0 到 1 之间。

三类模型的隶属函数：

$$\lambda_{A3}(\mu_i)=\begin{cases}1 & \begin{cases}\text{当}x_i\geqslant z_i\geqslant\mu_i\text{时}\\ \text{当}x_i\leqslant z_i<\mu_i\text{时}\end{cases}\\ 1-\left|\dfrac{\mu_i-y_i}{x_i-z_i}\right| & \begin{cases}\text{当}x_i>z_i>\mu_i\text{时}\\ \text{当}x_i<z_i<\mu_i\text{时}\end{cases}\\ 0 & \begin{cases}\text{当}x_i>z_i>\mu_i\text{时}\\ \text{当}x_i<z_i<\mu_i\text{时}\end{cases}\end{cases} \tag{3.2.8}$$

即等于或好于一类模型指标时，所评价油田该项指标对三类模型的隶属度为 0；等于或比三类模型的指标更差，则所评价油田该项指标对三类模型的隶属度为 1。处于一类模型和三类模型之间的隶属度在 0 到 1 之间。

二类模型的隶属函数：

$$\lambda_{A2}(\mu_i)=\begin{cases}0.5 & \left(\text{当}\left|\dfrac{\mu_i-y_i}{x_i-z_i}\right|\geqslant 0.5\text{时}\right)\\ 1-\left|\dfrac{\mu_i-y_i}{x_i-z_i}\right| & \left(\text{当}\left|\dfrac{\mu_i-y_i}{x_i-z_i}\right|<0.5\text{时}\right)\end{cases} \tag{3.2.9}$$

恰好等于二类模型指标时，对二类模型的隶属度为 1；所评价油田的指标与二类模型指标的差别大于或等于一类模型和三类模型的差距的一半时，隶属度为 0.5，在这个差距之内，对二类模型的隶属度在 0.5 到 1 之间。

四、权数的确定

由于所要评价的各项指标，在其重要程度和实现指标的难易程度方面及评价的目的和要求不同，各项指标对分类评价所起的作用也应有所不同。如果要评价一个油田的总体开发水平，应当侧重于状态方面的指标。如果要评价油田生产措施效果可以取消其他方面的指标。可通过调整权数，实现上述目的，在实际应用中是非常方便的，只要使该指标的权数取 0 即可。

在所查阅的模糊数学的资料中，主要是采用专家确定权数。对每项指标所给予出的权数进行统计，根据频数和频率的分布情况，在频率最高的区间内，考虑其两侧区间的频率和各项指标权数之和等于 1 条件确定权数。

权数向量用 $\boldsymbol{K}$ 表示：

$$\boldsymbol{K}=(K_1, K_2, \cdots, K_i, \cdots, K_n) \tag{3.2.10}$$

应满足下列条件：

$$\sum_{i=1}^{n} K_i = 1 \tag{3.2.11}$$

即所有指标的权数之和等于 1。

则所评价的开发单元 U_0 对一、二、三类模型的隶属度分别为：

$$\lambda_{A1}(U_0)=\sum_{i=1}^{n} K_i x \lambda_{A1}(U_i) \tag{3.2.12}$$

$$\lambda_{A2}(U_0)=\sum_{i=1}^{n} K_i x \lambda_{A2}(U_i) \tag{3.2.13}$$

$$\lambda_{A3}(U_0)=\sum_{i=1}^{n} K_i x \lambda_{A3}(U_i) \tag{3.2.14}$$

比较开发单元 U_0 对哪一类模型的隶属度最大，开发单元 U_0 就属于哪一类。

同属一种类型之中，也有好坏的差别，可按对一类模型隶属度的大小，把参加评价的开发单元按油田开发管理状况的好坏进行排队，确定其先后名次。以便油田开发管理工作者明确各开发单元的管理状况，鼓励先进更先进，后进变先进，推动油田开发管理水平的不断提高。

五、多层次分类评价

在复杂系统中，由于需要考虑的因素很多，在这种情况下，可能把因素集按其特点分成几层，先对每一层次进行综合评判。根据油田开发管理评价的具体情况，分为四个层次进行评价。

第一层，单项指标评价。按照上述各项指标的分类评价标准，对一个开发单元或几个开发单元的该项指标进行评价，确定出单项指标对三个模型的隶属度掌握各项指标的管理水平，这是非常重要的基础工作。

第二层，分类指标状态及变化趋势评价。对综合指标和管理指标，目前现状及年度变化趋势分别进行评价，计算出对三个模型的隶属度，从而掌握两类指标目前现状及年度的工作状况。对每项措施状况从措施效果和措施工作量两个方面综合考虑进行评价。

第三层，分类指标评价。分别确定出综合指标、管理指标和措施指标对三个模型的隶属度。

第四层，总体评价。通过确定分类指标评价结果进行归一化及确定权重，进行总体综合评价，从而得到评价单元的总体开发管理水平。

多层次评价的优点概括起来有以下两个方面，一是通过多层次分析使我们能够全面地掌握从某一项指标到某类指标，从目前现状到变化趋势，从局部到整体的开发管理水平，从而确今后调整方向；二是根据不同的评价角度便于调整各类指标在评价中的重要程度。

概括起来，整个评价过程可分为三部分。

一是资格评价。即看产量的完成情况，称为否定指标。

（1）当开发单元完成产量计划的100%以上时，就取得了参加一类开发单元的评价资格。

（2）当开发单元完成产量计划的98%~100%时，就取得了参加二类开发单元的评价资格。

（3）当开发单元完成产量计划的98%以下时，该开发单元只能评为三类开发单元。

二是开发指标、管理指标和措施指标三类指标的综合评价。结合资格评价结果，然后给出开发单元分类结果。

三是分类排队。即把分类后每一类中的所有开发单元按照对一类模型隶属度的大小进行排队，从而确定出开发动态管理水平的顺序。

第三节 分类评价方法应用效果及分析

一、开发现状

1981—1990年，喇萨杏油田处于一次层系井网加密调整及自喷转抽稳产阶段[5]，这个阶段处于高含水开采阶段，技术政策主要采取“三个稳定”，即调整措施从以“六分四清”为主转变到以钻细分层系的调整井为主；开发方式由自喷开采逐步转变到全面机械采油；挖潜对象要从高渗透主力油层逐步转变到中低渗透的非主力油层，并在这个阶段采取主要措施，首先是通过钻调整井，细分开采层系，中低渗透油层组成独立的注采系统开采，提高其储量动用程度，增加可采储量。1990年底，萨葡油层层系细分加密调整和高台子油层投入开发，钻井10480口，十年中新井产油5419.81×10^4t，对控制含水上升起到了重要作用。每年增加可采储量5500×10^4t左右，保持储采比在10以上。其次通过自喷井转抽，逐步调整油田压力系统。十年内共转抽油井4020口，油井压裂8413口，年增产原油230×10^4t左右。这些措施对控制含水起到了重要作用，综合含水率由63.92%上升到80.23%，十年共上升了16.31个百分点。同时在地质研究上细分了沉积相，复核了地质储量，由25. 7×10^8t增加到41.7×10^8t，复核增加了16.0×10^8t。油田共动用地质储量417426×10^4t，可采储量达到172741×10^4t，累计采油103754.24×10^4t，年产油5145.39×10^4t，采油速度1.24%，采出程度24.86%。

二、资料准备及计算

将上述方法应用Quick Basic编成计算软件，只要把参数输入计算机，就可以迅速输出评价结果。所需参数可分为三种类型：一是静态数据；二是规划及实际动态数据；三是计算数据。前两种占绝大多数，均可在归档资料、规划方案和年报表中查到。计算数据只有理论水驱曲线斜率和采液指数系数。理论水驱曲线斜率可根据数值模拟法、概算法及类比法等获得，采液指数可以根据实际资料统计回归获得，在目前情况下，这些都是很容易做到的。因此，这套评价方法应用起来是比较方便的。

三、评价结果分析

1. 总体评价结果

为进一步准确把握油田动态管理状况总体状况，根据初步制定的标准和权数，按照方法要求，整理了喇萨杏油田及六个开发区的开发动态及管理相关数据。对喇萨杏油田及各开发区的油田开发动态管理状况进行了总体评价。其中计算数据，在原有研究成果的基础上，根据近年来动态变化及新认识，重新进行计算，评价结果见表 3.3.1。

表 3.3.1　喇萨杏油田 1990 年开发管理评价分析表

油田			喇嘛甸	萨北	萨中	萨南	杏北	杏南	喇萨杏
综合指标	状态评价	隶属度	0.7071	0.0873	0.6405	0.6021	0.8829	0.8315	0.7636
		贡献值	0.2323	0.3494	0.2562	0.2408	0.3532	0.3326	0.3054
	趋势评价	隶属度	0.0377	0.6377	0.9663	0.6780	0.8283	0.8827	0.7919
		贡献值	0.3826	0.4216	0.5798	0.4068	0.4970	0.5296	0.4752
	综合评价	隶属度	0.6653	0.7620	0.8360	0.6476	0.8501	0.8622	0.7806
		贡献值	0.3306	0.3810	0.4180	0.3116	0.4251	0.4311	0.3903
管理指标	状态评价	隶属度	0.9081	0.9161	0.5522	0.8938	0.8056	0.6839	0.7751
		贡献值	0.3632	0.3664	0.2209	0.3575	0.3222	0.2736	0.3100
	趋势评价	隶属度	0.3924	0.6883	0.5139	0.7524	0.7576	0.6078	0.6631
		贡献值	0.5355	0.4130	0.3083	0.4515	0.4546	0.3647	0.3976
	综合评价	隶属度	0.3937	0.7744	0.5292	0.8090	0.7768	0.0382	0.7079
		贡献值	0.1797	0.1559	0.1058	0.1618	0.1554	0.1276	0.1416
措施指标	堵水	隶属度	0.4163	0.3006	0.4560	0.5331	0.7000	0.3632	0.3350
		贡献值	0.0333	0.0000	0.0912	0.1066	0.1400	0.0653	0.0670
	压裂	隶属度	0.8479	0.6000	1.0000	1.0000	1.0000	0.3717	1.0000
		贡献值	0.2592	0.1200	0.2000	0.2000	0.2000	0.0743	0.2000
	三换	隶属度	0.6563	0.6000	1.0000	0.8789	0.6000	0.6717	1.0000
		贡献值	0.2625	0.1200	0.2000	0.1758	0.1200	0.1343	0.2000
	新井	隶属度		0.0751	0.3050	0.3207	0.3914	0.1850	0.2641
		贡献值	0.0000	0.0300	0.1220	0.1283	0.1566	0.0740	0.1056
	综合评价	隶属度	0.0049	0.3301	0.6132	0.6107	0.6166	0.3479	0.5752
		贡献值	0.1815	0.0990	0.1340	0.1832	0.1850	0.1044	0.1718
隶属度			0.6938	0.6359	0.7078	0.6688	0.7654	0.6631	0.7037
分类			1	1	1	1	1	1	1
排队顺序			3	6	2	4	1	5	

综合分析评价结果，喇萨杏油田油田开发动态管理达到一类水平，对一类模型的隶属度为 0.7037，对二类、三类模型的隶属度分别为 0.4558 和 0.2963，对一类模型的隶属度大于对二类、三类模型的隶属度。各开发区均属于一类水平。由此可以看出，喇萨杏油田的开发管理水平是比较高的。在充分肯定喇萨杏油田总体开发管理水平的同时，还应看到油田开发动态管理工作也存在着不足之处。第一，地层压力水平还比较低。喇萨杏油田当年地层压力为 10.23MPa，仍低于原始地层压力 1.0MPa。在全局上下已经统一认识，应该逐步恢复地层压力的情况下，当年仅比上一年上升 0.01MPa，相当部分地区仍有继续下降的趋势。因此，今后应进一步加强注水工作，把恢复地层压力的措施落到实处，提出合理方案，迅速组织实施。否则按目前情况发展，无法实现“八五”规划提出的“五年内把地层压力恢复到原始地层压力附近”的目标。提高产液量仍然是今后一段时间内主要措施之一，其中绝大部分要在恢复地层压力的基础上才能挖掘出来。第二，新井单井日产油量，没有达到设计水平。设计单井日产油量为 12.8t/d，实际仅为 9.1t/d，差距较大。第三，堵水效果没有达到单井日降水 50m^3/d 的要求。按 12 月份堵水开井统计，单井日降水只有 23 m^3/d，堵水措施工作量计划为 347 口，实施只有 159 口，只完成计划的 45.8%。从选井选层到实施工艺都存在着很大问题，需要进一步研究，提高技术水平，以满足油田生产的需要。

2. 开发区评价结果对比分析

从评价结果来看，各开发区均为一类水平，差别不大，杏北开发区对一类模型的隶属度稍大些，为 0.7654。萨北开发区对一类模型的隶属度相对小些为 0.6359。在综合指标中，杏北对一类模型的隶属度为 0.8501，隶属度较大，其中地层压力有下降的趋势，其他指标都比较好。萨北对一类模型的隶属度为 0.7620，其中综合递减率较大，其他指标也都比较好。两个开发区虽然都只有一个指标较差，但是我们认为综合递减率是比恢复地层压力更重要的指标，因此给定的权数较大，因而使萨北开发区综合指标对一类模型的隶属度小于杏北开发区。在措施指标中，杏北对一类模型的隶属度为 0.6166，萨北对一类模型的隶属度为 0.3301。四项措施，堵水杏北为一类，萨北为三类，压裂两个开发区均为一类，但杏北压裂对一类模型的隶属度为 1.0000，萨北比杏北小，为 0.6000。新井两个开发区均为三类，对一类模型的隶属度杏北仍然大于萨北，杏北为 0.3914，萨北为 0.0751。其他指标大致相当，故 1990 年杏北开发区油田开发动态管理水平比萨北开发区要好些。

杏南与萨北比较（表 3.3.2）。在综合指标中，对一类模型的隶属度分别为 0.6631 和 0.6359。

在综合指标中，状态指标对一类模型的隶属度分别为 0.8315 和 0.8734，贡献值之差为 -0.0168。萨北开发区各项指标均为一类，而杏南地层压力较低为三类，因此杏南不如萨北，趋势指标对一类模型的隶属度为 0.8827、0.6877，贡献值之差为 0.117，杏南好于萨北。差别主要表现在杏南只有生产压差放大幅度为二类外，其他均为一类，萨北综合递减率较大（三类），产液量下降。综合状态指标和趋势指标，其贡献值之差相加等于综合指标隶属度之差 0.1002。再乘上总体评价中综合指标的权数 0.5，得出两个开发区综合指标对一类模型的贡献值之差为 0.0501。

在管理指标中，杏南状态和趋势指标均不如萨北，管理指标对一类模型的隶属度为 0.6332、0.7994，差值为 0.1662，贡献值之差为 -0.0233，措施指标对一类模型的隶属度为 0.3479、0.3301，差值为 0.0179，贡献值之差为 0.0054。把三类指标贡献值之差相加，等于两个开发区对一类模型的隶属度之差 0.0272，因此杏南开发区略好于萨北开发区。

杏北与萨中比较，杏北略好于萨中，对一类模型的隶属度分别为 0.7654 和 0.7078，差值为 0.0576。

在综合指标中，状态指标对一类模型的隶属度为分别 0.8829、0.6405，杏北好于萨中，主要表现在杏北只有地层压力为二类，其他均为一类。萨中采油速度、地层压力、产液量水平均为二类、三类、贡献值之差为 0.0170，趋势指标对一类模型的隶属度分别为 0.8283、0.9663，萨中较好，主要表现在萨中只有产液量增长率为二类，其他均为一类。杏北地层压力下降 0.06MPa，为三类。贡献值之差为 -0.0828。状态指标和趋势指标贡献值之差相加等于两个开发区综合指标对一类模型隶属度之差 0.0141，乘以 0.5 得出两个开发区对一类模型贡献值之差 0.0071。

管理指标对一类模型的隶属度分别为 0.7766、0.5292，杏北开发区无论状态指标还是趋势指标，都好于萨中开发区。贡献值之差为 0.0496，措施指标对一类模型的隶属度分别为 0.6166、0.6132，两个开发区相近，贡献值之差为 0.0010。

把三类指标贡献值之差加起来，等于两个开发区对一类模型的隶属度之差 0.0576。

表 3.3.2 杏南—萨北、杏北—萨中 1990 年开发动态管理评价对比分析表

油田			杏南	萨北	差值	杏北	萨中	差值
综合指标	状态评价	隶属度	0.8315	0.8734		0.8829	0.6405	
		贡献值	0.3326	0.3494	-0.0168	0.3532	0.2562	0.0970
	趋势评价	隶属度	0.8827	0.6877		0.8283	0.9663	
		贡献值	0.5296	0.4126	0.1170	0.4970	0.5798	-0.0828
	综合评价	隶属度	0.8622	0.7620		0.8501	0.8360	
		贡献值	0.4311	0.3810	0.0501	0.4251	0.4180	0.0071
管理指标	状态评价	隶属度	0.6889	0.9161		0.8056	0.5522	
		贡献值	0.2736	0.3664	-0.0928	0.3222	0.2209	0.1031
	趋势评价	隶属度	0.6078	0.6883		0.7576	0.5139	
		贡献值	0.3647	0.4130	-0.0483	0.4546	0.3083	0.1463
	综合评价	隶属度	0.6332	0.7994		0.7766	0.5292	
		贡献值	0.1278	0.1559	-0.0233	0.1554	0.1058	0.0496
措施指标	堵水	隶属度	0.3268	0.3000		0.7000	0.4560	
		贡献值	0.0656	0.0600	0.0053	0.1400	0.0912	0.0483
	压裂	隶属度	0.3717	0.3000		1.0000	1.0000	
		贡献值	0.0743	0.1200	-0.0457	0.2000	0.2000	0.0000
	三换	隶属度	0.6717	0.6000		0.6000	1.0000	
		贡献值	0.1348	0.1200	0.0143	0.1200	0.2000	-0.0300

续表

油田			杏南	萨北	差值	杏北	萨中	差值
措施指标	新井	隶属度	0.1350	0.0751		0.3914	0.3050	
		贡献值	0.0740	0.0300	0.0430	0.1566	0.1220	0.0346
	综合评价	隶属度	0.3479	0.3301		0.6166	0.6132	
		贡献值	0.1044	0.0990	0.0054	0.1850	0.1840	0.0010
隶属度			0.6631	0.6359	0.0272	0.7654	0.7078	0.0576
分类			1	1		1	1	
排队顺序			5	6		1	2	

3. 区块评价结果及分析

萨北开发区6个开发区块上一年开发动态管理评价。当年为了在大庆油田推广应用本方法，对评价指标和评价标准重新进行了确定。对萨北六个开发区块当年开发动态管理状况进行评价。

六个区块中有三个进入了一类区块，二个为二类，一个为三类。

北部过渡带、东部过渡带地层压力水平和剩余可采储量的采油速度均达到了一类以上的水平，因而综合指标中的状态评价均为一类。在趋势指标中，这两个区块的含水上升率、自然递减率、综合递减率均较1990年减小，且小于一类模型的标准，压力水平的变化也较合理，达到一类模型的标准，因而这两个区块的综合指标中的趋势指标为一类也较为合理。

在管理指标的十六个单项中，除个别几项外均达到了较高水平，例如分层注水合格率两区分别达到了83.0%和88.6%，抽油机并检泵周期分别达到了663d、768d，且和前一年对比也保持较好，因而管理指标综合评价的结果为一类。

过渡带地区综合含水率已达到90%以上，增产措施的难度较大，所以两个区的措施效果不够好，评价的结果均为二类也较符合该区的实际情况。

综合起来看，两个过渡带地区虽然措施指标为二类，但综合指标和管理指标均较好，因此总体指标评价为一类是较为合适的。同时，当年两个区块均超额完成了原油生产任务，它们被评为一类开发区块是与实际情况一致的。

北三区西部由于受套损影响，地层压力水平较低，综合指标中的状态指标为三类，但由于合理调整，压力水平逐年上升，且含水上升率、自然递减、综合递减均达到了较高的开发水平，使得综合指标在状态不好的情况下也达到了较高水平，管理指标，措施指标同过渡带地区较为相近；作为一类开发区块，该区与当年的实际开发情况是相吻合的。

北二东地区当年由于受钻井关井影响没能完成原油生产任务，计划产油72.5×10^4t，实际由于钻井关井时间延长影响了产量增加，只生产65.78×10^4t，完成计划的90.73%，产量完成指标只为三类。因而虽然其他开发指标、管理措施、措施指标综合起来为一类，但区块只能评为三类区块，这种肯定各单项指标的水平，强调产量完成重要性的评价方法也是较为合理的。

同样对北三东、北二西的开发效果进行了评价，评价结果均为二类。

总之，这套评价方法对萨北开发区是比较适用的，与油田开发实际情况相吻合。

通过分析上述应用实例表明，评价指标是否达到标准及指标的好坏程度，直接影响分类结果。这套方法经过反复修改后更为科学合理，而且使用比较方便，具有推广应用价值。

值得指出的是，为了进一步搞好区块管理，今后应该把规划指标落实到区块，并且以区块为单元整理开发综合数据、管理数据和措施数据，使区块管理目标明确、问题清楚、措施落实。

参考文献

[1] 袁庆峰，陈鲁含，任玉林 . 油田开发规划方案编制方法 [M]. 北京：石油工业出版社，2005.

[2] 石成方，任玉林，徐彦龙 . 流动压力低于饱和压力油井生产能力变化规律及其应用 [J]. 大庆石油地质与开发，1989，8（2）：36-45.

[3] 管纪昂，武若霞，韩东 . 用生产资料确定谢卡尔乔夫公式参数的方法 [J]. 西安石油学院学报（自然科学版），2003，18（2）：25-29.

[4] 方凌云，万新德 . 砂岩油藏注水开发动态分析 [M]. 北京：石油工业出版社，1998.

[5] 徐正顺，王凤兰，张善严，等 . 喇萨杏油田特高含水期开发调整技术 [J]. 大庆石油地质与开发，2009，28（5）：76-82.

第四章　水驱中高渗砂岩油藏系统效率评价方法

众所周知，油田开发生产系统是一个复杂的系统工程，它由供水、注水、油藏、采油、地面集输和处理等一系列子系统组成。这些子系统紧密衔接，互相渗透、相互制约[1-2]。因此，油田开发决策研究涉及油田地质、油藏工程、采油工程、地面工程、技术经济学，以及有关社会科学、决策科学等方面的知识，具有明显的多学科性。

油田地质学主要研究油藏的储层特性、构造特征和油气水分布特征，是油田开发决策的基础。而油藏工程则是在油田地质研究的基础上，研究开发方式、井网部署和进行产油量和含水等开发动态指标预测[3]，是经济评价和油区开发总体决策的前提。采油工程和地面建设工程则是在总体优化思想指导下，确定油井采油方式、增产措施、油气水集输、处理和油田注水等各种工艺流程及其配套技术，是实现决策目标的根本保证。此外，开发前期研究油田地质，进行油藏描述还要用到地震、测井、岩心分析和试井等学科与手段。油田投入开发以后，进一步认识油藏地质特征和厘清剩余油分布，还要用到大量的生产动态数据、多种油藏动态监测手段。因此，开展油田开发效果评价等总体决策是一个建立在多学科基础上的复杂性决策。

既然油田开发是一个极其复杂的巨系统工程，我们就可以在遵循油田开发基本原理的前提下，运用系统论、控制论、信息论等系统工程原理与方法，系统分析油田水驱开发的系统组成、系统结构、子系统构成、子系统之间的关联性、层次性、系统与环境、系统演化等，由此确定油田水驱开发这一复杂巨系统的结构特征和信息表征，进而评价水驱油田开发效果。

第一节　水驱油田开发系统分析及其表征指标体系

一、油田开发系统总体分析及其属性

1. 油田开发系统总体分析

将油田水驱开发看成一个系统来研究其内部规律和动态变化规律，目前已有很多成果，这些研究主要是考虑油田开发系统的动态预报、最优控制、整体优化等。系统论的方法本质上不在于揭示油田开发内部的物理规律，而是从宏观上揭示系统的某些主要特征，考虑系统输入输出的某些因果关系，考虑如何从输入获得满意的输出，考虑子系统的特征如何累加形成大系统的本征。

从钱学森教授的系统分类方法来看，油田开发工程是一个复杂的巨系统工程。将油田

水驱开发看成一个系统来研究，那就应该有系统的结构、系统的组成、系统的基本元素或组分。这些系统的元素彼此关联在一起，相互依存、相互作用、相互激励、相互补充、相互制约，通过与环境的能量交换，进行着动态演化。这种动态演化所表现出来的特性就是石油源源不断地被开发出来。实际上油田开发过程是人们以某种需要的可控形式作用于油藏系统，这样对油田开发规律的研究就不仅要着眼于局部的变化特征，而且要着眼于油藏系统整体的变化规律，即研究油藏内部结构与外部环境的多层次、多因素、多属性的多变量综合关系与规律。根据大系统的分解—协调原理，油田开发系统可以看成由供水、注水、油藏、采油、地面集输和处理等一系列子系统组成，而油藏工程人员主要关注的是注水子系统、油藏子系统和采油子系统的主要特征和功能。

2. 油田开发系统的主要属性

以系统工程的观点来看，油田开发系统主要有如下属性。

（1）整体性。

系统的整体性是指组成系统的具有独立功能的子系统或要素，它们之间的相关性和阶层性等在系统整体上进行逻辑统一和协调，这个整体将具有不同于各组成要素的新功能。系统的整体性是系统的核心，也是从协调侧面来说明相关性和目的性的特征。正是由于水驱油田开发系统的五个子系统相互作用、相互协调，才能完成从注水到采油的整个开采过程，缺少任何一个子系统，这一过程都不能很好地完成。

（2）相关性。

系统与其各要素、系统与环境、要素与要素间存在着普遍联系、相互依存、相互作用与制约的特性是客观存在的。对注水开发油田而言，每一个子系统都不能离开油田开发这个大系统而存在，每个子系统的功能和行为影响着开发系统整体的功能和行为，而且它们的影响都不是单独的，而是在其他子系统的相互关联中影响整体的。如果不存在相关性，这些子系统就如同一盘散沙，只是一个集合，而不是一个系统。

（3）集合性。

集合性表明油田开发系统是由许多（不少于两个）可以相互区别的要素组成。

（4）层次性。

油田开发系统可以分解为若干子系统，子系统又可再分成更小的子系统直至要素，而油田开发系统又隶属于石油系统这个更大的系统。这就是说，一个大的系统包含许多层次，上下层次之间是包含与被包含或者是领导与被领导的关系。

（5）目的性。

系统工程所研究的对象系统都具有特定的目的。油田开发系统的总体目标是以尽可能低的成本，实现最大限度的原油产出，最大限度地满足国民经济发展的需要。目的性是系统具有特定功能的表示，以尽可能低的成本达到较高的采收率和采油速度这一目标提供了设计、建造或改造油田开发系统的目标与依据，反映了油田开发系统的系统功能和行为具有的方向性。了解系统的目的性，是研究系统工程项目的首要工作，系统工程的目的性常常通过系统的目标或系统指标来描述，油田开发系统大都是多目标或多指标的，它们分为若干层次，构成一个目标体系或指标体系。

（6）环境适应性。

任何系统或子系统都存在于一定的环境中，对油藏子系统而言，除其本身以外的其他系统、子系统或要素都是其存在的外部环境，并与外部环境之间存在着各种物质、能量和信息的交换。如注水子系统注入的水（物质）转化为油藏子系统的能量（地层压力），油藏子系统的能量（地层压力）又转化为采油子系统的物质（原油），这种交换称为系统的输入与输出。系统要获得生存与发展，必须适应外部环境的变化，这就是系统对于环境的适应性。对油田开发系统而言，系统对环境的适应性主要体现在系统效率上，系统效率越高，我们认为这个系统越适应环境。

（7）动态性。

这是指系统发展过程与时间进程有关的性质。例如油田开发系统，它包括前期研究、规划、实施、使用及调整等阶段，每个阶段呈现不同的形态与特征，暴露出不同的矛盾与问题，需要不同的处理方法与手段，因此开展油田水驱开发效果评价，需要从系统的动态性出发，按其所处的不同阶段来考察与分析。

研究了解油田开发系统属性的目的在于全面了解表征该系统及不同子系统的指标体系，并与油藏工程理论相结合，建立全面、客观、实用的评价油田地质条件和开发效果的指标体系。

二、油田开发子系统分析及其表征指标体系

世界是由物质、能量、信息三大要素组成的。系统中的元素之间、子系统之间的相互作用、联系，系统与环境的相互联系和作用，都要通过交换、加工、利用信息来实现系统的演化以及系统整体涌现性的产生。

系统作为统一体要生成和发展，它的元素之间、子系统之间、系统与环境之间必须协调有序地相互作用。这种相互作用依赖于元素之间、子系统之间、层次之间、系统与环境之间合理有效的信息联系、信息交换、信息操作。

油田水驱开发这个复杂的巨系统，在油田开发人员和谐、有序的控制操作下，石油被源源不断地开采出来，其中系统信息的发现、认识、利用起到了重要的作用，这里，我们将应用信息论观点深入分析油田开发系统的信息表征体系，为系统的综合评价打下基础。

1. 油藏子系统及其地质条件表征指标体系

油藏是地壳上石油聚集的基本单元，是石油在单一圈闭中的聚集，具有统一的压力系统和油水界面。从系统工程的角度来看，油藏子系统的信息表征体系是地质状态指标体系，主要包括表征油藏整体性、储层物性、流体物性以及与储层物性与流体物性相关联的指标体系，而表征储层物性的指标体系又可分为表征储层几何结构、储层特性、储层敏感性的指标体系，表征流体物性的指标体系又可分为表征地下油、水、气性质的指标体系，系统整体性指标体系则包含了表征储油层与流体之间的关联性以及表征油藏整体属性的指标体系。

2. 注水子系统、采油子系统及其控制指标表征体系

（1）注水子系统及其控制指标表征体系。

注水子系统指由注水井及其配套设备组成的子系统，从水驱油田开发效果评价的角度而言，我们主要关心注水子系统中与油藏子系统发生物质、能量及信息交换有关的指标体系。

注水子系统的信息表征指标是控制状态指标。从系统论来看，任何系统都是由物质、

能量、信息组成的。注水子系统和油藏子系统的物质、能量与信息的交换是通过注水井这个媒介来进行的，因此表示注水井子系统的物质、能量及媒介的信息主要有如下指标：

①描述注水井注水能力大小的指标——注水量；

②描述与水井衔接的油藏地层能量的指标——水井流压与静压；

③描述注水井井数的指标——水井数。

（2）采油子系统及其控制指标表征体系。

采油子系统指由采油井及其配套设备组成的子系统，从水驱油田开发效果评价的角度而言，我们主要关心采油子系统中与油藏子系统发生物质、能量及信息交换有关的指标体系。

采油子系统的信息表征指标也是控制状态指标。采油子系统和油藏子系统的物质、能量与信息的交换是通过采油井这个媒介来进行的，因此表示采油子系统的物质、能量及媒介的信息主要有如下指标：

①描述采油井采油能力大小的指标，包括产油量、采油速度、含水率、产气量、递减率等指标；

②描述与采油井衔接的油藏地层能量的指标——油井静压与流压；

③描述采油井井数的指标——油井数。

3. 表征注采系统的整体性指标表征体系

油田开发系统中的注水子系统、油藏子系统和采油子系统通常称为注采系统。既然这个系统是由不同的子系统组成，它就必然具有各子系统不具备的整体性属性，而子系统却不具有这些性质，这就是每个子系统加到一起形成大系统后，大系统的性能并不等于每个子系统的性能之和，这就是所谓系统所表现出的“一加一不等于二”的整体特性。合理有效的结构方式产生正的结构效应，整体将大于部分之和，即“一加一大于二”；不合理甚至无效的结构方式产生负的结构效应，整体将小于部分之和，即“一加一小于二”。每个系统都会表现出特有的、不同于其他系统的整体涌现性。正是由于水驱油田开发系统的五个子系统相互作用、相互协调，才能通过注水完成原油开采过程，缺少任何一个子系统，这一过程都不能很好地完成。表征注采系统的整体性的指标主要有如下几种：

（1）描述油田井网疏密的指标——井网密度；

（2）描述注入水波及体积的指标——水驱控制程度；

（3）描述水驱储量动用程度的指标——储量动用程度。

4. 表征不同子系统之间关联性的指标表征体系

根据系统属性的相关性原则，油田开发系统的不同子系统之间是相互依存、相互作用与制约，存在关联性。如果不存在相关性，这些子系统就如同一盘散沙，只是一个集合，而不是一个系统，无法完成通过注水开采原油的任务。表征不同子系统之间关联性的指标表征体系主要包括三类：

（1）表征注水子系统与油藏子系统关联性的指标体系。

①描述注水能量大小的指标——注水压差；

②描述油层吸水状况的指标——注水强度；

③描述累计注入量大小的指标——累计注入体积倍数；

④描述注水利用率高低的指标——累计存水率。

（2）表征采油子系统与油藏子系统关联性的指标体系。

①描述采油能量大小的指标——生产压差；

②描述油层采油能力大小的指标——采油强度；

③描述油井生产能力大小的指标——采油指数；

④描述油田储量采出状况的指标——采出程度。

（3）表征注水子系统与采油子系统关联性的指标体系。

①描述注采井数量的指标——油水井总数；

②描述注水子系统与采油子系统油水井比例关系的指标——油水井数比；

③描述注水子系统与采油子系统注入与采出比例关系的指标——注采比；

④描述注采系统大压差大小的指标——注采大压差。

第二节 油田地质条件评价方法

油田开发实践表明，油田水驱开发效果不仅与先天油藏地质条件有关，而且与后天油田工作者的控制开发水平有关。客观合理地评价一个油田的综合开发效果，应该以先天油藏地质条件为基础再去综合评价后天油田工作者控制开发的综合水平，从而获取对油田开发效果的综合认识。

一、油田地质评价指标体系的建立

为了综合评价每个开发单元的先天地质条件的好坏，首先需要对表征油藏地质属性的所有参数指标进行分析筛选以确定评价油藏地质条件好坏的综合指标体系。

1. 评价油田地质条件指标体系的筛选原则

通过对油田开发系统的系统分析，已经确定了油藏子系统的信息表征指标体系，但是运用这些指标评价油田地质条件还存在一些问题，一是这些指标有依存性、相关性，需要通过分析，排除相互依存和相互关联（关联度比较大）的指标；二是有些指标可操作性不强，由于油田开发效果评价属于宏观评价，评价指标要易于获取，因此应该放弃一些不易获取的微观指标、流体的物理化学特性指标等。由此确定出客观、全面、易于操作的综合评价指标体系。

在选择指标时，主要遵循以下几个原则：

（1）全面性。选择的指标应能尽量全面描述地质条件，不能遗漏。

（2）独立性。选择的指标应具有相对的独立性，指标之间的相关性不能太大，不能重复。

（3）专业性。指标选择首先要考虑油藏工程的专业特点，在此前提下再运用系统工程方法选择指标。

（4）可操作性。评价指标要易于获取，因此应该放弃一些不易获取的微观指标、流体的物理化学特性指标等。

（5）简明性。选择的指标意义明确，能够突出指标在开发效果和管理中的贡献。

2. 油田地质评价指标体系的建立

油田地质评价指标体系的建立主要分为两步：

（1）地质评价指标体系的初步定性分析。

以油藏工程原理为基础，在考虑可操作性的基础上，根据指标的定义、含义以及直接计算相关关系，重点分析指标间的相关性，相关性较强的指标尽量保留一个指标，这样就排除了指标之间的直观两两相关性。

经过初步定性分析，建立了地质评价初选指标体系，主要包括以下指标：河道砂比例、有效渗透率、有效厚度、渗透率变异系数、储量丰度、原油黏度、饱和压力，以及原始含油饱和度等 8 个指标。

（2）地质评价初选指标体系的极大不相关分析。

由于初选的指标体系通过定性分析，排除了指标之间的直观两两相关性，再经过极大不相关分析就可产生最终指标间比较独立的评价指标体系。

①极大不相关分析原理。

给定评价指标体系：

$$X=\{x_1,x_2,\cdots,x_m\} \tag{4.2.1}$$

现在考察任意一项指标 x_j 与其余指标系 $\{x_1, \cdots, x_{j-1}, x_{j+1}, \cdots, x_m\}$ 之间的复相关性，以决定指标 x_j 是否需要从给定的指标体系中删去。

假设给定了 m 个指标 x_1，x_2，…，x_m 的 n 组观察数据矩阵：

$$\boldsymbol{A}=\left(x_{ij}\right)_{nm}=\begin{pmatrix} x_{11} & x_{12} & \cdots & x_{1m} \\ x_{21} & x_{22} & \cdots & x_{2m} \\ \cdots & \cdots & \cdots & \cdots \\ x_{n1} & x_{n2} & \cdots & x_{nn} \end{pmatrix}_{nm} \tag{4.2.2}$$

矩阵的列代表 m 个评价指标，行代表 n 个样本。对于给定的样本矩阵 $\boldsymbol{A}$，可以计算一些样本指标的基本统计量：对第 k（k=1，2，…，m）项指标，其均值 $\overline{x}_k$ 和方差 s_{kk} 为：

$$\overline{x}_k=\frac{1}{n}\sum_{j=1}^{n}x_{jk}\quad (k=1,2,\cdots,m) \tag{4.2.3}$$

$$s_{kk}=\frac{1}{n}\sum_{j=1}^{n}\left(x_{jk}-\overline{x}_k\right)^2\quad (k=1,2,\cdots,m) \tag{4.2.4}$$

指标 x_i 与 x_j 之间的协方差 s_{ij} 为：

$$s_{ij}=\frac{1}{n}\sum_{k=1}^{n}\left(x_{ki}-\overline{x}_i\right)\left(x_{kj}-\overline{x}_j\right)\quad (1\leqslant i\neq j\leqslant m) \tag{4.2.5}$$

通常将下列矩阵，称为指标集 $\{x_1, x_2, \cdots, x_m\}$ 的二阶矩阵。

$$\boldsymbol{S}=\left(s_{ij}\right)_{mm} \tag{4.2.6}$$

讨论 x_j 与其他指标 $\{x_1, \cdots, x_{j-1}, x_{j+1}, \cdots, x_m\}$ 的关系。如果 x_j 与其他指标 $\{x_1, \cdots, x_{j-1}, x_{j+1}, \cdots, x_m\}$ 是相互独立的，则说明指标 x_j 无法用其余指标体系代替。因此，保留的指标

应该是相关性越小越好，这就是用到的极大不相关方法。

在给定样本数据矩阵（4.2.2）的情况下，计算指标体系的相关矩阵：

$$\boldsymbol{R}=\left(r_{ij}\right)_{mm} \\ r_{ij}=s_{ij}/\sqrt{s_{ii}s_{jj}} \tag{4.2.7}$$

x_j 与其他指标 $\{x_1, \cdots, x_{j-1}, x_{j+1}, \cdots, x_m\}$ 之间的线性相关程度，称为复相关系数，简记为 ρ_j。实际上，为了计算复相关系数 ρ_j 的值，先对式（4.2.7）中指标体系相关矩阵 $\boldsymbol{R}$ 进行初等变换，交换 $\boldsymbol{R}$ 的第 j 行和最后一行，再交换 $\boldsymbol{R}$ 的第 j 列和最后一列，即经过行列初等变换，将相关矩阵的 $\boldsymbol{r}_{11}$ 变到最后一行、最后一列。记初等变换后的矩阵为：

$$\begin{pmatrix} \boldsymbol{R}_j & \boldsymbol{r}_j \\ \boldsymbol{r}_j^{\mathrm{T}} & 1 \end{pmatrix} \tag{4.2.8}$$

则 x_j 与其他指标 $\{x_1, \cdots, x_{j-1}, x_{j+1}, \cdots, x_m\}$ 之间的复相关系数为：

$$\rho_j^2=\boldsymbol{r}_j^{\mathrm{T}}\boldsymbol{R}_j^{-1}\boldsymbol{r}_j \quad (j=1,2,\cdots,m) \tag{4.2.9}$$

通过上面的算法，最后可计算出所有的复相关系数 $\rho_1^2, \rho_2^2, \cdots, \rho_m^2$。可以用阈值法和极值法除去复相关系数较大的对应指标。

a. 阈值法。

根据一定的准则给定阈值 α，如果对某一指标 k 有：

$$\rho_k^2>\alpha\left(1\leqslant k\leqslant m\right) \tag{4.2.10}$$

则可将指标 x_k 从给定的指标体系中删去。

b. 极值法。比较所有复相关系数值，将最大者除去。即如果：

$$\rho_k^2=\max_{1\leqslant i\leqslant m}\rho_i^2 \tag{4.2.11}$$

则可将指标 x_k 从给定的指标体系中删去。

②基于指标体系的极大不相关分析。

由于初选指标体系已经通过定性分析，排除了指标之间的直观两两相关性，所以对初选指标体系只需进行极大不相关分析。本部分数据主要以大庆油田 SN 开发区的静动态参数为例，进行论述和计算。

为了计算复相关系数，根据式（4.2.7）可知，将某项指标同时扩大相同倍数并不影响指标体系的相关矩阵。所以在计算时将所有指标都扩大（或缩小）10 倍或者 100 倍，以便计算的指标都具有两位整数和三位小数。应用极大不相关原理可计算出这些指标的复相关系数（表 4.2.1）。

表 4.2.1　地质状态指标体系首轮复相关系数

指标	ρ_1^2	ρ_2^2	ρ_3^2	ρ_4^2	ρ_5^2	ρ_6^2	ρ_7^2	ρ_8^2
复相关系数	0.982	1.000	0.796	1.000	0.821	0.998	1.000	1.000

表 4.2.1 中 ρ_1~ρ_{10} 分别代表河道砂比例、有效渗透率、有效厚度、渗透率变异系数、储量丰度、原油黏度、饱和压力和原始含油饱和度。

由表 4.2.1 可知，有 4 项指标的复相关系数最大，因此根据实际情况及专家判断首先将原始含油饱和度指标（ρ_8）剔除。然后将剩余的指标重新计算复相关系数，得到表 4.2.2。

表 4.2.2　地质状态指标体系次轮复相关系数

指标	ρ_1^2	ρ_2^2	ρ_3^2	ρ_4^2	ρ_5^2	ρ_6^2	ρ_7^2	ρ_8^2
复相关系数	0.982	0.988	0.796	0.990	0.821	0.887	0.992	

由表 4.2.2 可知，最大的复相关系数是饱和压力为 0.992。所以剔除饱和压力指标（ρ_7）。然后将剩余的指标重新计算复相关系数，得到表 4.2.3。

表 4.2.3　地质状态指标体系第三轮复相关系数

指标	ρ_1^2	ρ_2^2	ρ_3^2	ρ_4^2	ρ_5^2	ρ_6^2	ρ_7^2	ρ_8^2
复相关系数	0.964	0.937	0.796	0.986	0.819	0.810		

由表 4.2.3 可知，变异系数指标复相关系数最大 0.986，应该剔除。然后将剩余的指标重新计算复相关系数，得到表 4.2.4。

表 4.2.4　地质状态指标体系第四轮复相关系数

指标	ρ_1^2	ρ_2^2	ρ_3^2	ρ_4^2	ρ_5^2	ρ_6^2	ρ_7^2	ρ_8^2
复相关系数	0.326	0.740	0.694		0.817	0.237		

由表 4.2.4 可知，储量丰度指标复相关系数最大 0.817，应该剔除。然后将剩余的指标重新计算复相关系数，得到表 4.2.5。

表 4.2.5　地质状态指标体系第四轮复相关系数

指标	ρ_1^2	ρ_2^2	ρ_3^2	ρ_4^2	ρ_5^2	ρ_6^2	ρ_7^2	ρ_8^2
复相关系数	0.219	0.546	0.616			0.237		

从表 4.2.5 中可以看出，各项指标之间的复相关系数已经低于 0.8，因此地质评价指标体系的相关性分析到此为止。考虑到油田开发实际，储量丰度是反映资源富集程度和物质潜力的一个重要指标，故将此指标留在评价指标体系。

这样得到评价油田地质条件好坏的指标体系为河道砂比例、有效渗透率、有效厚度、原油黏度和储量丰度五项指标。

二、油田地质条件评价方法的建立与评价

1. 评价的基本原理

无论是评价油田地质条件，还是评价油田的开发效果，都属于综合评价，主要包括如下的评价过程：

一是确定评价对象的综合评价指标体系。前面应用复相关分析方法已经确定出最终的

油田地质条件综合评价指标体系。

二是确定指标体系中的每个指标的评价标准，应用统计原理构造评价指标的统一模糊隶属度函数，然后计算评价单元（区块）的模糊评价向量。

三是应用数学方法确定各评价指标的权重。

四是应用模糊数学等方法确定综合评价标准，对油田地质条件进行综合评价。

根据 SY/T 6219—1996《油田开发水平分级》，将 SN 开发区水驱区块分为好、中、差三类，即模糊评语论域为：

$$V=\{h \quad z \quad c\}=\{\text{好} \quad \text{中} \quad \text{差}\} \tag{4.2.12}$$

指标分类标准的中“好、中、差”是根据区块的统计数据分布状况设计的界限。

2. 建立各评价指标的模糊隶属度函数

为了对每个区块的单项指标进行模糊评价，首先需要统计确定单项指标的统一模糊隶属度函数，然后才能确定每个区块单项指标的评价结果。

为了表示方便，引进记号 r_{ij}^{k}（i=1，2，…，5；j=1，2，3；k=1，2，…，18）表示第 k 个区块第 i 项综合评价指标隶属于第 j 项评语等级的隶属度，注意 j=1，2，3 分别表示评语等级“好、中、差”。

利用评价的 18 个区块数据，按照数理统计方法，分别得到“好、中、差”平均值，然后分别建立代表油藏地质属性的 5 项指标的统一隶属度函数。

（1）河道砂比例 R_{hd}。

将 SN 开发区 18 个水驱区块的统计分析表明所有区块河道砂比例的平均值为 28.4。其中超过平均河道砂比例的区块有 11 个，其均值为 37.8；低于总平均值 28.4 的区块有 7 个，其均值为 13.5。所以可以将 37.8、28.4、13.5 分别作为模糊评价河道砂比例指标“好、中、差”的代表点，建立了河道砂比例的隶属度函数：

$$\mu_h(R_{hd})=\begin{cases}0, & R_{hd}\leqslant 28.4\\ \dfrac{R_{hd}-28.4}{28.4-37.8}, & 28.4<R_{hd}\leqslant 37.8\\ 1, & R_{hd}>37.8\end{cases} \tag{4.2.13}$$

$$\mu_z(R_{hd})=\begin{cases}0, & R_{hd}\leqslant 13.5\\ \dfrac{R_{hd}-13.5}{28.4-13.5}, & 13.5<R_{hd}\leqslant 28.4\\ \dfrac{37.8-R_{hd}}{37.8-28.4}, & 28.4<R_{hd}\leqslant 37.8\\ 0, & R_{hd}>37.8\end{cases} \tag{4.2.14}$$

$$\mu_c(R_{hd})=\begin{cases}1, & R_{hd}\leqslant 13.5\\ \dfrac{28.4-R_{hd}}{28.4-13.5}, & 13.5<R_{hd}\leqslant 28.4\\ 0, & R_{hd}>28.4\end{cases} \tag{4.2.15}$$

同样可以得到有效渗透率、有效厚度和原油黏度的隶属度函数。

（2）有效渗透率 K。

$$\mu_h(K)=\begin{cases}1, & K\geqslant 245.8\\ \dfrac{K-210.3}{245.8-210.3}, & 210.3<K<245.8\\ 0, & K\leqslant 210.3\end{cases} \tag{4.2.16}$$

$$\mu_z(K)=\begin{cases}0, & K\geqslant 245.8\\ \dfrac{245.8-K}{245.8-210.3}, & 210.3\leqslant K<245.8\\ \dfrac{K-166.0}{210.3-166.0}, & 166.0\leqslant K<210.3\\ 0, & K<166.0\end{cases} \tag{4.2.17}$$

$$\mu_c(K)=\begin{cases}0, & K\geqslant 210.3\\ \dfrac{210.3-K}{210.3-166.0}, & 166.0<K<210.3\\ 1, & K\leqslant 166.0\end{cases} \tag{4.2.18}$$

（3）有效厚度 h_e。

$$\mu_h(h_e)=\begin{cases}0, & h_e\leqslant 25.7\\ \dfrac{h_e-25.7}{31.1-25.7}, & 25.7<h_e\leqslant 31.1\\ 1, & h_e>31.1\end{cases} \tag{4.2.19}$$

$$\mu_z(h_e)=\begin{cases}0, & h_e\leqslant 17.2\\ \dfrac{h_e-17.2}{25.7-17.2}, & 17.2<h_e\leqslant 25.7\\ \dfrac{31.1-h_e}{31.1-25.7}, & 25.7<h_e\leqslant 31.1\\ 0, & h_e>31.1\end{cases} \tag{4.2.20}$$

$$\mu_c(h_e)=\begin{cases}1, & h_e\leqslant 17.2\\ \dfrac{25.7-h_e}{25.7-17.2}, & 17.2<h_e\leqslant 25.7\\ 0, & h_e>25.7\end{cases} \tag{4.2.21}$$

（4）原油黏度 μ_o。

$$\mu_h(\mu_o)=\begin{cases}1, & \mu_o\leqslant 7.4\\ \dfrac{8.1-\mu_o}{8.1-7.4}, & 7.4<\mu_o\leqslant 8.1\\ 0, & \mu_o>8.1\end{cases} \tag{4.2.22}$$

$$\mu_z(\mu_o)=\begin{cases}0, & \mu_o\leqslant 7.4\\ \dfrac{\mu_o-7.4}{8.1-7.4}, & 7.4<\mu_o\leqslant 8.1\\ \dfrac{8.8-\mu_o}{8.8-8.1}, & 8.1<\mu_o\leqslant 8.8\\ 0, & \mu_o>8.8\end{cases} \tag{4.2.23}$$

$$\mu_c(\mu_o)=\begin{cases}0, & \mu_o\leqslant 8.1\\ \dfrac{\mu_o-8.1}{8.8-8.1}, & 8.1<\mu_o\leqslant 8.8\\ 1, & \mu_o>8.8\end{cases} \tag{4.2.24}$$

（5）储量丰度 R_a。

$$R_h(Ra)=\begin{cases}1, & Ra\geqslant 328.9\\ \dfrac{328.9-Ra}{328.9-246.84}, & 246.84\leqslant Ra<328.9\\ 0, & Ra<246.84\end{cases} \tag{4.2.25}$$

$$R_z(Ra)=\begin{cases}0, & Ra\leqslant 189.43\\ \dfrac{Ra-189.43}{246.84-189.43}, & 189.43<Ra\leqslant 246.84\\ \dfrac{328.9-Ra}{328.9-246.84}, & 246.84<Ra\leqslant 328.9\\ 0, & Ra>328.9\end{cases} \tag{4.2.26}$$

$$R_c(Ra)=\begin{cases}1, & Ra\leqslant 189.43\\ \dfrac{246.84-Ra}{328.9-246.84}, & 189.43<Ra\leqslant 246.84\\ 0, & Ra>246.84\end{cases} \tag{4.2.27}$$

将 18 个评价区块的 5 项评价参数的统计数据代入对应的每项指标统一的模糊隶属函数，可计算出每个区块对应指标的模糊评价向量，记为 r_{ij}^{k}（i=1，2，…，5；j=1，2，3；k=1，2，…，18）。

3. 各评价指标权重的计算

由于选择的地质条件评价参数有 4 项，相对来说参数较多，这里选择了复相关系数法和层次分析法两种方式计算指标权重，然后将两种方法获得的结果进行几何平均作为最终的指标权重，避免单一方法的片面性。

（1）复相关系数法。

根据计算的复相关系数数据表，由于第 k 项复相关系数反映了除第 k 项指标以外的所有指标代替第 k 项指标的能力。所以第 k 项复相关系数越大，其作用越小，于是可以用复相关系数的倒数作为权重。用复相关系数计算权重的公式为：

$$v_k^1 = \frac{\prod_{i=1}^{8} \rho_i^2}{\rho_k^2 \sum_{i=1}^{8} \prod_{j \neq i, j=1}^{8} \rho_j^2} \tag{4.2.28}$$

这样可计算出权重为：

$$V^1 = (v_1, v_2, \cdots, v_5) = (0.2592, 0.1935, 0.1814, 0.2188, 0.1471) \tag{4.2.29}$$

评价地质条件指标体系相关系数权重见表 4.2.6。

表 4.2.6 评价地质条件指标体系相关系数权重表

指标	河道砂比例 /%	有效渗透率 /（$10^{-3}\mu m^2$）	有效厚度 /m	原油黏度 /（mPa·s）	储量丰度 /（$10^4 t/km^2$）
权重	0.2408	0.1599	0.1650	0.2823	0.1521

（2）层次分析法。

层次分析法（Analytic hierarchy process，AHP）是对一些较为复杂、较为模糊的问题做出决策的简易方法。所谓层次分析法，是指将一个复杂的多目标决策问题作为一个系统，将目标分解为多个目标或准则，进而分解为多指标（或准则、约束）的若干层次，通过定性指标模糊量化方法算出层次单排序（权数）和总排序，以作为目标（多指标）、多方案优选决策的系统方法。计算权重见表 4.2.7。

表 4.2.7 评价地质条件指标体系层次分析法计算权重表

指标	河道砂比例 /%	有效渗透率 /（$10^{-3}\mu m^2$）	有效厚度 /m	原油黏度 /（mPa·s）	储量丰度 /（$10^4 t/km^2$）
权重	0.2723	0.2286	0.1945	0.1656	0.1390

（3）确定综合权重。

为了避免每种单一方法计算权重的片面性，将上面两种方法所计算的权重进行几何平均以获得综合权重，然后用综合权重进行计算，这样比较符合油田实际。

几何平均的公式为：

$$V = \sqrt{V^1 V^2} \tag{4.2.30}$$

即

$$v_k = \sqrt{v_k^1 v_k^2} \quad (k = 1, 2, \cdots, 4, 5) \tag{4.2.31}$$

应用式（4.3.31）可计算出综合权重（表 4.2.8）。

表 4.2.8 评价地质条件指标体系综合权重表

指标	河道砂比例 /%	有效渗透率 /（$10^{-3}\mu m^3$）	有效厚度 /m	原油黏度 /（mPa·s）	储量丰度 /（$10^4 t/km^2$）
权重	0.2592	0.1935	0.1814	0.2188	0.1471

4. 水驱地质条件综合评价

（1）水驱地质条件综合评价方法及结果。

在确定出了地质条件综合评价指标体系和各指标权重以后，可以运用模糊综合评判法计算油田地质条件的综合评价结果。合成算子选用 $M(\bullet,\oplus)$，它属于加权平均型，既强调权重，又充分显示了各项评价指标的信息。所以模糊评价结果为：

$$\tilde{D}^k = V \circ \boldsymbol{R}^k = \left(v_1, v_2, \cdots, v_8\right) \circ \left(\boldsymbol{r}_{ij}^k\right)_{8\times 3} \tag{4.2.32}$$

其中 $\boldsymbol{R}^k = \left(\boldsymbol{r}_{ij}^k\right)_{8\times 3}$ 为第 k 个区块的模糊评价结果，合成模糊算子“$\circ$”为：

$$\left(v_1, v_2, \cdots, v_4\right) \circ \left(\boldsymbol{r}_{11}^k, \boldsymbol{r}_{21}^k, \cdots, \boldsymbol{r}_{41}^k\right)^{\mathrm{T}} = \inf\left\{\sum_{i=1}^{4} v_i \boldsymbol{r}_{i1}^k, 1\right\} \tag{4.2.33}$$

计算所有 18 个区块的油藏地质条件模糊评价结果时，由于权重 $V = \left(v_1, v_2, \cdots, v_4\right)^{\mathrm{T}}$ 以及模糊矩阵 $\boldsymbol{R}^k = \left(\boldsymbol{r}_{ij}^k\right)_{4\times 3}$ 中每个元素都小于 1，且 $\boldsymbol{R}^k$ 对应列元素和为 1，所以合成模糊算子“$\circ$”在应用到上述公式时，与普通乘法算子相同，这样可以将模糊计算公式写成普通矩阵乘法，即

$$\tilde{D}^k = V^{\mathrm{T}} \boldsymbol{R}^k = \left(v_1, v_2, \cdots, v_4\right)\left(\boldsymbol{r}_{ij}^k\right)_{4\times 3} \tag{4.2.34}$$

或者记为：

$$\tilde{D} = \left(d_1, d_2, d_3\right) \tag{4.2.35}$$

对 k=1, 2, ⋯, 18 有：

$$Y_{dk} = \left(v_1 R_{\mathrm{hd}} + v_2 K_{\mathrm{e}} + v_3 h_{\mathrm{e}} + v_4 \mu_{\mathrm{o}} + v_5 R_{\mathrm{a}}\right)_k \quad \left(k = 1, 2, \cdots, 18\right) \tag{4.2.36}$$

（2）模糊评价值的确定化及评价分类等级的修正。

为了便于比较应用，需要将这些模糊向量数值化。下面采用加权平均数值化方法。

首先指定模糊评语等级“好、中、差”的数值为“100、50、0”，于是模糊综合评价向量 $(r_1, r_2, r_3)^{\mathrm{T}}$=（好、中、差）^{T} 的数值化结果 Y 为：

$$Y = 100 r_1 + 50 r_2 \tag{4.2.37}$$

为了便于记忆和理解，将中间过程引进的记号 再换回原记号可以得到比较容易理解的计算公式。为此，将上述公式结合便产生了最后评价先天油藏地质条件的计算公式：

$$Y_d = 100 d_1 + 50 d_2 \tag{4.2.38}$$

即

$$\begin{aligned} Y_d &= v_1 R_{\mathrm{hd}} + v_2 K_{\mathrm{e}} + v_3 h_{\mathrm{e}} + v_4 \mu_{\mathrm{o}} + v_5 R_{\mathrm{a}} \\ &= 0.2592 R_{\mathrm{hd}} + 0.1935 K + 0.1814 h_{\mathrm{e}} + 0.2188 \mu_{\mathrm{o}} + 0.1471 R_{\mathrm{a}} \end{aligned} \tag{4.2.39}$$

应用式（4.2.39）直接计算每个区块的模糊结果，即可获得区块先天油藏地质的确定性综合评价结果（或称为综合得分）。根据这个结果就可以获得开发区块的油藏地质条件综合得分，由此可以对区块的油藏地质条件进行排序。

在前面给定了模糊评判的评语论域为“好、中、差”三个等级。为了将油藏地质条件模糊评价向量值确定化，曾指定“好 =100、中 =50、差 =0”。如果以这个值去衡量油藏地质综合得分的“好、中、差”，就会产生歧义。因此，需要重新界定地质条件综合得分的“好、中、差”评语。

事实上，由于每个区块的地质条件综合得分都来自 8 个指标，所以综合评价要得到指定的“好”的量化值“100”，就必须获得综合模糊评语向量（1，0，0），这就意味着 8 项指标都必须是模糊向量（1，0，0），显然不可能。考虑到综合性，一个区块的综合模糊向量为（0.7，0.2，0.1）或者（0.6，0.2，0.2）应该算得上比较好的综合得分了。据此，界定综合得分中的“好”的量化值为：

$$100 \times 0.7 + 50 \times 0.2 + 0 \times 0.1 = 80 \tag{4.2.40}$$

或者

$$100 \times 0.6 + 50 \times 0.2 + 0 \times 0.2 = 70 \tag{4.2.41}$$

考虑到所有区块综合得分分布状况，取“好≥ 70”。

对于“差”的量化值，可以对称地考虑为：

$$0 \times 0.6 + 50 \times 0.2 + 100 \times 0.2 = 30 \tag{4.2.42}$$

所以取“差≤ 30”。

自然而然，取“30 ＜中＜ 70”。为了准确地描述“中等水平”的差异，将中等细分为中上、中下，其分界线用标准的中等水平 50。

这样结合具体的先天油藏地质条件的综合得分，重新界定了评语等级为“好、中上、中下、差”。并且通过以上的分析，也获得了这种评语等级的量化范围，具体见表 4.2.9。

表 4.2.9　评语等级量化标准

评语等级	1：好	2：中上	3：中下	4：差
量化值分布	[70,100]	[50,70）	[30,50）	[0,30）

这样把 SN 开发区水驱区块按地质条件好坏可以分为四类：

一类区块：指评价结果为好的区块，即 70 ≤得分≤ 100；

二类区块：指评价结果为中上的区块，即 50 ≤得分＜ 70；

三类区块：指评价结果为中下的区块，即 30 ≤得分＜ 50；

四类区块：指评价结果为中下的区块，即 0 ≤得分＜ 30。

（3）SN 开发区水驱地质条件评价结果分析。

从表 4.2.10 给出的 18 个区块的综合地质得分可以得出所有区块中地质条件一类、二类、三类、四类的统计分布状况。

表 4.2.10　SN 开发区水驱地质条件评价结果分类

类别	一类区块	二类区块	三类区块	四类区块
区块数	8	2	3	5
区块名称	南二西面积 南二东面积 南三东面积 南三西面积 南四区 南五区 南六区 南七区	杏一区 南八区	萨东 400m 萨东 350m 萨东 300m	萨西 南二西高台子 南二东高台子 南三西高台子 南三东高台子
平均分	81.49	62.96	45.00	16.69
说明：区块排列顺序表示区块油藏地质的排序				

第三节　油田开发效果系统效率评价方法

一、油田开发效果评价指标体系的建立

在油田开发过程中，油田水驱开发效果的提高本质上只能从后天人为控制开发的科学性、合理性进行分析，包含开发方案设计的合理性、管理的科学性、控制开发的有效性等。由于影响油田开发效果提高的指标都是水驱开发动态指标，主要体现人为控制开发的表征，因此从油田开发系统的动态性出发，通过分析体现系统动态属性的指标来确定评价油田开发效果的评价指标体系，以此为基础进一步确定各指标的评价标准，建立评价方法。

和筛选地质条件评价指标体系的过程一样，筛选油田开发效果评价的指标体系除了要遵循全面性、独立性、专业性和可操作性的原则外，还要遵循科学性（指标有代表性，能够体现开发水平和管理水平）和简明性（指标意义明确，能够突出指标在开发效果和管理中的贡献）的原则。

在这个原则下，油田开发效果评价指标体系的建立主要分为以下两个步骤。

1. 从油田开发原理出发筛选指标

一般认为，油田开发的总体目标是以尽可能低的成本，实现最大限度的原油产出，最大限度地满足国民经济发展的需要。从油藏工程的角度来理解，以“尽可能低的成本”就是追求经济效益，“实现最大程度的原油产出”就是追求最高的原油采收率，“最大限度地满足国民经济发展的需要”就是追求较高的产量或采油速度，因此油田开发具有多目标性。表征油田开发系统的动态指标可以分为两类，一类是系统输出与表现指标，如产量、采油速度、递减率、含水、采收率等；一类是系统输入与控制指标，如注水量、井网密度、压力系统指标、油水井数比等。在分析油田开发宏观形势及主要指标变化趋势时主要运用系统输出与表现指标，在评价油田开发效果、分析油田开发潜力及制定调整对策时主要运用系统输入与控制指标。在采取了各种调整措施以后，改善了开发效果，又反过来影响系统输出与表现指标的变化趋势。整个过程如图 4.3.1 所示。下面主要从影响采油速度

和采收率的角度来筛选系统输入与控制指标。

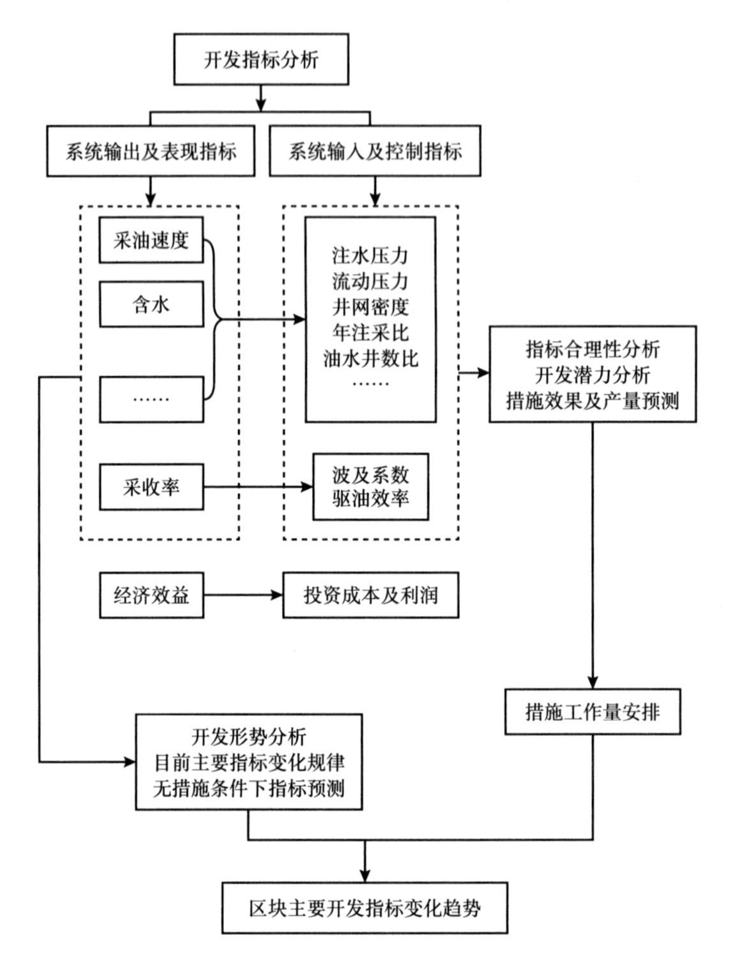

图 4.3.1　油田开发系统动态分析示意图

（1）影响产油量或采油速度的系统输入及控制指标的筛选。

根据达西公式，假设注水井静压和采油井静压相等，可以得到产液量和注水量的计算公式。

根据采液指数计算产液量：

$$Q_l = N_o J_l(p_e - p_f) \tag{4.3.1}$$

根据上式可计算采出地下液体体积：

$$\begin{aligned} Q_{lV} &= N_o J_l(p_e - p_f) f_w + N_o J_l(p_e - p_f) B_o(1 - f_w) \\ &= N_o J_l(p_e - p_f)[B_o(1 - f_w) + f_w] \end{aligned} \tag{4.3.2}$$

根据吸水指数计算注水量：

$$Q_r = N_w I_w(p_j - p_e) \tag{4.3.3}$$

根据注采平衡原理$Q_r/Q_{IV}=R_{rc}$可导出：

$$N_w I_w\left(p_j-p_e\right)=N_o J_l R_{rc}\left(p_e-p_f\right)\left[B_o\left(1-f_w\right)+f_w\right] \quad (4.3.4)$$

再将油水井数比$N_r=N_o/N_w$代入式（4.3.4），并求解出地层压力：

$$p_e=\frac{p_j I_w+p_c J_l N_r R_{rc}\left[B_o\left(1-f_w\right)+f_w\right]}{I_w+J_l N_r R_{rc}\left[B_o\left(1-f_w\right)+f_w\right]} \quad (4.3.5)$$

假设每年采油330天，将油井数$N_o=\dfrac{R_j}{1+R_j}N_T$、井网密度$A_j=\dfrac{N_T}{A}$，以及式（4.3.5）代入式（4.3.1）求得年产油量：

$$Q_o=\frac{330R_j A A_j J_l I_w\left(1-f_w\right)\left(p_j-p_f\right)}{\left(1+R_j\right)\left\{I_w+J_l R_j R_{rc}\left[B_o\left(1-f_w\right)+f_w\right]\right\}} \quad (4.3.6)$$

根据式（4.3.6）可知，对于同一个油田区块而言，在某一评价期内，油藏面积A、原油体积系数B_o都可以看作常数。这样，决定年产油量大小的关键可变决策变量有以下几种：

① R_j——油水井数比；

② A_j——井网密度，口/km^2；

③ p_j，p_f——水井注入压力，油井生产压力，MPa；

④ R_{rc}——年注采比；

⑤ I_w，J_l——吸水、采液指数。

这样，最大采油量Q_o^{max}由以上决策变量控制。

从式（4.3.6）可以看出，产油量达到最大的最佳状态需要以下条件：

①流动压力p_f降到最低流压界限p_{fmin}；

②注水压力p_j保持在最大合理界限值p_{jmax}；

③油水井数比R_j取合理值$R_j^{\#}$；

④井网密度A_j取合理值$A_j^{\#}$；

⑤注采比R_{rc}取合理值$R_{rc}^{\#}$。

上述指标合理值的确定目前均有比较成熟的方法。

通过上面的讨论可知，最大产油量的计算公式为：

$$Q_o^{max}=\frac{330R_j^{\#} A A_j^{\#} J_l I_w\left(1-f_w\right)\left(p_{jmax}-p_{cmin}\right)}{\left(1+R_j^{\#}\right)\left\{I_w+J_l R_j^{\#} R_{rc}^{\#}\left[B_o\left(1-f_w\right)+f_w\right]\right\}} \quad (4.3.7)$$

通过上面分析可以确定影响产油量或采油速度的主要指标有注水压力、流动压力、井网密度、油水井数比、注采比等，这些指标在开发效果评价体系中是不可缺少的。

（2）影响采收率的系统输入与控制指标的筛选。

采收率的定义是注入流体的波及系数和驱油效率之积。波及系数又分为平面波及系数和纵向波及系数。在油田矿场实际中，平面波及系数可用水驱控制程度近似代替，纵向波及系数可通过取心井数据获得。因此影响采收率的系统控制指标为平面波及系数、纵向波及系数和驱油效率，这些指标在开发效果评价中最好保留。

2. 运用极大不相关分析方法确定开发效果评价指标体系

在选取了影响采油速度和采收率的评价指标以后，结合前面的系统分析，通过去除两两相关的指标，经初选的开发效果评价指标体系还应包括以下指标：

（1）吸水指数：描述注水井注水能力及油层吸水能力的指标；

（2）采油指数：描述油井产油能力及油层产油能力的指标；

（3）累计存水率：描述注水利用效率的指标。

这样，经初选的开发效果评价指标体系共包括以下 10 项指标：注采大压差（注水压力、流动压力）、井网密度、油水井数比、注采比、平面波及系数、纵向波及系数、驱油效率、吸水指数、采油指数、累计存水率。

和地质条件评价指标体系类似，由于初选指标体系仅通过定性分析排除了指标之间的直观两两相关性，所以我们还需对初选指标体系进行复相关性分析。

同样，为了计算复相关系数，可将某项指标同时扩大相同倍数并不影响指标体系的相关矩阵。所以在计算时我们将所有指标都扩大（或缩小）10 倍或者 100 倍，以便计算的指标都具有两位整数和三位小数。经过极大不相关分析方法共确定了如下评价水驱油田开发效果评价指标体系：反映采油速度与采收率的 7 项指标：注采大压差（注水压力与流动压力之差）、井网密度、油水井数比、注采比、平面波及系数、纵向波及系数、驱油效率，再加上反映注水利用效率的存水率这一指标，共 8 项指标构成开发效果评价指标体系。吸水指数和采液指数对水驱开发效果的影响体现在系数中。

二、油田开发效果评价方法的建立与评价

1. 水驱开发系统效率概念的提出

在上面工作的基础上，提出了水驱开发系统效率的概念。首先定义开发效果评价指标体系中年注采比、注采大压差、油水井数比、累计存水率、井网密度、水驱控制程度、驱油效率、纵向波及系数的单指标系统效率如下：

$$R_{\mathrm{rc}}^{*}=1-\frac{\left|R_{\mathrm{rc}}-R_{\mathrm{rc合理}}\right|}{R_{\mathrm{rc合理}}} \tag{4.3.8}$$

$$\Delta p^{*}=1-\frac{\left(\Delta p_{合理}-\Delta p\right)}{\Delta p_{合理}} \tag{4.3.9}$$

$$R_{\mathrm{j}}^{*}=1-\frac{\left|R_{\mathrm{j}}-R_{\mathrm{j合理}}\right|}{R_{\mathrm{j合理}}} \tag{4.3.10}$$

$$\gamma_{\mathrm{w}}^{*}=1-\frac{\left(\gamma_{\mathrm{w合理}}-\gamma_{\mathrm{w}}\right)}{\gamma_{\mathrm{w合理}}} \tag{4.3.11}$$

$$A_{\mathrm{j}}^{*}=1-\frac{\left|A_{\mathrm{j}合理}-A_{\mathrm{j}}\right|}{A_{\mathrm{j}合理}} \tag{4.3.12}$$

$$C_{\mathrm{k}}^{*}=1-\frac{\left(C_{\mathrm{k}合理}-C_{\mathrm{k}}\right)}{C_{\mathrm{k}合理}} \tag{4.3.13}$$

$$\eta_{\mathrm{d}}^{*}=1-\frac{\left(\eta_{合理}-\eta_{\mathrm{d}}\right)}{\eta_{合理}} \tag{4.3.14}$$

$$S_{\mathrm{V}}^{*}=1-\frac{\left(S_{\mathrm{V}合理}-S_{\mathrm{V}}\right)}{S_{\mathrm{V}合理}} \tag{4.3.15}$$

各项指标的权重分别为 α_1~α_8，则该系统加权系统效率为：

$$\eta_{\mathrm{s}}=b_1 b_2\left(\alpha_1 R_{\mathrm{rc}}^{*}+\alpha_2 \Delta p^{*}+\alpha_3 R_{\mathrm{j}}^{*}+\alpha_4 \gamma_{\mathrm{w}}^{*}+\alpha_5 A_{\mathrm{j}}^{*}+\alpha_6 C_{\mathrm{k}}^{*}+\alpha_7 \eta_{\mathrm{d}}^{*}+\alpha_8 S_{\mathrm{V}}^{*}\right) \tag{4.3.16}$$

式中　b_1，b_2——吸水指数和采油指数增加使系统效率增加的倍数。

式（4.2.9）中的 η_{s} 为油田的加权开发效果系统效率，简称开发效果系统效率。若该区块系统效率较高，则该开发系统可以达到较高的采油速度、采收率和较高的注入水利用效率。由于系统效率是每个区块和自己的最佳状态相比，故克服了在开发效果评价时评价标准不统一的局限性。

2. 评价的基本原理

和评价油田地质条件一样，评价油田的开发效果也属于综合评价，但评价过程稍有不同，具体评价过程如下：

一是确定评价对象的综合评价指标体系。即前面已经确定最终的油田开发效果综合评价指标体系，计算与系统效率有关的各项指标；

二是应用数学方法确定各评价指标的权重；

三是根据系统效率的定义计算每个开发区块的系统开发效率；

四是在地质条件评价的基础上，对相同地质条件的开发区块按系统开发效率评价结果进行分类。

3. 统一评价标准的制定及各评价指标合理值的确定

1）统一评价标准的制定

评价油田开发效果，对每项指标隶属度的建立应该有一个统一的执行标准，因为建立隶属度需要在标准之下确定“模糊”趋势。分析评价水驱开发效果的控制状态指标体系后，发现有些指标并没有建立模糊隶属度的趋势标准。例如，井网密度既没有越大越好的趋势标准，也没有越小越好的趋势标准，最好的井网密度是不同的油田区块应该具有合理井网密度，即指标标准是“合理”或“理论”值最好。因此我们需要在进行以下考虑的基础上统一处理。

（1）任何综合评价指标体系都有两种指标，一种是趋势性指标，另一种是适度性指标。趋势指标可直接建立隶属度函数，适度指标需要分析确定指标的“适度值”后，才能建立模糊隶属度。

（2）具有“好、中、差”趋势的指标直接应用，建立统一的隶属度函数。这就有两类指标：一是“越大越好”的趋势指标，二是“越小越好”的趋势指标。例如，地质条件评价指标中空气渗透率、有效厚度、储量丰度等是“越大越好”的趋势指标，变异系数是“越小越好”趋势指标。

（3）对于开发效果的评价指标，很多没有趋势属性，是“适度指标”。采用计算指标相对值的办法，即用指标“实际值”除以“理论值”的商作为考查指标（称为无量纲指标或相对指标）。这样就可以制定评价标准。显然这种“相对指标”为100%是最好，相差越大，越不好。

$$相对指标=\frac{实际指标}{理论(合理)指标} \tag{4.3.17}$$

或

$$相对指标=\left|实际指标-理论(合理)指标\right| \tag{4.3.18}$$

2）各评价指标合理值的确定

对于适度指标，要进行评价，必须计算其理论值或者合理值。在开发效果评价的指标体系中各项指标除吸水指数和采油指数外均是适度指标，它们对应的合理值均已有成熟的计算方法。

（1）注水压力上限。

水井注入压力要求注水井井底压力低于油层的破裂压力。破裂压力的计算与裂缝形态有关。SN开发区以水平裂缝为主，所以按产生水平裂缝计算油层破裂压力。为油田套管安全起见，取油层破裂压力的0.95倍作为注水压力上限值。注水压力上限可以按照以下的经验公式计算：

$$p_{\mathrm{rmax}}=0.95\times 0.013H=0.01235H \tag{4.3.19}$$

式中　H——油层射孔界深度，m。

（2）生产流压下限。

油井流压下限主要考虑三个原则：一是油层不能大范围脱气而影响采收率；二是油井具有较强的生产能力，尽量满足油田开发生产的需要；三是气液比不能过高，以免影响泵效。

有关研究结果表明，流压与采收率、流压与油井产液量的关系曲线存在一个拐点。

利用油气两相渗流理论结合矿场动态数据建立的油井附近脱气情况下的产液量与流压的关系式[4-9]为：

$$Q_{\mathrm{l}}=J_{\mathrm{b}}\mathrm{e}^{bf_{\mathrm{w}}}\left[(c_1+1)(p_{\mathrm{r}}-p_{\mathrm{f}})-\frac{mc}{\mathrm{e}^{bf_{\mathrm{w}}}}(p_{\mathrm{b}}-p_{\mathrm{f}})^2\right] \tag{4.3.20}$$

当$\frac{\mathrm{d}Q_{\mathrm{l}}}{\mathrm{d}p_{\mathrm{f}}}=0$时求得极值点：

$$p_{\mathrm{f}}^{*}=p_{\mathrm{b}}-\frac{c_1\exp(bf_{\mathrm{w}})}{2mc} \tag{4.3.21}$$

式中 Q_l——产液量，10^4m^3；

J_b——无水采液指数；

p_r，p_b，p_f——地层压力、饱和压力和流动压力，MPa；

b——有关系数；

c_1——脱气指数，0.038。

显然 p_f^* 即为流压临界点，也就是产量最大点。

利用以往研究成果，结合不同区块目前阶段的含水状况，确定各个区块目前含水阶段下的流压下限。

研究结果表明，SN 开发区特高含水期的流压下限在 3MPa 左右。如果流动压力低于这个下限将影响油田开发效果，即

$$p_{c\min} = 3\text{MPa} \tag{4.3.22}$$

（3）合理油水井数比。

合理油水井数比是指在油田（区块）总井数不变情况下，压力系统中各项压力在压力界限以内条件下，油田（区块）能够获得最大产液量的油井与水井的井数比值。

确定最佳油水井数比的方法有多种，一般利用油田实际资料，通过下列方式计算：

$$R_j^{\#} = \sqrt{1/E_o} \tag{4.3.23}$$

其中

$$E_o = R_{rc}(J_l/J_w)[B_o(1-f_w)+f_w] \tag{4.3.24}$$

式中 R_{rc}——注采比；

J_l，J_w——采液指数、吸水指数；

B_o——体积换算系数；

f_w——综合含水率。

合理油水井数比受油藏物性、原油物性、含水变化的影响。不同油藏、不同含水阶段，合理油水井数比也不同。这些数据可以根据油藏区块的生产实际数据通过公式计算获取。

油藏区块合理油水井数比也可以通过油水相对渗透率曲线确定。首先根据油水相对渗透率曲线资料上不同含水饱和度相对应的油水相对渗透率数据，计算不同含水下的采液指数和吸水指数，再利用式（4.3.25）计算不同含水阶段的合理油水井数比。

$$R_j = \sqrt{I_w/J_l} \tag{4.3.25}$$

（4）合理井网密度。

根据谢尔卡乔夫公式，采收率和油田储层、流体性质以及井网密度的关系可以写成：

$$E_R = E_D \exp\left(-\frac{b}{f}\right) \tag{4.3.26}$$

式中 E_R——油层水驱采收率；

E_D——水驱油效率；

f——井网密度，口 /km^2；

b——与油层非均质性有关的系数。

根据以往研究成果对各开发区确定系数，计算各区块采收率与井网密度之间的关系，结合经济极限井网密度确定合理井网密度。

在谢尔卡乔夫公式基础上结合经济效益来确定井网密度。常用的方法是净现值法。

油田调整后净收入净现值 V 为：

$$V=V_1-V_2-V_3 \tag{4.3.27}$$

$$\begin{aligned}V_1&=\mathrm{GN}\left[\left(E_\mathrm{R}-R_\mathrm{T}\right)/t\right]\times\left[1+(1+i)+(1+i)^2+\ldots+(1+i)^{t-1}\right]\\&=\mathrm{GN}\left[\left(E_\mathrm{R}-R_\mathrm{T}\right)/t\right]\times\left[(1+i)^t-1\right]/i\end{aligned} \tag{4.3.28}$$

$$\begin{aligned}V_2&=M\left(\mathrm{AS_c}-n\right)\times\left[1+i+(1+i)i+(1+i)^2 i+\ldots+(1+i)^{t-2} i\right]\\&=M\left(\mathrm{AS_c}-n\right)\times(1+i)^{t-1}\end{aligned} \tag{4.3.29}$$

$$\begin{aligned}V_3&=\mathrm{PN}\left[\left(E_\mathrm{R}-R_\mathrm{T}\right)/t\right]\left[1+(1+i)+(1+i)^2+\cdots\cdots+(1+i)^{t-1}\right]\\&=\mathrm{PN}\left[\left(E_\mathrm{R}-R_\mathrm{T}\right)/t\right]\left[(1+i)^t-1\right]/i\end{aligned} \tag{4.3.30}$$

因此

$$V=N(G-P)\left(E_\mathrm{R}-R_\mathrm{T}\right)/t\left[(1+i)^t-1\right]/i-M\left(\mathrm{AS_c}-n\right)(1+i)^{t-1} \tag{4.3.31}$$

式中 V_1——油田调整后原油销售收入的净现值；

V_2——调整后开发投资的净现值；

V_3——调整后维修及管理费用的净现值。

当净收入 V=0 时的井网密度为极限井网密度，当净收入 V 最大时，即 $\dfrac{\mathrm{d}V}{\mathrm{d}S_\mathrm{c}}=0$，对应的井网密度为合理井网密度。

（5）合理注采比。

合理注采比是能够保持合理地层压力，使油田具有旺盛生产能力，降低无效能耗并能取得较高原油采收率的注采比。合理注采比不但与开采技术政策界限要求保持的压力水平有关，还与地层物性及流体性质有关。

根据计秉玉同志对注采比变化趋势理论分析结果，注采比与注水压力、油井流压之间关系的理论公式为：

$$R_\mathrm{rc}=\frac{I_\mathrm{w}}{R_\mathrm{j}J_1}\cdot\frac{\left[p_r-\bar{p}+\left(\bar{p}-p_i\right)\mathrm{e}^{-\beta t}\right]}{\bar{p}-\left(\bar{p}-p_\mathrm{i}\right)\mathrm{e}^{-\beta t}-p_\mathrm{c}} \tag{4.3.32}$$

$$\overline{p}=\frac{I_{\mathrm{w}}}{I_{\mathrm{w}}+R_{\mathrm{j}}J_{\mathrm{l}}}p_{\mathrm{r}}+\frac{R_{\mathrm{j}}J_{\mathrm{l}}}{I_{\mathrm{w}}+R_{\mathrm{j}}J_{\mathrm{l}}}p_{\mathrm{c}} \tag{4.3.33}$$

$$\beta=\frac{N_{\mathrm{w}}I_{\mathrm{w}}+N_{\mathrm{o}}J_{\mathrm{l}}}{V_{\phi}C_{\mathrm{t}}} \tag{4.3.34}$$

将 $\overline{p}$ 代入可得：

$$R_{\mathrm{rc}}=\frac{I_{\mathrm{w}}}{R_{\mathrm{j}}J_{\mathrm{l}}}\cdot\frac{R_{\mathrm{j}}J_{\mathrm{l}}(p_{\mathrm{r}}-p_{\mathrm{c}})+\left[I_{\mathrm{w}}(p_{\mathrm{r}}-p_{\mathrm{i}})+R_{\mathrm{j}}J_{\mathrm{l}}(p_{\mathrm{c}}-p_{\mathrm{i}})\right]\mathrm{e}^{-\beta t}}{I_{\mathrm{w}}(p_{\mathrm{r}}-p_{\mathrm{c}})-\left[I_{\mathrm{w}}(p_{\mathrm{r}}-p_{\mathrm{i}})+R_{\mathrm{j}}J_{\mathrm{l}}(p_{\mathrm{c}}-p_{\mathrm{i}})\right]\mathrm{e}^{-\beta t}} \tag{4.3.35}$$

式中 $\overline{p}$——系统稳定后平均地层压力，MPa；

p_{i}，p_{r}——原始地层压力、水井注水压力，MPa；

R_{j}——油水井数比；

N_{w}，N_{o}——水井数、油井数；

I_{w}，J_{l}——吸水指数、采液指数；

V_{ϕ}——孔隙体积；

C_{t}——综合弹性压缩系数。

由注采比表达式有：

$$\lim_{t\to 0}R_{\mathrm{rc}}=\frac{I_{\mathrm{w}}(p_{r}-p_{\mathrm{i}})}{R_{\mathrm{j}}J_{\mathrm{l}}(p_{\mathrm{i}}-p_{\mathrm{c}})} \tag{4.3.36}$$

$$\lim_{t\to\infty}R_{\mathrm{rc}}=1 \tag{4.3.37}$$

由此可见，当注水压力达到注水压力上限后，初期注采比取决于初始注水压差、生产压差，以及油水井数比与采液吸水指数比。但随着时间的延长注采比将会逐渐降低，最后趋于1。注采比趋于1的速度取决于 β 值。即导压系数越大，井距越小，注采比趋于1的速度越快。或者说，油层渗透率越低，在其他条件不变的情况下，注采比越高。

在计算时主要是代表油田导压系数项 $\mathrm{e}^{-\beta t}$ 的取值问题。由于随着时间的推移，主要还是看 $\lim\limits_{t\to\infty}\mathrm{e}^{-\beta t=0}$ 的速度。根据所考察的油田区块都是高含水（90%以上）阶段，建议在计算合理注采比时可以采用两种办法处理：一是直接取近似值，若当 f_{w}=90%时，取 $\mathrm{e}^{-\beta t}$=0.1；二是较精确的办法就是采用油田实际数据统计，拟合 $\mathrm{e}^{-\beta t}$ 与含水率 f_{w} 的线性关系函数，然后根据含水率 f_{w} 的值计算导压系数项 $\mathrm{e}^{-\beta t}$ 值。

（6）存水率。

由累计存水率与累计注采比定义可以推导出：

$$E_{\mathrm{s}}=1-\frac{1}{Z_{\mathrm{s}}}\left(1-\frac{N_{\mathrm{p}}}{L_{\mathrm{p}}}\right) \tag{4.3.38}$$

式中 E_{s}——累计存水率；

Z_{s}——累计注采比。

丙型水驱特征曲线累计产油量与含水率的关系为：

$$N_p = \frac{1-\sqrt{a(1-f_w)}}{b} \tag{4.3.39}$$

式中 a，b——丙型水驱特征曲线系数；

f_w——含水率。

由上述两式联立可得：

$$E_s = 1-\frac{a-\sqrt{a(1-f_w)}}{aZ_s} \tag{4.3.40}$$

式（4.3.40）即为累计存水率与含水率的关系。

其中，对系数 a 可利用式（4.3.41）和式（4.3.42），由相渗数据进行拟合得到：

$$R = A - B\sqrt{1-f_w} \tag{4.3.41}$$

$$a = \left(\frac{B}{A}\right)^2 \tag{4.3.42}$$

式中 A，B——相关式系数。

利用大庆油田典型相对渗透率曲线求出六个开发区的 a 值，结果见表 4.3.1。

表 4.3.1 大庆油田六个开发区 *a* 值计算结果表

开发区	萨中	萨南	萨北	杏南	杏北	喇嘛甸
a 值	1.19718	1.05996	0.97442	0.97032	0.97162	1.06806

（7）其他指标合理值的确定。

除上述几个指标外，其他的开发效果评价指标，如水驱控制程度、驱油效率和纵向波及系数的理论值都可通过取心井资料分析或数值模拟方法获取。

4. 各评价指标权重的计算

由于选择的开发效果评价参数有 8 项，相对来说参数较多，这里依然选择了复相关系数法和层次分析法两种方式计算指标权重，然后将两种方法获得的结果进行几何平均作为最终的指标权重，避免单一方法的片面性（表 4.3.2）。

表 4.3.2 开发效果评价指标综合权重

指标	年注采比	注采大压差	油水井数比	累计存水率	井网密度	水驱控制程度	驱油效率	纵向波及系数
权重	0.0959	0.1428	0.1413	0.0984	0.1150	0.1552	0.0929	0.1585

5. 应用实例

应用系统效率法计算了 SN 开发区水驱 18 个区块的系统效率（表 4.3.3 至表 4.3.5）。

表 4.3.3　开发效果评价指标原始值

区 块	年注采比	注采大压差 / MPa	油水井数比	累计存水率 /%	井网密度 /（口 /km²）	水驱控制程度 /%	驱油效率 /%	纵向波及系数
南二东面积	1.26	14.79	1.52	25.15	39.52	75.86	44.19	69.35
南二东高台子	1.35	18.85	2.08	49.57	33.90	88.24	37.11	69.35
南三东面积	1.51	16.28	1.41	30.64	45.41	75.86	44.19	69.35
南三东高台子	1.24	19.68	2.19	54.93	29.09	88.24	37.11	69.35
南二西面积	1.09	15.91	1.98	16.53	42.88	75.86	44.19	69.35
南二西高台子	1.28	18.91	2.09	49.42	23.44	88.24	37.11	69.35
南三西面积	1.05	16.21	1.81	20.98	52.94	75.86	44.19	69.35
南三西高台子	1.25	20.05	2.02	51.14	27.64	88.24	37.11	69.35
南四区	1.25	17.75	1.75	42.68	41.28	82.37	44.19	69.35
南五区	1.16	18.48	1.64	36.62	42.67	81.80	44.19	69.35
南六区	1.23	18.37	2.08	36.64	38.00	73.12	44.19	69.35
南七区	1.02	18.61	2.17	40.39	36.55	68.87	44.19	69.35
南八区	0.99	18.67	1.88	41.23	34.96	80.40	44.19	69.35
杏一区	0.90	16.69	2.96	36.51	36.73	64.31	44.19	69.35
萨东 400m	1.18	18.52	1.46	28.71	24.82	73.11	37.11	69.35
萨东 300m	1.09	17.68	1.65	21.81	30.50	78.55	37.11	69.35
萨东 350m	1.16	20.44	1.71	37.43	24.22	83.37	37.11	69.35
萨 西	1.21	20.58	1.85	36.25	17.59	59.48	37.11	69.35

表 4.3.4　开发效果评价指标理论值

区块	年注采比	注采大压差 / MPa	油水井数比	累计存水率 /%	井网密度 /（口 /km²）	水驱控制程度 /%	驱油效率 /%	纵向波及系数
南二东面积	1.00	18.11	1.10	18.74	69.10	100.00	46.32	87.16
南二东高台子	1.00	21.25	1.55	44.58	49.25	100.00	46.32	87.16
南三东面积	1.00	18.36	1.36	24.86	65.18	100.00	46.32	87.16
南三东高台子	1.00	21.07	1.49	51.40	48.44	100.00	46.32	87.16
南二西面积	1.00	16.87	1.76	10.63	72.73	100.00	46.32	87.16
南二西高台子	1.00	20.32	1.85	43.22	38.24	100.00	46.32	87.16
南三西面积	1.00	16.70	1.25	18.81	67.08	100.00	46.32	87.16
南三西高台子	1.00	20.37	1.60	46.21	40.18	100.00	46.32	87.16

续表

区块	年注采比	注采大压差 / MPa	油水井数比	累计存水率 /%	井网密度 /（口 /km^2）	水驱控制程度 /%	驱油效率 /%	纵向波及系数
南四区	1.00	19.06	1.40	40.27	69.81	100.00	46.32	87.16
南五区	1.00	19.44	1.24	37.46	65.66	100.00	46.32	87.16
南六区	1.00	19.59	1.45	35.39	59.83	100.00	46.32	87.16
南七区	1.00	19.68	1.28	37.10	58.44	100.00	46.32	87.16
南八区	1.00	19.52	1.14	37.25	53.97	100.00	46.32	87.16
杏一区	1.00	19.16	1.33	34.28	53.97	100.00	46.32	87.16
萨东 400m	1.00	21.37	1.28	31.72	39.24	100.00	46.32	87.16
萨东 300m	1.00	21.30	1.17	22.50	39.24	100.00	46.32	87.16
萨东 350m	1.00	21.64	1.28	36.21	39.24	100.00	46.32	87.16
萨 西	1.00	21.54	1.30	34.53	44.08	100.00	46.32	87.16

表 4.3.5 各评价指标系统效率及总系统效率

区 块	年注采比	注采大压差 / MPa	油水井数比	累计存水率 /%	井网密度 /（口 /km^2）	水驱控制程度 /%	驱油效率 /%	纵向波及系数	系统效率 /%
南二东面积	0.7365	0.8170	0.6553	65.80	0.5720	75.86	95.40	0.7956	77.65
南二东高台子	0.6500	0.8872	0.6563	88.81	0.6883	88.24	80.12	0.7956	79.60
南三东面积	0.4900	0.8870	0.9629	76.76	0.6967	75.86	95.40	0.7956	81.99
南三东高台子	0.7600	0.9343	0.5279	93.14	0.6005	88.24	80.12	0.7956	78.18
南二西面积	0.9100	0.9434	0.8721	44.52	0.5896	75.86	95.40	0.7956	84.30
南二西高台子	0.7200	0.9307	0.8713	85.65	0.6131	88.24	80.12	0.7956	83.01
南三西面积	0.9500	0.9712	0.5571	88.51	0.7892	75.86	95.40	0.7956	82.62
南三西高台子	0.7500	0.9845	0.7381	89.33	0.6879	88.24	80.12	0.7956	82.94
南四区	0.7500	0.9312	0.7463	94.02	0.5912	82.37	95.40	0.7956	80.81
南五区	0.8400	0.9508	0.6746	97.76	0.6498	81.80	95.40	79.56	81.32
南六区	0.7700	0.9376	0.5720	96.47	0.6352	73.12	95.40	79.56	77.31
南七区	0.9800	0.9456	0.3037	91.13	0.6254	68.87	95.40	79.56	72.29
南八区	0.9900	0.9567	0.3451	89.32	0.6477	80.40	95.40	79.56	78.81
杏一区	0.9000	0.8713	0.2337	93.49	0.6805	64.31	95.40	79.56	65.12
萨东 400m	0.8200	0.8666	0.8587	90.50	0.6324	73.11	80.12	79.56	76.89
萨东 300m	0.9100	0.8298	0.5833	96.94	0.7773	78.55	80.12	79.56	75.82
萨东 350m	0.8400	0.9444	0.6639	96.64	0.6172	83.37	80.12	79.56	76.21
萨 西	0.7900	0.9554	0.5755	95.02	0.3991	59.48	80.12	795.6	72.40

三、油田管理评价指标体系优选及评价方法的建立

管理水平的高低是实现开发目标的保障。油田生产管理是一个复杂的系统工程，优选与产量、经济指标有直接关系的管理指标，作为考核指标。随着油田开发的不断深入，现代化的油藏开发管理已经成为高效开发油气田的重要保障。它是保持油田科学合理开发、持续有效发展的重要措施之一。为了更好地认识、评价油田，评价油田的总体开发效果，结合 SN 开发区实际，研究制定出合理的油藏管理指标评价体系和评价方法。

1. 油田管理评价指标体系优选

通常来讲，管理指标可以划分为四大类，即产能建设类、措施类、生产管理类、经济类指标，可以罗列出 13 项指标，但有些指标有交叉、重复，最终需要对比筛选确定。

（1）产能建设类指标。

产能建设主要是指产能建设完成情况，就是实际建设的井数与计划建设井数之比。产能建设完成率是当年产量完成的重要保障，也是以后若干年稳产的前提，所以是油田开发管理的重要指标。这里暂不考虑该指标。

（2）注入类指标。

对于注水油田，水井的管理和合理的注水参数是保持油田能量，稳定油田产量的基础。注入类指标主要包括注水井利用率、注水井生产时率、注水井分注率和分层注水合格率。

①注水井利用率是实际注水井数与计划注水井数之比，反映了注水井实际的开井率，是考核注水状况的一项重要指标。

②注水井生产时率是指注水井的有效生产时间，是保证注水效果的一项重要参数。

③注水井分注率是实际进行分层注水的井数与注水总井数之比。开发后期，实施分层注水是控水稳油的一项重要措施。

④分层注水合格率是指分层注水合格层段数与注水总井层段数之比。分层注水是确保纵向水驱波及系数的重要措施，但是该参数录取比较困难，暂不作为考核指标。

通过综合分析，从上述 4 个指标中选择注水井利用率、注水井生产时率和注水井分注率等 3 个指标为注入类考核指标。

（3）油水井管理类指标。

油田开发水平的高低也体现在日常的油田生产管理工作中，管理工作到位，能够提高油井的有效生产时率，减少作业周期。油水井管理类指标主要包括油水井生产时率、油水井开井率等指标。

①开井率是开井井数与总井数之比。是油田生产管理水平的一项重要指标，是确保完成当年产量任务最基本的保障。

②有效生产时率是有效工作时间与日历天数之比。该参数体现了井的管理水平。

上述 4 个参数都是比较重要的井管理指标参数，也比较容易取得，可对比性强，所以全部选为考核指标。

（4）措施类指标。

为了提高油田开发效果，不同阶段需要采取不同的生产措施，主要包括措施井完成率、老井措施有效率等。

措施井完成率是指实际完成的措施井数与计划措施井数之比。措施井完成率的高低是直接关系到当年计划产量能否完成的基础工作量，是重要的考核参数指标。

老井措施有效率就是老井实施措施后有增产效果的井与措施施工总井数的比。是措施效果的重要体现，但是该参数不容易取得，所以暂不列入考核指标。

（5）动态监测类指标。

动态监测计划完成率是指实际监测井数与计划动态检测井数之比。动态监测是油田动态分析、方案调整、采取措施的重要资料来源，是一项重要的现场考核参数指标（表 4.3.6）。

表 4.3.6　管理指标体系筛选

管理指标大类	管理指标	最后筛选指标
产能建设类指标	产能建设完成率 / %	
注入类指标	注水井分注率 / %	注水井分注率 / % 注水井利用率 / % 注水井生产时率 / %
	分层注水合格率 / %	
	注水井利用率 / %	
	注水井生产时率 / %	
油井管理类指标	油井利用率 / %	水井时率 / % 油井时率 / % 油井开井率 / % 水井开井率 / %
	油井免修期 / 天	
	油井有效生产时率 / %	
措施类指标	措施井完成率 / %	
	老井措施有效率 / %	
动态监测类指标	动态监测计划完成率 / %	
其他指标	套损率 / %	
	套损井修复率 / %	
	吨油成本	

（6）其他类指标。

①套损率是指油井作业中发现套损井数与作业总井数之比。套损率高影响油田生产，这是一个比较重要的指标。

②套损井修复率是指年度套损修复井数与套损井数之比。套损井修复率是确保油水井开井率的具体措施，是采油厂年度的一项重要工作量，也是一个比较重要的指标。这里暂不考虑套损类指标。

③经济类指标是一项综合性指标，吨油成本最能体现在完成年产量基础上的经济效益。可以把吨油成本作为油田或采油厂综合管理水平的一项经济指标。由于受油价波动影响，该参数的计算有一定难度，指标的制定也是随油价的波动而变化的，参数的取得有一定困难，暂时不把该参数考虑进去。

综上所述，共确定了 7 项指标作为考核指标：措施有效率、水井分注率、分注合格率、水井时率、油井时率、油井开井率、水井开井率。

2. 水驱开发管理指数的提出

与前面建立系统效率的方法类似，为综合考虑各指标反映的情况，建立管理指数的概念，各单指标管理指数分别为：

$$C^* = 1 - \frac{\left|C - C_{合理}\right|}{C_{合理}} \tag{4.3.43}$$

$$F^* = 1 - \frac{\left(F_{合理} - F\right)}{F_{合理}} \tag{4.3.44}$$

$$H_j^* = 1 - \frac{\left|H_j - H_{j合理}\right|}{H_{j合理}} \tag{4.3.45}$$

$$T_w^* = 1 - \frac{\left(T_{w合理} - T_w\right)}{T_{w合理}} \tag{4.3.46}$$

$$T_o^* = 1 - \frac{\left|T_{o\,合理} - T_o\right|}{T_{o\,合理}} \tag{4.3.47}$$

$$O_k^* = 1 - \frac{\left(O_{k合理} - O_k\right)}{O_{k合理}} \tag{4.3.48}$$

$$W_k^* = 1 - \frac{\left(W_{k合理} - W_k\right)}{W_{k合理}} \tag{4.3.49}$$

各项指标的权重分别为 $\alpha_1 \sim \alpha_7$，则该系统加权系统效率为：

$$\eta_s = \left(\alpha_1 C^* + \alpha_2 F^* + \alpha_3 H_j^* + \alpha_4 T_w^* + \alpha_5 T_o^* + \alpha_6 O_k^* + \alpha_7 W_k^*\right) \tag{4.3.50}$$

式（4.3.50）中的 η_s 为区块的加权管理指数，简称管理指数。若该区块管理指数较高，则该区块管理较为科学合理。

3. 理论值及权重的确定

从理论研究及实际情况看，一般管理类各指标均属于趋势性指标，即越大越好，考虑到最理想的情况，可以把各指标的理论值全部定义为 100%。

各指标权重的确定采用层次分析法，结果见表 4.3.7。

表 4.3.7 管理指标体系权重

指标	措施有效率 /%	水井分注率 /%	分注合格率 /%	水井时率 /%	油井时率 /%	油井开井率 /%	水井开井率 /%
权重	13.23	23.11	10.88	8.38	16.06	19.38	8.96

4. 管理指标评价结果

各区块管理评价指标体系原始值见表 4.3.8，各区块管理指数见表 4.3.9。

表 4.3.8　各区块管理指标原始值

区块	措施有效率 /%	水井分注率 /%	分注合格率 /%	水井时率 / %	油井时率 / %	油井开井率 / %	水井开井率 /%
南二东面积	40.74	97.61	72.12	97.15	82.22	83.51	98.18
南二东高台子	96.00	94.55	85.86	97.06	86.61	89.08	99.09
南三东面积	81.25	89.58	79.16	93.31	72.40	76.99	95.37
南三东高台子	90.00	82.76	90.57	83.91	72.58	87.40	98.28
南二西面积	100.00	84.08	82.89	88.02	83.20	84.42	56.22
南二西高台子	80.00	90.48	79.70	90.25	88.69	89.95	66.67
南三西面积	95.65	85.28	72.90	96.00	86.27	89.00	96.10
南三西高台子	66.67	79.12	74.03	90.19	89.47	92.93	92.31
南四区	72.73	72.51	71.55	93.86	86.27	86.26	92.22
南五区	80.00	62.11	70.11	93.35	84.38	82.70	89.18
南六区	46.67	45.10	66.59	93.23	83.39	81.02	92.25
南七区	57.14	70.87	62.64	74.24	72.82	81.82	83.46
南八区	50.00	85.40	68.47	76.19	81.16	88.37	86.13
杏一区	83.33	52.94	86.52	75.41	82.82	81.46	94.12
400m	52.94	66.29	81.13	67.81	62.82	73.33	75.61
300m	80.00	56.30	70.39	63.77	38.60	56.32	64.35
350m	94.29	75.61	69.79	87.77	69.70	80.24	88.21
萨西	66.67	68.63	72.15	88.77	77.22	80.54	86.00

表 4.3.9　各区块单指标及总体管理指数

区块	措施有效率 / %	水井分注率 /%	分注合格率 /%	水井时率 / %	油井时率 /%	油井开井率 /%	水井开井率 /%	管理指数
南二东面积	40.74	97.61	72.12	97.15	82.22	83.51	98.18	82.12
南二东高台子	96.00	94.55	85.86	97.06	86.61	89.08	99.09	92.08
南三东面积	81.25	89.58	79.16	93.31	72.40	76.99	95.37	82.98
南三东高台子	90.00	82.76	90.57	83.91	72.58	87.40	98.28	85.32
南二西面积	100.00	84.08	82.89	88.02	83.20	84.42	56.22	83.82
南二西高台子	80.00	90.48	79.70	90.25	88.69	89.95	66.67	85.38

续表

区块	措施有效率 / %	水井分注率 /%	分注合格率 /%	水井时率 / %	油井时率 /%	油井开井率 /%	水井开井率 /%	管理指数
南三西面积	95.65	85.28	72.90	96.00	86.27	89.00	96.10	88.05
南三西高台子	66.67	79.12	74.03	90.19	89.47	92.93	92.31	83.37
南四区	72.73	72.51	71.55	93.86	86.27	86.26	92.22	80.86
南五区	80.00	62.11	70.11	93.35	84.38	82.70	89.18	77.96
南六区	46.67	45.10	66.59	93.23	83.39	81.02	92.25	69.01
南七区	57.14	70.87	62.64	74.24	72.82	81.82	83.46	72.00
南八区	50.00	85.40	68.47	76.19	81.16	88.37	86.13	78.06
杏一区	83.33	52.94	86.52	75.41	82.82	81.46	94.12	76.51
400m	52.94	66.29	81.13	67.81	62.82	73.33	75.61	67.91
300m	80.00	56.30	70.39	63.77	38.60	56.32	64.35	59.48
350m	94.29	75.61	69.79	87.77	69.70	80.24	88.21	79.54
萨西	12.03	68.63	72.15	88.77	77.22	80.54	86.00	68.45

5. 综合评价结果

把反映开发效果的系统效率与反映管理水平高低的管理指数进行综合来反映综合评价结果，根据专家经验及调研成果，赋予系统效率和管理指数的权重分别为 0.7 和 0.3，在考虑地质条件评价的基础上，把 SN 开发区水驱 18 个区块按综合评价结果分为四类（表 4.3.10），具体分类标准见表 4.3.11。

表 4.3.10 各区块开发及管理综合评价结果

	开发Ⅰ类	开发Ⅱ类	开发Ⅲ类	开发Ⅳ类
地质Ⅰ类	南二西面积 南三西面积 南三东面积	南四区 南五区 南二东面积	南六区	南七区
地质Ⅱ类	—	南八区	—	杏一区
地质Ⅲ类	—	—	萨东 350m 萨东 400m	萨东 300m
地质Ⅳ类	南二西高台子 南三西高台子 南二东高台子	南三东高台子	—	萨西

表 4.3.11 SN 油田开发效果评价评语量化等级

评语等级	Ⅰ类	Ⅱ类	Ⅲ类	Ⅳ类
标准	（81.81%，100%）	（78.28%，81.81%）	（72.73%，78.28%）	（0，72.73%）

四、典型区块评价

为进一步说明水驱开发效果的系统评价方法应用过程，下面以典型区块为例进行详细阐述。

1. 典型区块选取原则

典型区块的选取主要考虑如下原则：

（1）要考虑区块地质条件评价和开发效果评价结果；

（2）要考虑区块所处的含水阶段；

（3）既有单独的水驱区块，也有水驱、聚驱共存的区块；

（4）尽可能考虑纯油区、过渡带和高台子油层的差别。

按上述原则，选取了 SN 西过和南二东两个典型区块进行了分析。这 2 个区块分别代表了两种不同的油藏地质条件及开发效果评价结果（表 4.3.12）。其中以 SN 西过为重点，详细分析研究了区块评价结果、开发调整对策及调整后主要指标变化趋势。

表 4.3.12　典型区块地质条件及开发效果评价结果

区块	地质条件评价	开发效果评价	系统效率 /%
南二区东部	一类	三类	77.65
SN 西过	四类	四类	72.4

2. SN 西过简介

（1）地理位置。

SN 开发区西部过渡带南三区—南六区位于萨尔图油田南部开发区背斜构造的西翼，北起南三区二排，南至南六区三排，开发面积 4.24km^2，开采层位为萨尔图及葡萄花油层，地质储量 972.55×10^{4}t。

（2）构造特征。

该地区地层倾角 9.8°~25.7°，在葡Ⅰ组顶面构造图上共有 4 条断层，均为正断层，断层延伸长度 690~3750m，断失层位从萨零组至高Ⅱ组，最大断距为 86.8m。

（3）开发概况。

该区块于 1971 年投入开发，采用东西向 350m，南北向 400m 的四点法面积井网注水方式布井，共布井 39 口，其中采油井 25 口，注水井 14 口，开采萨尔图及葡萄花油层；1997 年进行了一次加密调整，在原井网三角形中点布井，形成线状注水方式，注采井距 200~220m，共布加密调整井 34 口，其中采油井 25 口，注水井 9 口。南三区二排—南五区二排由于地层倾角大（17.0°~25.7°），且条带较窄，未进行加密调整。

截至 2009 年底，研究区块油水井开井 76 口，其中注水井 25 口，采油井 51 口，井网密度为 17.59 口 /km^2，注采井数比为 1∶1.85，年注采比 1.21，区块年均含水率 90.18%。

3. 研究区块主要指标变化及存在的主要问题与矛盾

从评价结果来看，地质条件属于四类，得分 29.56。该区块于 1971 年投入开发，开发效果属于四类，2006—2010 年效果系统效率为 63%~73%。

1）油田主要开发指标分析

（1）与高峰期相比，无量纲产量递减幅度相对较大。

从 SN 西过的无量纲产量曲线来看，产量与高峰期相比，递减较大，只有高峰期产量的 50% 左右。从 SN 西过 1996 年以来产量变化曲线可以看出，1996 年以来 SN 西过平均综合递减率为 5.34%。

（2）油田含水上升率较高。

截至 2009 年底，SN 西过研究区块平均含水率为 90.18%，已进入特高含水期开采阶段。从研究区块与其他开发区及理论含水上升率曲线对比来看，其含水上升率较高。理论曲线计算表明，含水率 90% 时其含水上升率为 1 左右，但目前研究区块的含水上升率为 1 以上，含水上升较快，这也是其无量纲产油量较低、产量递减幅度相对较大的原因。

（3）水驱采收率仍有进一步提高的余地。

运用水驱曲线等方法对 SN 西过的可采储量进行了计算。计算结果表明，其可采储量为（270~290）$\times 10^4$t，采收率为 30% 左右（表 4.3.13）。

表 4.3.13　SN 西过可采储量及采收率

方法	可采储量 /10^4t	预测采收率 /%
甲型曲线	297.95	30.62
西帕切夫曲线	275.07	28.27

取心井资料分析表明，SN 西过油田的极限水驱油效率可以达到 46.32%；运用数值模拟计算了纵向波及系数最大可以达到 87.16%，平面波及系数最大可以达到 95%，这样水驱极限采收率为 38.36%。目前 SN 西过的采收率为 30% 左右，因此其水驱采收率还有 8 个百分点的余地。

从 SN 西过的采出程度与含水关系曲线来看，其采出程度曲线原理采收率为 35% 的童宪章标准曲线，目前采出程度只有 18.17%，开发效果较差。

2）油田开发存在的主要矛盾与问题

根据前面提出了水驱开发效果系统效率的概念，影响系统效率的主要指标有年注采比、注采大压差、油水井数比、累计存水率、井网密度、水驱控制程度、驱油效率和纵向波及系数等八项指标。下面主要从影响系统效率的主要指标出发来分析油田开发存在的主要矛盾与问题（表 4.3.14）。

表 4.3.14　SN 西过系统效率

项目	年注采比	注采大压差 /MPa	油水井数比	累计存水率 /%	井网密度 /（口 /km^2）	水驱控制程度 /%	驱油效率 /%	纵向波及系数 /%	系统效率 /%
目前值	1.21	20.58	1.85	29.78	17.59	59.48	37.11	69.35	
合理值	1	21.54	1.3	27.89	44.08	100	46.32	87.16	
单指标系统效率 /%	79.00	95.54	57.55	93.25	39.91	59.48	80.12	79.56	72.40

从这八项指标来看，可以分为三类：

（1）单指标系统效率最低的是井网密度，只有39.91%；

（2）其次是油水井数比和水驱控制程度系统效率较低，分别为57.55%和59.48%；

（3）注采大压差和累计存水率的系统效率均达到90%以上，达到了较高的数值。

总体来看，油水井数比和水驱控制程度不合理都与井网密度有关，因此井网密度不合理是SN西过的主要矛盾。总体来看，油田开发存在的主要问题是后三类指标的单指标开发指数较低，尤其是井网密度、注采大压差和驱油效率，需要采取有效措施，提高这些指标的单指标开发指数，进而改善油田总体开发效果。

4. 油田主要调整对策及效果

1）主要调整对策

SN西过研究区块开发调整的主导思想是以提高水驱系统开发效果系统效率为核心，针对不同调整区块存在的主要矛盾和问题，以井网加密、注采系统调整为主要手段，结合其他措施，实现进一步提高采收率和减缓产量递减的目标，采收率提高到3个百分点以上，全区含水率控制到85%以下。

2）加密调整效果

（1）系统效率变化。

从加密调整前后的单指标系统效率和综合系统效率来看均得到明显提高，其中井网密度和油水井数比的系统效率提高值较大，分别提高了33.4个百分点和28.35个百分点，其他指标的系统效率也均有不同程度的提高（表4.3.15）。

表4.3.15　SN西过系统效率

项目	年注采比	注采大压差 /MPa	油水井数比	累计存水率 /%	井网密度 /（口 /km^2）	水驱控制程度 /%	驱油效率 /%	纵向波及系数 /%	系统效率 /%
目前值	1.21	20.58	1.85	29.78	17.59	59.48	37.11	69.35	
合理值	1	21.54	1.30	27.89	44.08	100.00	46.32	87.16	
调整前系统效率 /%	79	95.54	57.55	93.25	39.91	59.48	80.12	79.56	72.4
调整后系统效率 /%	98	90.00	85.90	95.00	73.31	70.00	81.00	83.12	79.5
提高值 /%	19	−5.54	28.35	1.75	33.40	10.52	0.88	3.56	7.1

（2）开发指标变化。

SN西过经过实施调整后，产油量由实施前的4.86×10^4t上升至实施后的8.0×10^4t，含水则有89.29%下降至85.23%，降低了约4个百分点，取得了较好的增油控水效果。

参考文献

[1] 方艳君，刘端奇，王天智，等．喇萨杏油田注采系统适应性评价及调整方式研究［J］．大庆石油地质与开发，2009，26（3）：72-75.

[2] 党龙梅，牛富玲，王丰文，等．水驱油田开发效果影响因素分析及措施［J］．特种油气藏，2004，11

（3）：28-31.
[3] 计秉玉，李彦兴．喇萨杏油田高含水期提高采收率的主要技术对策 [J]. 大庆石油地质与开发，2004，23（5）：47-53.
[4] 侯春华．基于多因素关联关系的油田开发措施结构优化方法研究 [J]. 西南石油学院学报，2006，28（3）：38-40.
[5] 苑保国．水驱油田特高含水期开发效果评价体系 [J]. 大庆石油地质与开发，2009，28（2）：53-58.
[6] 邴绍献，胡荣兴，刘丽艳，等．特高含水期油田开发效果的模糊多目标决策 [J]. 内蒙古石油化工，2008（16）：68-69.
[7] 罗二辉，王晓冬，王继强，等．基于灰色模糊理论的水驱开发效果综合评价 [J]. 新疆石油天然气，2010，6（2）：30-34.
[8] 杨风波，梁文福．喇嘛甸油田合理地层压力研究 [J]. 大庆石油地质与开发，2003，22（6）：36-37，59.
[9] 唐莉，刘惠姜，雪源．大庆油田合理地层压力的保持水平 [J]. 油气田地面工程，2006，25（1）：11-12.

第五章　低渗透油田开发效果精细评价方法

大庆外围低渗透油田油藏类型多、地质条件复杂，随着对地质特征及开发认识的深入，在不同阶段地质特点及现有储层认识现状基础上，建立并发展了适合低渗透储层特点的定量分类方法[1]，先后形成并逐步完善了适应外围低渗透油田特点的开发效果评价技术[2]，从中含水期的地质与开发特征综合分类方法，到高含水初期的以注水适应性评价[3-6]为核心的开发效果评价技术，再到高含水后期的精细开发效果综合评价技术，为明确不同阶段不同分类下的主要矛盾及开发潜力方向、制定开发调整对策提供了有效的技术指导。

第一节　长垣外围低渗透油田地质与开发特征

一、地质特征概述

大庆外围已开发油田从上到下包括黑帝庙，萨尔图、葡萄花、高台子、扶余和杨大城子等含油层系，共18个油层组。开发目的层主要是葡萄花油层、扶余和杨大城子杨油层。

外围油田按生储盖组合状况划分为三套含油组合：以青山口组一段为生油层，扶余、杨大城子油层为储层，青山口组为盖层，构成顶生—下储式下部含油组合；以青山口组为生油层，高台子、葡萄花和萨尔图油层为储层，嫩江组一段、二段地层为盖层，构成中部含油组合；以嫩江组一段为生油层，黑帝庙油层为储层，嫩江组五段（局部）为盖层，构成上部含油组合。

大庆外围油田虽统称为低渗透油田，但它属于不同的类型，一种类型是受沉积环境（相）制约、厚度薄、砂体窄小、泥质含量高的三角洲内外前缘相的低渗透储层，以萨葡油层为代表。另一种类型是受成岩作用影响以河流相沉积为主的低、特低渗透储层，以扶杨油层为代表。分析大庆外围开发时间较长的油田、区块的油藏地质状况，主要有6个特点。

1. 储层结构特征

（1）三角洲、滨湖相储层沉积环境与沉积体系。

三肇地区葡萄花油层属于松辽盆地下白垩统姚一段地层。在姚一段沉积前较长的地史时期内，受古中央隆起带控制，在青山口组沉积后期，盆地发生抬升，古中央隆起逐渐解体。受不均衡抬升影响，朝长阶地和三肇地区东部抬升幅度大（部分遭受剥蚀），总体形成东高西低、南高北低的古地貌景观。

葡萄花油层沉积时，松辽盆地处于坳陷阶段的中后期，即盆地整体沉降时期，受物源、古地形、基准面变化等因素的控制，随着可容纳空间的逐步增大和水平面的逐步升高，整体表现为水进式沉积特征。

葡萄花油层主要属于松辽盆地北部沉积体系，是由大庆长垣萨尔图、杏树岗水系，向太平屯、宋芳屯地区延伸形成的三角洲复合体，对三肇地区影响较大的沉积体系是从大庆长垣杏树岗、太平屯延伸过来的第Ⅲ个三角洲复合体和从安达方向延伸过来的第Ⅳ个三角洲复合体。青山口组末期至姚一段沉积时期，松辽盆地经历了急速湖退、相对稳定、湖进的过程。姚一段沉积晚期湖盆下沉，湖体范围不断扩大，但同时河流沉积作用也较强，形成了水进三角洲沉积体系。

依据重矿物组合分布特征，葡萄花油层沉积时期以北部物源为主，同时还有东部物源，即属于北部的克山—杏树岗沉积体系和东部绥化沉积体系沉积交汇区，属于北部沉积体系前缘侧缘带及东部沉积体系前缘带。从长垣东部葡萄花油层锆石含量和磁铁矿含量分布看，北部物源影响范围较大，包括升平、宋芳屯、徐家围子、肇州、肇源等油田，而东部物源只对榆树林油田及朝阳沟油田的北部有影响。受物源中碎屑成分的影响，三肇地区葡萄花油层中泥岩颜色具有分区性。东部物源红层发育，其影响的区域红色泥岩厚度与地层厚度之比大多在 20% 以上，而北部物源影响的地区红色泥岩厚度与地层厚度之比大多小于 10%。另外，从长垣东部地区葡萄花油层岩屑含量也明显看出，三肇地区东部岩屑含量普遍高于西部，说明葡萄花油层具有两个方向的物源。

（2）河流、湖泛平原储层沉积环境与沉积体系。

扶杨油层是属松辽盆地大规模坳陷前期（青山口组）一套沉积。扶杨油层沉积时期，松辽盆地广大地区为古嫩江和松花江的分流平原，从六个方向流入盆地的河流分属这两大水系，即古嫩江水系和古松花江水系。即东南部九台沉积体系，北部讷河—依安沉积体系，西部英台—白城沉积体系，西北部齐齐哈尔沉积体系，南部保康沉积体系，东北部青冈—望奎沉积体系。

古嫩江水系包括讷河—依安沉积体系和齐齐哈尔镇赉沉积体系，来自讷河方向的河流为干流，向南流入古龙湖，来自齐齐哈尔镇赉方向的是许多近源的小河流，或与干流交汇或流入古龙湖中，该水系主要控制了长垣以西地区的沉积。

古松花江水系的干流为古松花江，干流为保康体系和青冈一整套体系，南部体系经吉林、头台、朝阳沟与北东体系在榆树林汇合后向东经宾县流出盆地。

区域研究认为，古松嫩平原上有五个大小不一、面积不均的湖区，分别是古龙湖、四站湖、宋站—兰西湖、升平湖和肇州湖。

依据岩性（陆源碎屑）、古生物（早、中期干旱，晚期潮湿）、沉积构造（典型的河流、湖泊沉积构造）等的分析认为，大庆长垣以东地区的泉三、四段为陆相干旱河流—浅水三角洲沉积环境。扶杨油层沉积时期，古地貌是古松花江水系的下游，在北部升平和宋站—兰西一带有一长期存在的湖水体，东南部四站—五站一带有另一个范围更大的湖，西南部肇州、肇源一带还存在一个湖。古松花江及其分流注入其中，然后通过宾县地堑，经过通河—依兰古河道，与古黑龙江相通。

从三肇地区重矿物组合类型及储层宏观分布特征看，扶一组油层沉积时期以东北部物源和南部物源为主，即东北部的青冈—望奎沉积体系、南部的保康沉积体系交汇后，向东部流出。东北部物源矿物以锆石—磷灰石—磁铁矿组合为特征，南部物源以石榴子石—锆石—磁铁矿组合为特征。扶二、扶三组油层沉积时期主要有南北两个物源，北部物源矿物以磁铁矿—锆石—绿帘石组合为特征，南部物源矿物以石榴子石—锆石—磁铁矿组合为特征。

杨大城子油层沉积时期，三肇地区主要受三个物源控制，形成三个沉积体系。即东北部的青冈—望奎沉积体系，南部的保康沉积体系和北部的讷河—依安沉积体系。东北部物源重矿物以锆石—磷灰石—磁铁矿组合为特征，南部物源以石榴子石—磁铁矿—锆石组合为特征。各沉积体系的分流河道砂体互相交汇分布，组成了整个榆树林地区的网状水道分布格局。

2. 成岩作用

成岩作用指沉积物转变为沉积岩及沉积岩转变为变质岩之前，或沉积岩在风化之前所发生的变化。成岩作用在碎屑岩形成、演化过程中占有极其重要的位置。对碎屑岩储集空间的建设和破坏有着重要的影响。储集性能预测的准确性在很大程度上取决于对成岩作用的正确认识。

萨葡油层埋藏浅，属于早成岩作用阶段晚期，孔隙类型以原生孔隙为主，复杂程度只是大孔隙与小孔隙的匹配，储层物性一般为中、低渗透层。

扶杨油层受成岩作用影响较强，属于晚成岩作用阶段早期，成岩作用强，是形成低孔低渗的主要原因。孔隙类型以次生孔隙缝合状孔隙为主，既有大小孔隙的匹配，又有微孔隙与微裂缝的匹配。而微孔隙与微裂缝储层的孔隙结构特征复杂，大部分符合非达西渗流特征，对油藏的有效动用与开发影响很大。

3. 储层物性

长垣外围萨葡油层主要为中、低渗透层，各区块空气渗透率为（2.1~481）$\times10^{-3}\mu m^2$，平均为 $77.9\times10^{-3}\mu m^2$。中渗透油藏地质储量 31737.88×10^4t，占外围总动用地质储量的 23.3%；低渗透、特低渗透油藏地质储量 37502.32×10^4t，占外围总动用地质储量的 27.5%。

扶杨油层主要为特低渗透层、致密层。各区块空气渗透率为（0.43~22.5）$\times10^{-3}\mu m^2$，平均为 $4.6\times10^{-3}\mu m^2$。其中特低及致密油层地质储量 54526.94×10^4t，占外围总动用地质储量的 40.1%；低渗透油藏地质储量 5819.50×10^4t，占外围总动用地质储量的 4.3%。

4. 储层沉积砂体规模及厚度

葡萄花油层和扶杨油层的沉积背景差别很大，因此砂岩储层的分布模式、发育规模、组合特征存在很大的差别，由于砂岩储层特征的差异从而产生了不同的聚油模式。干旱气候条件下，条带状分流河道砂体构成了扶杨油层储层，扶杨油层以河流作用为主的浅水三角洲沉积模式。在平面上砂岩呈条带状分布，剖面上单个砂体呈顶平底凸的透镜状。砂体组合有三种形式——叠加式、错叠式、独立式。

湿润气候条件下，片状、短条带砂岩叠置构成了葡萄花油层储层。葡萄花油层为分流河道砂岩沉积和席状砂沉积的三角洲沉积模式。河道砂岩呈断续条带分布，厚度 1~2m，席状砂呈稳定分布的薄片状，其长轴方向为南北向，厚度小于 1.5m，它可以呈孤立片状，也可以与分流河道相接。

由于萨葡高储层和扶杨储层所经受的沉积环境和成岩作用不同，其发育的沉积相不同，相应的发育的沉积亚相、微相不同，则砂体的发育形态、厚度也不同。

（1）以河流相为主的扶杨油层微相类型。

在区域沉积背景分析基础上，通过岩心观察，对沉积特征，如泥岩颜色、岩性、结构特征、沉积构造、古生物化石及含有物垂向特征的分析，识别和划分出 3 种大相、6 种亚相和 18 种微相。

各沉积亚相包括的微相主要有：点坝砂，天然堤、决口扇，河间淤积；低能量河流亚相包括的微相主要有：河道砂，天然堤，河间淤积；分流平原亚相包括的微相主要有：分流河道砂，分流间薄层砂，分流间淤积；内前缘亚相包括的微相主要有：水下分流河道砂，水下分流间薄层砂，水下分流间泥；湖（沼）亚相包括的微相主要有：湖（沼）厚层砂，湖（沼）薄层砂，湖（沼）泥；滨湖亚相包括的微相主要有：滨湖砂坝，滨湖席状砂，泥坪。

（2）以三角洲相为主的葡萄花油层微相类型。

依据三肇地区葡萄花油层按各沉积单元的环境标志和演变关系，依据岩心剖面结构、电性特征和砂体特征，将三肇地区葡一组油层按岩相划分标准，分为 2 种大相、4 种亚相、16 种沉积微相。

三角洲分流平原亚相包括的微相主要有分流河道砂、分流间主体和非主体薄层砂、分流间洼地泥；三角洲内前缘亚相包括的微相主要有水下分流河道砂、水下分流间主体和非主体席状砂、水下分流间泥；三角洲外前缘亚相包括的微相主要有主体厚层席状砂、主体薄层和非主体席状砂、泥坪；滨湖浅水亚相包括的微相主要有湖岸砂坝、主体和非主体滩地砂、泥质岩。

（3）砂体发育形态。

萨葡油层为分流河道砂岩沉积和席状砂沉积的三角洲沉积模式。河道砂岩呈断续条带分布，砂体窄小，厚度 1~2m，席状砂呈稳定分布的薄片状，其长轴方向为南北向，厚度小于 1.5m，它可以呈孤立片状，也可以与分流河道相接。

扶杨油层在平面上砂岩呈条带状分布，剖面上单个砂体呈顶平底凸的透镜状，砂体厚度相对较大。砂体组合有三种形式——叠加式、错叠式、独立式。

5. 储量丰度

通过统计对比发现，由于多种作用影响，两套层系的储量分布存在很大差异，相应的储量丰度差异也很大（表 5.1.1 和表 5.1.2），储量丰度反映了储层砂岩发育规模及厚度，是进行储层评价的重要参数。

表 5.1.1 萨葡油层储量及储量丰度情况

渗透率 /（$10^{-3}\mu m^2$）	储量 /10^4t	平均丰度 /（$10^4t/km^2$）
小于 10	6404.23	19.5
10~50	31098.09	25.1
50~100	20001.46	26.3
大于 100	11736.42	39.8

表 5.1.2 扶杨油层储量及储量丰度情况

渗透率 /（$10^{-3}\mu m^2$）	储量 /10^4t	平均丰度 /（$10^4t/km^2$）
小于 2	33023.30	47.4
2~5	9479.54	46.0
5~10	12024.10	50.8
大于 10	5819.50	67.0

6. 岩性特征

扶余油层砂岩类型为岩屑质长石砂岩和长石质岩屑混杂砂岩，杨大城子油层砂岩类型为岩屑质长石砂岩。主力砂体岩性以细砂岩和粉砂岩为主，平均粒度中值范围0.012~0.32μm，分选系数范围2.44~3.13，分选差至中等。

葡萄花油层储层岩石类型为细粒硬砂质长石砂岩、硬砂质长石粗粉砂岩、长石岩屑砂岩，其中长石含量、石英含量、岩屑含量较高。不同沉积微相岩石碎屑颗粒粒度中值差异明显，分别为0.078~0.25mm，属细砂岩。由于沉积微相的差异砂岩分选差异程度较大，分选差至好，泥质含量低至高。

7. 孔隙特征

根据岩石扫描电镜资料分析，萨葡油层储层孔隙类型以原生粒间孔为主，形成大孔喉。其次为次生孔隙，如胶结物结晶形成的晶间孔，石英次生加大形成的次生石英晶体间的晶间孔，地下水沿长石、方解石、矿物解理面溶蚀而形成的溶孔以及颗粒被挤压破裂而形成的粒内缝。

根据铸体薄片资料分析，扶杨油层储层孔隙类型分为粒间孔、溶蚀孔、晶间孔及其他孔四种，其中粒间次生孔是主要储集空间，占64%，其次为溶蚀孔和晶间孔，其他孔较少。

8. 孔隙结构特征

储层岩石的孔隙结构是影响油藏流体（油、气、水）的储集能力和开采油、气的主要因素。孔隙结构特征参数是描述岩石孔隙结构特征的定量指标。低渗透砂岩储层岩石的孔隙结构是由小孔喉和裂缝组成的，较为复杂。

不同层系沉积微相不同，砂体类型不同，则储层孔隙结构参数差异较大，外围低渗透油田沉积微相类型众多，储层孔隙结构对储层的储集性能的影响更加明显，储层的孔隙结构也更加复杂化。

大庆外围油田萨葡油层和扶杨油层由于沉积环境和成岩作用等差异，孔隙结构特征也存在明显的不同。通过对研究区部分典型区块井的压汞参数分析表明：

（1）萨葡油层不同程度地出现平台，显示属于细—中歪度，表明储层岩石所控制的孔隙连通性较好。排驱压力中等，分选中等。

（2）扶杨油层多属于细微孔隙结构。曲线多为细歪度，无平台显示，排驱压力较高，且分选差。孔隙半径小，迂曲度大，孔喉比小。油层的储集、渗滤性能均很差。表5.1.3是大庆低渗透储层毛管压力曲线类型特征，可以清晰地反映空气渗透率与储层孔隙结构类型的对应关系。

表5.1.3 大庆低渗透储层毛管压力曲线类型特征表

项目	Ⅰ型	Ⅱ型	Ⅲ型
曲线形态	近似的短平台	近似的短平台	缓坡或斜坡型
空气渗透率/mD	10~50	1~10	≤1
孔隙度/%	16~22	10~18	7~13
排驱压力/MPa	0.1~0.2	0.2~0.9	0.7~7.0
平均孔隙半径/μm	1.9~2.2	0.2~1.2	0.05~0.4
渗透率峰位/μm	3.0~4.0	0.25~2.7	0.2~0.6
定性类型	中孔低渗	中小孔特低渗	小孔微渗

9. 流体性质

外围已开发区块地层原油黏度为 1.3~15.7mPa·s，平均为 7.4mPa·s，属于常规油藏，中黏油区块占 59.1%。

扶杨油层的原油黏度略高于萨葡油层。由于扶杨油层的渗透率与萨葡油层的渗透率具有明显的差异，而扶杨油层原油黏度略高于萨葡油层，则扶杨油层原油的流度远小于萨葡油层，在外围特低渗透储层中，布木格、肇州、宋芳屯、头台几个油田的流度最低。

二、外围油田开发历程及现状

1. 外围油田开发历程

外围低渗透油田开发历程可分为四个阶段。

第一阶段：1981—1985 年，开发可行性探索阶段。该阶段开展了葡萄花油层和萨尔图油层不同井网密度、不同驱油方式和不同注水方式开发试验，同时对葡萄花油层和萨尔图油层注水开发技术进行了研究。经过试验研究，表明外围中渗透葡萄花油层和萨尔图油层可以经济有效开发。至 1985 年底，有杏西、宋芳屯和龙虎泡 3 个油田较大规模投入开发，动用石油地质储量 1380×10^4t，年产油 15.85×10^4t，采油速度 1.15%，累计产油 30.72×10^4t，采出程度 2.23%，累计注采比 0.33。

第二阶段：1986—1993 年，快速上产阶段。在加大葡萄花油层开发步伐，产油量稳步增长的基础上，在朝阳沟、榆树林和头台油田开展了扶杨油层开发试验，并对中渗透萨葡油层和裂缝性低、特低渗透油层注水开发调整技术进行了研究，取得了以分层注水为核心的注采结构调整技术和以单砂体为主的注采系统调整技术。经过试验和研究，外围萨葡和扶杨油层开发规模不断扩大。至 1993 年底，外围共有 11 个油田大规模投入开发，动用地质储量 20083×10^4t，年产油 208.03×10^4t，采油速度 1.24%，累计产油 1048.4×10^4t，采出程度 6.28%，综合含水率 20.22%，累计注采比 1.11。

第三阶段：1994—1999 年，快速发展阶段。该阶段通过开展特低渗透油藏井网优化试验，应用地震砂体预测技术，使一些储量品质相对较低的储量投入了开发，同时加大了外围老开发区注采系统和注水结构调整的力度，并开展井网加密试验和部分区块开展井网加密技术应用，还开展了两类油层合采、提捞采油以及蒸汽吞吐、微生物吞吐等非常规油田开发试验研究。由于外围油田开发技术和综合调整技术的不断提高，该阶段随着新区快速开发和老区控制递减，使外围油田年产油量在 1999 年达到 406×10^4t。

第四阶段：2000 年—2006 年，稳步上产阶段。随着对特低渗透油藏的开发及各种开发调整技术的发展，外围油田在此阶段还开展了蒸汽吞吐、水平井、CO_2 驱等多项提高采收率的实验研究和实施，取得了一定的成果。2006 年，长垣外围油田地质储量采出程度 11.48%，综合含水率 45.0%，年产油量在达到 495×10^4t，具备 500×10^4t 生产能力。

第五阶段：2007 年—2022 年，500×10^4t 稳产阶段。老区通过个性化井网加密、水驱精细挖潜、单砂体注采系统调整以及水驱提高采收率技术的开展减缓产量递减。新区加大未动用储量的有效动用力度，加快致密油现场试验进程并逐步工业化推广。2007 年开始连续 16 年 500×10^4t 以上稳产，成为大庆油田产量的重要构成。

2. 外围已开发油田开发现状

长垣外围油田位于长垣东西两侧，油藏类型以构造—岩性油藏为主，属于低渗、低丰度、低产的“三低”油藏，局部地区裂缝发育、油水分布复杂，埋藏深度820~2400m。针对长垣外围油田不同油层特点及不同阶段的矛盾问题，发展了分层注水、加密结合注采系统调整、水驱精细挖潜、低效区块挖潜增效治理等技术，探索了致密储层转变开发方式、提高采收率等技术，开发对策更加精细、精准，调整手段更加个性、丰富，实现了由常规水驱调整向增效挖潜、多元提采的转变。

截至2022年底，大庆长垣外围油田探明地质储量17.95×10^8t，动用地质储量12.93×10^8t，年产油559.38×10^4t，油水井36584口（油井25525口、水井11059口），年产液2360×10^4t，年注水$3486\times10^4m^3$，累计采油14671×10^4t，累计注水$66046\times10^8m^3$，累计注采比1.75，地质储量采油速度0.41%，地质储量采出程度10.76%，综合含水率76.83%。

3. 外围已开发油田存在问题

大庆外围油田显著的特点是低渗、低产、低丰度，各类油层存在较大差异。一是埋藏较浅的萨、葡油层渗透率和产能相对较高，但油层较薄、层数很少，部分区块油水分布复杂。二是埋藏较深的扶杨和高台子油层产能相对较低，窄条带河道砂体，渗透性差，部分区块裂缝发育。近年来针对外围复杂的地质特点和开发实际，为了改善开发效果，从渗流机理研究入手，对储层有效驱动体系进行了深入的探索，丰富和发展了低渗透油藏注水开发理论，完善了以井网加密为主的注水开发综合调整技术，取得了显著效果。但外围油田的开发还存在以下问题：

（1）萨葡油层开发面临主要问题。

一是进入中高含水油田剩余油分布零散，调整难度大。中高含水油田开发时间较长，剩余油分布零散，但部分油田或区块井距大，井网对砂体控制程度低，这部分储量主要为三角洲沉积，砂体宽度小于300m的砂体占60%，砂岩钻遇率30%~40%，近50%开发区块水驱控制程度小于70%。所以调整难度很大。

二是低渗透葡萄花油层裂缝发育油田含水上升加快、产量递减幅度大，由于投产时间和开发对象不同，各区块递减率差异较大。

三是关井和低产井比例大。外围油田开井率72.5%，其中油井开井率80%，水井开井率56%。从各厂看，开井率较低的是方兴、头台、九厂，均低于70%；其中八厂、十厂、海拉尔油井开井率较高，超过80%，方兴、头台、九厂水井开井率低于50%。从关井数量看，长垣外围八、九厂油井关井数量最多，在1200口左右。

（2）扶杨油层开发面临主要问题。

一是储层主要为特低渗透，渗流阻力大、采油速度低、水驱开发效果较差。各区块储层空气渗透率为（0.5~2）$\times10^{-3}\mu m^2$，其中特低和致密油藏地质储量占3/4。除裂缝发育的油藏经过调整开发效果得到改善外，储量比例较大的且不发育裂缝的特低渗透油藏开发效果差。如榆树林、头台油田部分区块在300m井网条件下开采10年，采出程度仅5%左右，预计采收率只有15%左右。

二是裂缝发育扶杨油层井网与裂缝组合不匹配，注水平面矛盾突出。外围油田低渗透油藏发育不同程度的裂缝，由于井排方向与裂缝走向成11.50°、12.50°、22.50°、45.00°和52.50°等夹角，在反九点注水方式下出现了注水井排的油井含水上升快、油井排难以受效的局面。导致了区块含水上升快、产量下降快，主要是朝阳沟油田的主体区块。该类区块采出程度较高，已进入中含水。目前采出程度19.89%，综合含水率48.9%，递减率 12.3%。

三是油田含水上升加快、产量递减幅度大。按油田地质特点和开发状况可将其分为两类：一类为裂缝性低渗透扶杨油层。该类油藏主要是榆树林、头台油田。二类为裂缝不发育的特低或致密的扶杨油层，难以建立有效的驱替体系。如榆树林油田部分区块，目前含水率 15.7%，递减率 17.14%。

四是裂缝不发育扶杨油层难以建立起有效驱动体系，采油速度低。由于特低渗透油藏要克服由启动压力梯度引起的附加阻力，其有效驱动距离小于 300m，尽管有些油藏部分油层由于渗透率较高或存在裂缝能有效动用，但整体上油井产液能力低。如朝阳沟油田翼部地区和榆树林油田东区和南区等特低渗透区块。即使整体上能动用的低渗透区块，由于储层间渗透性的差异，也有部分层不能有效动用。如朝阳沟油田在小于 $3.0\times10^{-3}\mu m^2$ 的厚度中有 30% 的有效厚度不能被驱动。即使井网能控制住砂体，仍难以建立起有效驱动体系。

为更好地分析每个油田、每个区块的开发状况，需要持续开展效果评价研究。

第二节　地质与开发特征综合分类

大庆外围低渗透油田开发经过 20 多年的开发，主体区块含水率已高达 50%，已进入综合调整阶段。外围各油田以往没有统一的类别划分标准及相关技术，而国内现有的储层分类评价技术也不能完全适应外围油田储层分类评价的需求，因此迫切需要发展出适应外围油田油藏特点的储层综合定量分类评价方法及标准。随着外围油田精细地质描述技术发展和开发实践资料的不断丰富，储层综合分类评价已不是单纯静态的“地质评价”，而是将“精细地质研究”与“开发动态研究”紧密联系在一起，本次评价是在详细分析研究外围不同类型储层特征的基础上，针对影响储层质量的主控因素，运用聚类分析方法优选分类参数，合理优选分类方法，编制相应技术软件，实现了多种分类方法快速、准确地定量计算。通过灰色关联分析计算得到综合评价指标，并运用累计概率方法对综合评价指标进行合理界限划分，最终实现储层地质与开发特征综合定量分类。

一、分类评价单元确定

在对外围已开发油田深入分析研究的基础上，认为应分别从平面和纵向确定外围已开发油田的分类评价单元。

1. 平面分类评价单元

平面分类评价单元尽量与油田现存开发单元保持一致。

（1）各油田开发单元为已划分区块。

目前外围已开发各油田包括三套含油层系，共 18 个油层组，开发目的层主要是葡萄花油层和扶杨油层。绝大部分油田是单独开发一套层系，只有宋芳屯三矿、肇州、肇 291、新站几个区块是合采区块。所以外围油田是以区块作为开发单元的，每一开发单元中包括一套层系，按照同一套井网方式进行开采。由于外围各油田间及相同油田内各区块之间发育的差异较大，不同的区块应采取不同的开发方式，所以以区块作为分类单元进行类别划分，其结果对外围油田的合理开发调整方式更具指导意义。

（2）各开发区块内储层具相似性。

外围已开发油田同一套层系内大多只有十几个储层，数目较少。通过对外围各油田沉积分布特点及规律统计发现，区块内同一套层系的储层在某些方面具有一定的相似性，所以在最初开发时可以按照相同开发方案进行开发。目前外围油田储层只需进行主力层、非主力层及未动用层的定性划分即可满足开发需要，而开发单元反映的主要是主力油层的贡献，主力储层的储量占区块动用储量比例较大，区块的分类类别基本可以反映主力储层的类别。

（3）开发参数无法分配到各储层。

目前各区块的开发动态数据反映的是各个储层的累计结果，受现阶段测试技术等多方面因素影响，反映区块开发效果的主要参数无法按照储层进行定量统计。由于外围油田低渗透储层的复杂性，仅依靠地质参数对储层分类是不全面的，需要依靠开发参数的弥补作用。所以在缺乏开发参数的情况下，储层分类结果会缺乏一定合理性。

2. 垂向分类评价单元—萨葡高储层与扶杨储层分开评价

由于萨葡高储层和扶杨储层属于两套不同的沉积体系，它们的沉积条件、成藏规律及储层物性、流体性质、裂缝发育情况等多方面特征均具有明显差异，与其对应的开发效果也具有明显差异，故在进行储层分类评价时垂向上应将这两套层系分别进行评价。

综上所述，现阶段外围已开发油田分类评价单元以独立的同层系的开发区块为分类评价单元更为合理，具体划分结果见表 5.2.1，其分类结果与外围油田的进一步滚动开发可相互匹配，进一步提高了分类成果的可应用性。

表 5.2.1　外围已开发油田分类评价单元划分结果表

储层名称	已开发油田分类评价单元个数						
	采油七厂	采油八厂	采油九厂	采油十厂	榆树林油田	头台油田	合计
萨葡高	3	12	14	1	2	1	33
扶杨	1	1		32	13	6	53
合计	4	13	14	33	15	7	86

二、地质分类评价参数优选

油藏是由储层几何形态、储层孔隙空间及流体三部分组成，而每一部分都由众多的参数来表征。勘探、开发阶段的任务不同，就应选择不同的参数作为评价指标，各项参数的权值也应有所不同。在勘探评价阶段，主要是提高勘探程度和进行开发可行性评价。因此，储层评价的参数主要为储层厚度、孔隙度、渗透率、层内非均质性参数等。在开发评价阶段，主要是描述油气藏的开发地质特征，经济快速地、用尽可能高的采收率把油气开采出来，以及应用技术经济手段最大限度提高采收率，故储层地质综合评价非常重要。

能够用于储层分类评价的指标涉及岩性、岩相、成岩作用、物性、孔隙结构、含油性、电性、非均质性等许多项内容，而每个项目中通常又包括几个甚至十几个参数。这些参数合起来十分庞大、复杂，因此参数的选取标准及指标体系的建立是全面、客观评价的重要依据。

1. 地质评价参数初选

为了能够提高评价的准确性，必须对参数进行优选。每一类影响储层的因素都包含许多项参数，在选取评价参数时，应该优选出对储层影响程度最显著的参数，剔除那些与其相关性近的参数。

根据进行综合定量分类参数的要求，分析认为评价参数应具备以下几项特点：

（1）同类参数中具有代表性，容易获得，可定量化；

（2）评价单元间同项参数具明显差异；

（3）地质参数体现低渗透裂缝发育储层本质特征；

（4）开发参数能够代表油田开发特点，反映客观规律；

（5）开发参数能够对不能定量表示的地质参数起到互补作用。

1）常规地质评价参数

在对外围已开发油田地质特征深入分析的基础上，首先对影响储层质量的主要因素及各评价参数的特点进行了详细的研究，综合认为储层性质、孔隙结构特征、流体性质、砂体发育规模等几个方面因素最能反映储层发育状况，对开发效果的影响较大，是进行分类评价的必要条件。从上述几方面初步选取如下参数：有效渗透率、孔隙度、含油饱和度、有效厚度、储量丰度、平均孔喉半径、泥质含量、砂岩钻遇率、粒度中值、渗透率变异系数、原油黏度、原油流度、裂缝频率、裂缝渗透率与基质渗透率的比值、均质系数、分选系数、最大排驱压力等。

2）低渗透储层特征参数

外围已开发油田大部分区块为低渗透裂缝发育区块，这类区块受裂缝发育程度及微观渗流特征影响较大，因此有必要选取这两类参数参与分类评价。

（1）表征裂缝发育的参数。

外围油田一般多发育于致密、性脆的地层中，大部分区块发育裂缝，对低渗透油田的注水开发具有较大影响。

外围油田天然裂缝可分为构造裂缝和非构造裂缝。构造裂缝是在构造应力作用下产生的。构造裂缝按规模可划分为构造显裂缝、构造微裂缝。非构造裂缝是指岩石在非构造应力作用下形成的裂缝，包括岩石在外动力地质作用下产生的裂缝以及在沉积和成岩过程中产生的裂缝。在大庆外围油田非构造裂缝是以沉积（层间）缝为主。裂缝具有很强的非均质特征，其对储层渗透性能的改善作用是非线性的。

通过岩心观察，长垣东部扶杨油层显裂缝主要发育于粉砂岩中，其次是泥质粉砂岩和粉砂质泥岩，泥岩中的裂缝发育较少。长垣西部萨葡高油层构造显裂缝主要发育在泥岩和过渡岩性中，从长垣东部宋芳屯油田、升平油田葡萄花油层裂缝发育特征看，发育在过渡岩性中的裂缝也占有相当大的比例。受区域应力场作用影响，裂缝发育程度具有明显的规律性，总体上，萨葡高油层构造裂缝比扶杨油层发育，整个大庆外围油田构造裂缝发育规律是：由北向南、由东向西构造裂缝的发育程度是增强的（表 5.2.2）。

表 5.2.2　大庆外围油田裂缝发育情况统计表

油田	层位	区域位置	裂缝类型	发育程度
头台、榆树林、肇州、肇源、朝阳沟	FY	长垣东部	构造显裂缝	较发育
龙虎泡	SPG	长垣西部	构造显裂缝	较发育
葡西、新站、新肇	P	长垣西部	构造显裂缝	发育
宋芳屯、升平	P	长垣东部	构造显裂缝	较发育
头台、榆树林、肇州、肇源、朝阳沟	FY	长垣东部	构造微裂缝	较差
龙虎泡	SPG	长垣西部	构造微裂缝	较发育
葡西、新站、新肇	P	长垣西部	构造微裂缝	较发育
头台、榆树林、肇州、肇源、朝阳沟	FY	长垣东部	层间缝	发育
龙虎泡	SPG	长垣西部	层间缝	较发育
葡西、新站、新肇	P	长垣西部	层间缝	较发育

①显裂缝发育特征及频率。

对长垣东部扶杨油层、西部萨葡高油层岩心裂缝进行统计发现（表 5.2.3 和表 5.2.4），长垣西部萨葡油层岩心裂缝发育频率相比长垣东部扶杨油层要高。其中，新站油田位于松花江和嫩江的交汇部位，是一个向北东方向倾没的鼻状构造，受基底深大断裂影响，应力复杂，断层发育，同时裂缝发育频率也远远高于附近油田的裂缝发育频率。在长垣东部扶杨油层中，榆树林油田和肇州油田的裂缝发育频率相对较小。

表 5.2.3　长垣东部扶杨油层岩心构造裂缝发育频率统计表

油田	观察井数 / 口	岩心长度 / m	裂缝条数 / 条	裂缝频率 /（条 /m）		
				合计	扶一组	扶二—杨大城子
头台	38	2707.5	155	0.057	0.083	0.039
榆树林	34	3643.0	44	0.012	0.021	0.008
肇州	25	1737.3	46	0.026	0.035	0.021
朝阳沟	25	2336.1	108	0.046	0.072	0.044
肇源	14	1003.6	31	0.031	0.046	0.011
平均 / 合计	136	11427.5	384	0.034	0.051	0.025

表 5.2.4　长垣西部萨葡高油层岩心构造裂缝发育频率统计表

油田	观察井数 / 口	裂缝条数 / 条	岩心长度 / m	裂缝频率 /（条 /m）	S 油层裂缝频率 /（条 /m）	P 油层裂缝频率 /（条 /m）	G 油层裂缝频率 /（条 /m）
龙虎泡	44	131	3178.21	0.041	0.026	0.070	0.039
葡西	23	87	1235.67	0.070		0.070	
新站	16	196	607.18	0.323		0.323	
新肇	23	106	1214.39	0.087		0.087	
平均 / 合计	106	520	6231.45	0.083		0.117	

显裂缝的宽度较大，在数量级上超过基质孔隙直径，若无变形作用或矿物质充填，则由显裂缝组成的裂缝系统在低渗透砂岩储层中可以提高渗透率，一些开发井组动态分析中有时可以看到，部分油井在注水很短一段时间内就见效，且含水很快升高，这些现象说明储层中显裂缝在起作用。

②微裂缝发育特征及频率。

微裂缝的发育程度对低渗透油田储层的吸水能力具有重要意义，微裂缝的存在扩大了储层的吸水体积，使油层的吸水启动压力降低，增强了储层的吸水能力，提高油井产能。

a. 扶杨油层微裂缝。

扶杨油层微裂缝有切穿矿物和基质现象，大多数微裂缝被方解石全部或部分充填，说明微裂缝形成后经历了地球成岩作用的化学演化。微裂缝的发育方向以平行于显裂缝的方向为主，部分呈一定夹角展布，但也有的微裂缝与显裂缝方向成一定夹角，甚至近于垂直，与显裂缝组成共轭裂缝系。

三肇地区扶杨油层微裂缝面密度见表 5.2.5，由表可知研究区微裂缝总体发育较差，150 块薄片中发现微裂缝的薄片仅有 12 块，平均面密度仅为 0.02mm^{-1}。

表 5.2.5　三肇地区扶杨油层微裂缝面密度表

油田	井号	薄片数 / 块	薄片总面积 / mm^2	微裂缝总长度 / mm	平均面密度 / （1/mm）
榆树林油田	东 121、东 122、树 342	4	1242	39.0	0.031
头台油田	茂 501、茂 901	3	1200	15.1	0.013
朝阳沟油田	朝 97、朝 94	2	768	23.7	0.031
肇州油田	州 132	2	745	16.5	0.022
肇源地区	源 131、源 35	2	800	1.7	0.002
平均 / 总计		13	4755	96.0	0.02

b. 萨葡高油层微裂缝。

通过对 48 口井、165 块岩心薄片观察结果表明，四个油田萨葡高油层的微裂缝都比较发育，且多不被充填。微裂隙长度多为 7~22mm，宽度多为 0.01~0.1mm（表 5.2.6）。总体上看，微裂隙对四个油田注水开发影响的程度都很大。

表 5.2.6　长垣外围西部微裂隙特征描述表

油田	观察井数 / 口		观察薄片 / 块		裂隙条数 / 条	沟通空隙 / 条	裂隙充填情况 / 条		规模 /mm	
	总井数	具裂隙井	总块数	具裂隙			未充填	充填油质	长度	宽度
龙虎泡	13	7	38	11	17		13	3	7~20	0.02~0.10
葡西	15	6	27	13	19	5	16	1	10~22	0.01~0.10
新站	14	5	33	10	18	3	14		8~20	0.01~0.07
新肇	6	5	67	14	28	14	22		17~25	0.01~0.60
平均 / 合计	48	23	165	48	82	22	65	4	7~22	0.01~0.10

如果说构造显裂缝一方面提高了储层导流能力，另一方面导致单方向的水淹、水窜，即有利有弊。那么微裂缝的存在则是利大于弊，它的存在提高了储层的驱油效果及渗透性，没有微裂缝存在的储层很难有可观的产能。与显裂缝相比，微裂缝延伸长度小，因而其对储层的贡献远不如显裂缝大。

c. 层间裂缝发育特征。

通过岩心观察，层间缝多呈水平状态，顺层分布于岩性变化的界面上，具弯曲、断续、分枝、消失等特点。在层理面或泥质条带等岩性界面上，极易产生层间裂隙，形成层间缝。不论含油级别高低，只要有上述沉积构造存在，层间缝就发育。在层间缝发育部位，缝间距为 0.5~2.0cm/ 条。

a）扶杨油层层间裂缝。

扶杨油层为季节性河流沉积，层间裂缝普遍发育，其间距与层系厚度有关。沉积（层间）缝是指沉积物在成岩过程中形成的裂缝。其分布并不像构造裂缝受地质构造限制，而可以普遍发育于正常沉积、成岩环境的储层中。研究认为，层间缝的发育与砂体微相密切相关。三肇地区扶杨油层砂体微相以分流河道、点坝为主，点坝砂体上部有平行层理和不规则纹层，其沉积颗粒分选性差，而分流河道砂体一般无不规则纹层，而且沉积颗粒较均质，因此点坝砂体比分流河道砂体更易形成层间缝。其次，具薄互层特点或层理发育的其他微相砂体，层间缝也较发育（表 5.2.7）。

表 5.2.7　三肇地区扶杨油层储层物性参数表

油田	井数	样品块数			基质		层间缝		差值	
		基质	层间缝		ϕ/%	K/（$10^{-3}\mu m^2$）	ϕ/%	K/（$10^{-3}\mu m^2$）	ϕ/%	K/（$10^{-3}\mu m^2$）
			ϕ/%	K/（$10^{-3}\mu m^2$）						
榆树林	11	869	57	20	13.39	2.86	13.72	21.41	0.33	18.55
朝阳沟	5	507	24	8	13.64	3.64	12.83	27.34	−0.81	23.7
头台	5	263	18	6	12.46	1.67	12.86	17.54	0.4	15.87
肇州	4	244	34	4	12.79	1.45	13.21	16.44	0.42	14.99
肇源	5	391	14	4	11.92	1.81	12.53	21.16	0.61	19.35
升平	3	205	17	7	15.79	3.13	16.01	45.55	0.22	42.42

b）萨葡高油层层间裂缝。

长垣西部萨葡高油层为三角洲前缘相—浅湖相沉积，因而水平（层间）缝相对较发育，主要发育在薄互层和岩性界面以及层理发育处，沿缝面多有原油溢出，且在各种岩性中均有发育，但在油层中相对发育。层间缝的形成与沉积环境相关，在储层沉积、成岩过程中形成了各种薄弱结构面，在后期的构造事件中，由于应力变化导致结构面开启形成层间裂缝。因此沉积环境（即沉积相）是层间裂缝形成的物质基础，而应力变化则是薄弱结构面开启的必要条件。

从测得层间缝渗透率的岩心分析资料统计结果（表 5.2.8）看，层间缝的孔隙度一般与基质相差较小，但渗透率较基质要大得多，从测得的层间缝渗透率与基质渗透率比值看，大部分发育层间缝的油田 K_F/K_J 都在 3~5 倍以上，高的甚至可以达到 15 倍。因此层间缝的存在在非常大的程度上提高了储层的导流能力、吸水能力，改善了储层渗透率低的不足。同时由于层间裂缝无一定的方向性，使储层的非均质性增强，加剧了层内矛盾，对注水开发会产生较大的影响，采用参数 K_F/K_J 来评价储层更能真实地反映层间裂缝对储层渗透能力及开发的影响程度。

表 5.2.8　长垣西部层间缝与基质物性对比表

油田	井数/口	层位	样品块数/块				基质		层间缝		差值		K_F/K_J
			基质		层间缝								
			ϕ/%	K/($10^{-3}\mu m^2$)	ϕ/%	K/($10^{-3}\mu m^2$)	ϕ/%	K/($10^{-3}\mu m^2$)	ϕ/%	K/($10^{-3}\mu m^2$)	ϕ/%	K/($10^{-3}\mu m^2$)	
龙虎泡	14	SPG	842	466	42	12	14.34	27.17	11.52	161.74	−2.82	134.57	6
葡西	8	P	556	143	28	0	15.16	6.34	13.36		−1.80		
新站	1	P	30	30	1	1	12.68	0.28	13.03	3.58	0.35	3.30	12
新肇	8	P	487	191	29	13	14.61	0.68	11.82	1.41	−2.79	0.73	2
其他	12	P	811	247	36	109	15.97	47.09	15.84	117.02	−0.13	69.92	2.5

有效准确地对外围油田的裂缝发育程度进行评价分类，是低渗透裂缝性油藏评价的重要内容之一。评价裂缝的参数很多，例如裂缝线密度、裂缝发育指数、裂缝产能系数等，目前还没有一种精度很高的裂缝评价参数能表征对储层油气产能的贡献作用及对储层开发效果的影响程度。综上，通过对外围裂缝发育状况的分析，选取能代表裂缝发育程度及影响开发效果且目前情况下可定量的评价参数，最终确定裂缝频率、裂缝渗透率与基质渗透率的比值这两项指标作为评价参数。

（2）表征非达西微观渗流的特征参数。

低渗透油藏由于渗流环境复杂，孔喉狭小，储层渗透率很低、油气水赖以流动的通道很细微、渗流阻力很大、液—固界面及液—液界面的相互作用力显著、油水两相干扰严重，启动压力明显，其油水渗流规律和特点要比中高渗透储层更加复杂。并且在分子之间力的作用下，多孔介质孔隙的表面形成一个流体吸附滞留层，吸附滞留层对流体流动的影响较大。同时，低渗透多孔介质的物性参数受上覆有效应力的影响较大，导致渗流规律产生某种程度的变化而偏离达西定律，呈现低速非线性渗流现象。

低渗透储层孔隙孔道异常细小。一般情况下，低渗透储层渗透率为（10~50）$\times10^{-3}\mu m^2$，平均孔隙喉道半径为 1.051μm；特低渗透储层渗透率在（1~10）$\times10^{-3}\mu m^2$，平均孔隙喉道半径仅为 0.112μm。这种情况下，孔隙半径和吸附滞留层厚度在同一数量级上，甚至更小，必须有足够的能量克服固—液界面分子作用力，才能使吸附滞留层流体参与流动。低渗透油藏原油边界层不可忽略。驱动压力梯度较小时液体不能流动，当流体流动时，除了要克服黏滞阻力外，还必须要克服边界层内固—液界面的相互作用。所以只有当驱替压力梯度大于一定值时，流体才能克服表面分子作用力的影响形成流动。此时的驱替压力梯度称为启动压力梯度。启动压力梯度越高，说明原油越难流动，油层吸水能力越差，低渗透油藏油水渗流的基本规律与高渗透油藏明显不同。

①非线性渗流特征参数—启动压力梯度。

低渗透储层由于孔喉细小、比表面积大、原油边界层厚度大、贾敏效应和表面分子力作用强烈，其渗流规律不遵循达西定律，具有非达西型渗流特征。渗流直线段的延长线不通过坐标原点（达西型渗流通过坐标原点），而与压力梯度轴相交，其交点即为启动压力梯度。渗透率越低，启动压力梯度越大。

启动压力梯度产生的机理：流体在多孔介质中渗流时，固液相间始终存在着表面作用；液体中的表面活性物质与岩石之间产生吸附作用，形成稳定的胶体溶液，部分或全部覆盖在孔隙中；低渗透流动时，液体必须克服液体与岩石之间的阻力后才能流动，使储层视渗透率减小；孔隙大小、孔隙喉道几何结构及其分布都会影响其中流体的渗流速度；有效应力的上升迫使岩石的格架变形以致破坏，造成孔隙度、渗透率急剧下降；流体本身的流变学性质也是重要的影响的因素。

其主要的表现特征是：梯度低于某一界限时，流体不能克服流动的压力，不发生流动，即存在启动压力梯度；梯度大于启动压力梯度后，压力梯度与流量之间的关系不是简单的线性关系，而是复杂的非线性渗流；压力梯度继续增大到某一数值后，压力梯度与流速之间的关系才呈线性关系。其延长线的截距（在流速为零时的压力梯度）被称为拟启动压力梯度。

低渗透非达西渗流储层具有一定的启动压力梯度，虽然它与渗透率直接相关，但也与储层的微观孔隙结构有着密切的关系。大庆、长庆和吉林油田的启动压力梯度实验测试资料对比表明：对于渗透率相近的不同油区，其启动压力梯度差异很大，差异甚至能达到一个数量级。这是由于不同储层孔隙结构、沉积、压实作用不同，不同油田的流体性质不同等多方面因素造成的。表明启动压力梯度是一个多因素函数。对于同一油区，平均启动压力梯度随渗透率的减小而增大。对于不同油区，即使渗透率相同，启动压力梯度也不一定相同。

扶杨油层岩样测试结果表明，低渗透储层内不同流体均存在拟启动压力梯度。束缚水下油相渗流和残余油下水相渗流的拟启动压力梯度不显著。油水两相时的拟启动压力梯度要大于单相时的情况，分析认为是毛管力的作用，而束缚水时油相渗流的拟启动压力梯度又大于残余油时的水相渗流的拟启动压力梯度，在空气渗透率小于 $2\times10^{-3}\mu m^2$ 以后，存在较大的拟启动压力，随着渗透率的减小，拟启动压力梯度急剧上升。

因此对于同时具有两相渗流状态的低渗透储层来讲，启动压力梯度是表征储层渗流能力重要的评价参数。

②表征有效渗流空间的参数—可动流体饱和度。

由于低渗透储层巨大的比表面，液体和固体之间的作用力很强，使得孔隙表面部分流体难以流动，减小了有效渗流的空间。对于低渗透储层，可以流动的流体才有可能被有效动用。可动流体饱和度反映的是整个孔隙空间内可流动流体量所占比例，直接决定了可采出的原油量，是储层开发潜力评价的一个重要参数。中高渗透储层可动流体饱和度较大，其对储层开发潜力评价的作用并不显著。但对于低渗透储层特别是特低渗透储层，渗流空间有限，而且由于黏度、毛管阻力、孔喉半径等多方面因素的影响，可动流体饱和度非常小，对评价储层具有重要意义。

大庆外围低渗透油田岩心可动流体饱和度与孔隙度和渗透率关系研究结果表明，可动流体饱和度与孔隙度基本没有相关关系，与渗透率有一定的相关关系。随着岩心渗透率增加，可动流体饱和度也呈增加趋势。当渗透率大于 $10\times10^{-3}\mu m^2$ 时，可动流体饱和度值相对较大，表明储层开发潜力较大；当渗透率小于 $0.5\times10^{-3}\mu m^2$ 后，可动流体饱和度值相对较小，储层开发潜力变差。统计结果表明：可动流体饱和度数据点非常分散，即可动流体饱和度并不完全受渗透率控制，部分渗透率较低的岩心可动流体饱和度反而较高，反之亦然。因此可动流体饱和度是一个独立于孔隙度、渗透率的参数，不能完全由渗透率替代。

对渗流空间有限的特低渗透储层，可动流体饱和度是储层的主要表征参数。根据对低渗透岩心的驱油效率实验结果表明，总体上岩心驱油效率随着渗透率的提高而增加，但并不是绝对如此，特别是在特低渗透率范围段，也有部分较高渗透率岩心驱油效率较低，而渗透率较低的岩心驱油效率较高。但可动流体百分数与驱油效率间存在很好的对应关系，可动流体百分数越大，驱油效率越高，反之亦然。

用核磁共振分析仪对外围几大低渗透油田进行了可动流体饱和度测试，实验结果表明：可动流体饱和度与渗透率之间具有一定函数相关性。由于可动流体饱和度的测量存在一定的难度，在地质特征相近的油田，可以利用已经测得的实验数据建立相应的回归公式，在对各区块取值时，采用回归公式计算，实现可动流体饱和度的定量化求解。

2. 常用低渗透油藏分类标准

低渗透油藏没有统一概念，也没有统一的划分标准和界线，各国主要根据微观储层特征、技术和经济条件进行划分。据《低渗透油气田》(1996 年）一书中所述，美国 A.I.Leverson 把渗透率大于 $10\times10^{-3}\mu m^2$ 的低渗透油藏划为好储层，故低渗透储层的上限就等于 $10\times10^{-3}\mu m^2$，而美国、加拿大等国家渗透率的下限一般定为 $0.1\times10^{-3}\mu m^2$。我国常规的分类方法主要有以下几种。

1）常规渗透率分类方法

我国普遍采用李道品教授的分类方法，根据渗流特征和开采特征，以渗透率作为主要的划分指标，即储层渗透率小于 $50\times10^{-3}\mu m^2$ 的油藏划归低渗透储层。根据渗透率的不同，进一步将低渗透油藏分为三种类型：

（1）一般低渗透油藏：储层渗透率为（10~50）$\times10^{-3}\mu m^2$，此类储层一般具有工业性自然产能，但产能较低，需要采取相应的储层保护和改造措施，进一步提高其产能。

（2）特低渗透油藏：储层渗透率为（1~10）$\times10^{-3}\mu m^2$，此类储层是低渗透油藏主体，通常束缚水饱和度较高，自然产能一般达不到工业标准，需进行大型压裂、酸化方可经济有效开发。

（3）超低渗透油藏：储层渗透率为（0.1~1）$\times10^{-3}\mu m^2$，属于致密低渗透储层。此类储层孔隙半径、喉道半径很小，已接近有效储层的下限，几乎没有自然产能。如果油层埋藏较浅、原油性质较好、油价较高等，或者采取储层进行大型改造提高产量、降低成本的有力措施，也可以进行有效的工业开发。

2）流度分类法

根据调研情况，按流度主要有四种分类方法（表 5.2.9）。

表 5.2.9　按流度（K/μ）分类表

类别	一	二	三	四
咨询中心低渗透研究组	＞10	1~10	＜1	
大庆	＞1.5	1.5~1	1~0.5	＜0.5
采收率所	＞1	1~0.5	＜0.5	
武若霞	＞30	1~30	＜1	

3）廊坊分院渗流研究所研究的评价分类参数和分类界限

渗流研究所近几年来在储层微观孔隙结构、渗流特征和敏感性特征方面做了大量深入细致地研究工作，揭示了影响不同油区相同渗透率油层开采效果不同的因素，并提出了储层分类评价参数界限。

（1）最大喉道半径。最大喉道半径值，反映储层排驱压力大小。根据大庆、长庆油田的资料，按最大喉道半径大小，将低渗透油层分为四类。一类：最大喉道半径 6~8μm；二类：最大喉道半径 4~6μm；三类：最大喉道半径 2~4μm；四类：最大喉道半径小于 2μm。

（2）主流喉道半径。主流喉道半径为低渗透油层对渗流起主要作用的喉道半径平均值。按主流喉道半径大小，将低渗透油层分为四类。一类：主流喉道半径 4~6μm；二类：主流喉道半径 2~4μm；三类：主流喉道半径 1~2μm；四类：主流喉道半径小于 1μm。

（3）平均孔喉半径。平均孔喉半径是储层中所有喉道半径的平均值，反映了岩石总体喉道大小。按平均孔喉半径大小，将低渗透油层分为四类。一类：平均喉道半径 2.5~4μm；二类：平均喉道半径 1~2.5μm；三类：平均喉道半径 0.5~1μm；四类：平均喉道半径小于 0.5μm。

（4）喉道均质系数。喉道均质系数反映喉道大小的均一程度，按其大小，将低渗透油层划分为四类。一类：均质系数大于 0.6；二类：均质系数 0.4~0.6；三类：均质系数 0.3~0.4；四类：均质系数小于 0.3。

（5）可动流体饱和度。可动流体饱和度反映油层流体流动有效空间大小，按其大小划分为四类。一类：可动流体饱和度大于 65%；二类：可动流体饱和度 50%~65%；三类：可动流体饱和度 35%~50%；四类：可动流体饱和度 20%~35%。

根据上述孔隙结构五个参数，低渗透油层可以分为四类（表 5.2.10 和表 5.2.11），低渗透油层的孔隙喉道半径较小，最大喉道半径小于 8μm，平均喉道半径均小于 4μm。

表 5.2.10　孔隙结构参数界线（一）

参数	界限			
	低渗透一类	低渗透二类	低渗透三类	低渗透四类
最大喉道半径 /μm	6~8	4~6	2~4	＜2
主流喉道半径 /μm	4~6	2~4	1~2	＜1
平均喉道半径 /μm	2.5~4	1~2.5	0.5~1	＜0.5
喉道均质系数	＞0.6	0.4~0.6	0.3~0.4	＜0.3
可动流体饱和度 /%	＞65	50~65	35~50	20~35

表 5.2.11　孔隙结构参数界线（二）

股份公司分类标准		一类	二类	三类	四类
大庆分类	分类标准	Ⅰ类	Ⅱ类、Ⅲ类	Ⅳ1 类、Ⅳ2 类	Ⅳ3 类
	对应渗透率 /mD	5.0~10.0	2.0~5.0	0.5~2.0	＜0.5

（6）启动压力梯度分类。除储层物性参数外，还可对其渗流特征（主要为启动压力梯度）进行分类。大量资料研究表明，启动压力梯度与渗透率成反比，渗透率越低，启动压力梯度越大。因为各油区储层孔隙结构特征不同，同一级别渗透率，其启动压力梯度并不相等。根据启动压力梯度，可将低渗透油层划分为四类。一类：启动压力梯度小于0.01MPa/m；二类：启动压力梯度 0.01~0.05MPa/m；三类：启动压力梯度 0.05~0.1MPa/m；四类：启动压力梯度大于 0.1MPa/m。

（7）敏感性特征分类。低渗透油层中一般含有较多的黏土矿物。黏土矿物主要有蒙皂石、伊利石、绿泥石、高岭石和混层矿物。这些矿物在油田开发过程中，由于钻开油层、注水泥、射孔试油、酸化、压裂、采油、注水、修井等作业措施，造成与外来液体不配伍或固相颗粒堵塞，导致油层渗透率降低。如蒙皂石吸水膨胀，体积可增加 25~30 倍，引起油层渗透率大幅度降低，其他黏土矿物虽然程度不同，但均有黏土颗粒堵塞孔喉，造成油层损害。根据蒙皂石、其他黏土矿物的含量及敏感指数，将低渗透油层划分为四类（表 5.2.12）。

表 5.2.12　敏感性特征界限

参数	界限			
	低渗透一类	低渗透二类	低渗透三类	低渗透四类
敏感指数	＜0.3	0.3~0.5	0.5~0.7	＞0.7
伊利石、伊利石 / 蒙混层相对含量 /%	＜20	20~40	40~60	＞60
蒙皂石含量 /%	＜1	1~2	2~4	4~6

4）综合分类方法

低渗透油田开发专家李道品教授等应用渗透率和流度对低渗透油藏进行了分类（表 5.2.13）。

表 5.2.13　按渗透率和流度分类

	渗透率（10~50）×$10^{-3}\mu m^2$（一般低渗透）	渗透率（1~10）×$10^{-3}\mu m^2$（特低渗透）	渗透率小于 1×$10^{-3}\mu m^2$（超低渗透）
流度≥10[$10^{-3}\mu m^2$/（mPa·s）]（高流度）	$Ⅰ_1$	$Ⅱ_1$	$Ⅲ_1$
流度 1~10[$10^{-3}\mu m^2$/（mPa·s）]（低流度）	$Ⅰ_2$	$Ⅱ_2$	$Ⅲ_2$
流度＜1[$10^{-3}\mu m^2$/（mPa·s）（特低流度）	$Ⅰ_2$	$Ⅱ_2$	$Ⅲ_2$

注：Ⅰ～Ⅲ表示渗透率类别；下标 1~3 数字表示流度级别。

各个油藏、储层客观存在的非均质性，决定了不同的油田和储层间总是存在不同程度的差异。这些差异是决定开发战略和一系列技术政策的重要依据。因此，每个油田和储层在经过详细、系统描述，对其总体特点得出认识以后，要进一步进行评价，进行相对分类、命名，明确其内部的相对差异，以利于开发上区别对待。

5）储层参数单因素分析

对储层进行参数单因素分析，不仅能够真实地认识储层某一方面性质特征的类别，还可在开发初期参数不完善的情况下，通过储层主要特征参数进行大致分类，对其做初步认识。本次单因素分析主要针对萨葡、扶杨储层的主要影响参数。

在对选择的参数建立具体分类界限时，如果只是对样本点（即评价指标）进行分类，不能真实地反映这些样本点的整体分布规律，因此我们采用累计概率的方法对其进行分类。不同样本点的累计概率，不仅能真实地反映样本中数据点的展布，而且能够定量的将不同累计概率的样本点进行分类归纳。

累计概率是样本中的每个值与样本中小于等于该值的值的百分比，它能够显示出不同样本点与其累计概率的对应关系，反映不同样本点对整体的影响大小，并且能够清晰地反映样本点在整体中的分布趋势。用横坐标表示不同样本点的值，用纵坐标表示累计概率百分比，样本点在累计概率变化较大时将产生不同幅度的跳跃，将大致有直线趋势的点连成一条直线，在连线时多数点在直线上，但有些点并不在直线上，这样可以做出具有不同斜率的直线段，这样做成累计概率曲线图。将斜率相同，即具有线性关系的累计概率点划为一类，最终可以把累计概率点分为不同类别。运用评价参数概率累计曲线方法对萨葡、扶杨储层的主要地质评价参数进行了单因素分类，分类界限及分类结果见表5.2.14和表5.2.15。

表5.2.14　大庆外围低渗透储层地质评价参数单因素分类界限

萨葡储层					扶杨储层			
序号	参数	一类	二类	三类	参数	一类	二类	三类
1	渗透率 /$10^{-3}\mu m^2$	≥ 120	120~50	≤ 50	渗透率 /$10^{-3}\mu m^2$	≥ 10	10~4	≤ 4
2	孔隙度 /%	≥ 21.5	21.5~18.5	≤ 18.5	$S_{可动}$/%	≥ 38	38~32	≤ 32
3	有效厚度 /m	≥ 4.5	4.5~3.5	≤ 3.5	储量丰度 /（$10^4t/km^2$）	≥ 75	75~53	≤ 53
4	储量丰度 /（$10^4t/km^2$）	≥ 45	45~30	≤ 30	启动压力梯度 /（$10^{-3}MPa/m$）	≥ 5.1	5.1~22.6	≤ 22.6
5	流度 /[$10^{-3}\mu m^2$/（mPa·s）]	≥ 25	25~10	≤ 10	流度 /[$10^{-3}\mu m^2$/（mPa·s）]	≥ 0.7	0.7~0.25	≤ 0.25
6	平均孔喉半径	≥ 2.3	2.3~2.0	≤ 2.0	平均孔喉半径	≥ 1.25	1.25~0.5	≤ 0.5

表5.2.15　萨葡储层地质参数分类结果

萨葡储层						扶杨储层					
区块	孔隙度	有效厚度	渗透率	储量丰度	流度	区块	$S_{可动}$	启动压力梯度	渗透率	储量丰度	流度
龙虎泡高台子层	Ⅲ	Ⅰ	Ⅲ	Ⅱ	Ⅲ	朝气3区	Ⅱ	Ⅰ	Ⅱ	Ⅰ	Ⅰ
葡西	Ⅲ	Ⅱ	Ⅲ	Ⅲ	Ⅲ	朝89	Ⅱ	Ⅰ	Ⅱ	Ⅰ	Ⅱ
新站（P）	Ⅲ	Ⅱ	Ⅲ	Ⅲ	Ⅲ	树32	Ⅱ	Ⅱ	Ⅲ	Ⅰ	Ⅱ
金17	Ⅱ	Ⅰ	Ⅲ	Ⅰ	Ⅲ	树8	Ⅲ	Ⅱ	Ⅲ	Ⅰ	Ⅲ
新肇	Ⅱ	Ⅰ	Ⅲ	Ⅱ	Ⅱ	树322	Ⅱ	Ⅱ	Ⅲ	Ⅰ	Ⅱ
龙南	Ⅲ	Ⅱ	Ⅲ	Ⅲ	Ⅲ	长31区块	Ⅱ	Ⅰ	Ⅱ	Ⅰ	Ⅱ
敖南	Ⅰ	Ⅲ	Ⅲ	Ⅲ	Ⅲ	朝55区	Ⅱ	Ⅰ	Ⅰ	Ⅰ	Ⅰ
台105	Ⅱ	Ⅲ	Ⅲ	Ⅲ	Ⅲ	朝202断块轴	Ⅱ	Ⅰ	Ⅱ	Ⅰ	Ⅱ
布木格	Ⅲ	Ⅱ	Ⅲ	Ⅲ	Ⅱ	予备井区	Ⅲ	Ⅰ	Ⅱ	Ⅰ	Ⅱ
树110	Ⅰ	Ⅲ	Ⅲ	Ⅲ	Ⅲ	树2	Ⅲ	Ⅱ	Ⅲ	Ⅰ	Ⅲ
源13—肇261	Ⅱ	Ⅲ	Ⅱ	Ⅲ	Ⅲ	朝44北	Ⅰ	Ⅰ	Ⅰ	Ⅰ	Ⅰ

可以看出，根据单因素分类界限划分后，各区块的主要影响因素划分结果存在相互交叉、矛盾的现象，由此表明对于外围低渗透复杂储层仅仅依靠某单一参数进行分类，分类结果是不全面的。因此需要进行地质特征参数优选，并进行综合分类。

3. 地质特征参数优选方法及结果

深入研究外围低渗透油田萨葡、扶杨油层地质特征，以及表述低渗透储层特有的地质规律认识，可以客观、准确评价储层的参数包括储层渗透特征、储层分布特征、储层流体性质、孔隙结构特征、裂缝发育特征等五个方面进行选取，初步选取结果包括 16 个指标参数，分别是：渗透率、孔隙度、有效厚度、储量丰度、平均孔喉半径、泥质含量、砂岩钻遇率、粒度中值、渗透率变异系数、原油黏度、原油流度、裂缝频率、裂缝渗透率与基质渗透率比值、均质系数、分选系数、最大排驱压力。从如此多的参数中优选出具有独立性强、易获取、可比性的参数，通过比较分析，运用聚类分析法进行评价参数优选。

1）聚类分析法原理

聚类与分类的不同在于聚类所要求划分的类是未知的。聚类是将数据分类到不同的类或者簇，所以同一个簇中的对象有很大的相似性，而不同簇间的对象有很大的相异性。从统计学的观点看，聚类分析是通过数据建模简化数据的一种方法。传统的统计聚类分析方法包括系统聚类法、分解法、加入法、动态聚类法、有序样品聚类、有重叠聚类和模糊聚类等。聚类分析工具已被加入许多统计分析软件包中，如 SPSS、SAS 等。聚类分析是一种探索性的分析，在分类的过程中，人们不必事先给出一个分类的标准，聚类分析能够从样本数据出发，自动进行分类。聚类分析所使用方法的不同，常常会得到不同的结论。不同研究者对于同一组数据进行聚类分析，所得到的聚类数未必一致。

从实际应用的角度看，聚类分析是数据挖掘的主要任务之一。而且聚类能够作为一个独立的工具获得数据的分布状况，观察每一簇数据的特征，集中对特定的聚簇集合做进一步的分析。聚类分析还可以作为其他算法（如分类和定性归纳算法）的预处理步骤。在岩石的分类、矿物的分类、古生物的分类、石油成因研究、油藏类型研究中有许多分类问题，因此聚类分析法被广泛地应用，其中层次聚类法最为普遍。

2）系统聚类法步骤

系统聚类分析（Hierachical cluster analysis）是聚类分析中应用最广泛的一种方法，凡是具有数值特征的变量和样品都可以采用系统聚类法，选择不同的距离和聚类方法可获得满意的数值分类效果。

系统聚类法是把个体逐个地合并成一些子集，直至整个总体都在一个集合之内为止。其分类步骤如下：

（1）聚类前先将数据进行规范化处理，数据的规范化处理有很多方法，如均值化、最大（或小）值化、初始化、正向化、归一化等。

（2）各样品自成一类（n 个样品一共有 n 类），计算各样品之间的距离，并将距离最近的两个样品并成一类。

（3）选择并计算类与类之间的距离，并将距离最近的两类合并，如果类的个数大于 1，则继续并类，直至所有样品归为一类为止。

（4）最后绘制系统聚类谱系图，按不同的分类标准或不同的分类原则，得出不同的分类结果。

3）地质特征参数优选结果

应用聚类分析方法，综合萨葡、扶杨油藏的储层特点，每类储层各优选出7个参数进行评价。萨葡油层优选出的7项参数包括：渗透率、孔隙度、有效厚度、储量丰度、平均孔隙半径、流度、裂缝频率；扶杨油层优选出的7项参数包括：渗透率、储量丰度、平均孔喉半径、可动流体饱和度、启动压力梯度、流度、裂缝渗透率与基质渗透率比值（$K_{缝}/K_{基}$）。各参数物理意义如下：

（1）渗透率：指在一定的压差下，岩石本身对流体的渗透能力。是储层研究的最重要参数，它不但影响着油气的储能，更重要的是控制着油气的产能。

（2）孔隙度：控制油气储量及储能的重要物理参数，是储层研究的最基本标量，与有效厚度组合能更确切地反映储量丰度。储层的孔隙度一般为5%~30%，根据储层的有效孔隙度的大小，可以粗略地评价储层性能的好坏。

（3）储量丰度：指油藏单位含油面积内的地质储量。

（4）流度：指流体在多孔介质中的有效渗透率K与其黏度μ的比值，直接反映流体的流动能力。

（5）有效厚度：指在现有开采工艺技术条件下，在工业油井中，具有产油能力的储层厚度。该指标直接反映油气的产能高低。在一个油田或区块内，其他评价参数差别不大的条件下，每个层组有效厚度的大小，直接反映储量的丰度和所占储量的多少。

（6）平均孔喉半径：指岩石中沟通孔隙与孔隙之间的狭窄通道的大小的均值。

（7）$K_{缝}/K_{基}$：指区块裂缝渗透率与基质渗透率的对比程度，直接反映裂缝发育对注水和开发影响程度。

（8）裂缝频率：指单位测量长度内所观察到裂缝的条数，用于显裂缝和层间裂缝发育程度的描述，反映裂缝发育程度及提高储层渗流能力。

（9）启动压力梯度：指低渗透储层渗流规律不遵循达西定律，具有非达西型渗流特征。渗流直线段的延长线不通过坐标原点，而与压力梯度轴相交，其交点即为启动压力梯度。渗透率越低，启动压力梯度越大。

（10）可动流体饱和度：指整个孔隙空间内可动流体量所占比例，直接决定了可采出的原油量，表征有效渗流空间的重要参数。

三、开发评价参数优选

注水开发实践表明，油藏地质条件是油田开发效果好或差的内在因素，注水开发水平级别是反映油田开发效果好或差的重要判断方法。因此在开发评价参数优选方面，首先需研究分级标准参数的适用性；其次依据外围低渗透油藏的实际开发特征，进一步优选与之相适应和匹配的开发评价参数。

1. 参考行业标准确定评价参数

首先分析研究了SY/T 6219—1996《油田开发水平分级》中的中低渗透砂岩油藏的开发分类标准（表5.2.16），其中各开发评价分类参数定义如下。

（1）水驱储量控制程度。

水驱储量控制程度是指现有井网条件下与注水井连通的采油井射开有效厚度与井组内

采油井射开总有效厚度之比值。

表 5.2.16　原石油行业低渗透砂岩油藏分类标准

序号	项目		类别		
			一	二	三
1	水驱储量控制程度 /%		≥ 70	60~70	＜ 60
2	水驱储量动用程度 /%		≥ 70	50~70	＜ 50
3	能量保持水平和能量利用程度		地层压力为饱和压力的85% 以上，能满足油井不断提高采液量的需要，也不会造成油层脱气	虽未造成脱气，但不能满足油井提高排液量的需要	既造成油层脱气，也不能满足油井提高排液量的需要
4	水驱状况		油藏应在已经达到开发方案设计的综合含水和采出程度曲线以上运行，向提高采收率方向发展	油藏的实际开发曲线接近开发方案设计的综合含水和采出程度曲线	油藏未达到方案设计的采收率，向降低采收率方向变化
5	剩余可采储量采油速度 /%	采出程度小于 50% 前	≥ 5	4~5	＜ 4
		采出程度大于或等于 50% 后	≥ 6	5~6	＜ 5
6	年产油量综合递减率 /%	采出程度小于 50% 前	≤ 6	6~10	＞ 10
		采出程度大于或等于 50% 后	≤ 8	8~12	＞ 12
7	老井措施有效率 / %		≥ 70	60~70	＜ 60
8	注水井分注率 / %		≥ 80	70~80	＜ 70
9	配注合格率 / %		≥ 65	55~65	＜ 55
10	油水井综合生产时率 / %		≥ 70	60~70	＜ 60
11	注入水质达标状况 / 项		≥ 9	6~9	＜ 6
12	油水免修期 / d		≥ 300	200~300	＜ 200
13	动态检测计划完成率 / %		≥ 95	90~95	＜ 90
14	操作费控制状况		油藏的操作费比上一年有所下降	油藏的操作费增加值小于上一年的 5%	油藏的操作费大于上一年的 5%

（2）水驱储量动用程度。

水驱储量动用程度是按年度所有测试水井的吸水剖面和全部测试油井的产液剖面资料计算，即总吸水厚度与注水井总射开连通厚度之比值，或总产液厚度与油井总射开连通厚度之比值。

（3）能量保持水平和能量利用程度。

①根据地层压力保持程度和提高排液量的需要，能量保持水平分为下列三类。

一类：地层压力为饱和压力的 85% 以上，能满足油井不断提高排液量的需要，也不会造成油层脱气；

二类：虽未造成脱气，但不能满足油井提高排液量的需要；

三类：既造成油层脱气，又不能满足油井提高排液量的需要。

②能量利用程度分为以下三类。

一类：油井平均生产压差逐年增大；

二类：油井平均生产压差基本稳定（±10% 以内）；

三类：油井平均生产压差逐年减小。

（4）水驱状况。

按综合含水和采出程度关系曲线或水驱特征曲线发展趋势分类：

一类：油藏应在已经达到开发方案设计的综合含水和采出程度曲线以上运行，向提高采收率方向发展；

二类：油藏的实际开发曲线接近开发方案设计的综合含水和采出程度曲线；

三类：油藏未达到方案设计的采收率，向降低采收率方向变化。

（5）剩余可采储量采油速度。

剩余可采储量采油速度是指当年核实年产油与上年末的剩余可采储量的比值。采出可采储量 50% 前后的地下油水分布和开采难度相差很大，应按采出可采储量 50% 分成前、后两个阶段，分别制定分类标准。

（6）年采油综合递减率。

年采油综合递减率可根据当年核实年产油量扣除当年新井年产油量后，除以上年底标定日产水平折算的当年产油量。同样应按采出可采储量 50% 前、后两个阶段分别制定分类标准。

（7）老井措施有效率。

老井措施有效率是指老井年度增产措施中增产效果的井次与增产措施施工总井次之比。

（8）注水井分注率。

注水井分注率是实际进行分层配注井数（含一级两层分注井）与扣除不需要分注和没有分注条件井之后的注水井数比。

（9）配注合格率。

配注合格率是指所有分层配注井测试合格层段与分注井总配注层段数之比。

（10）油水井综合生产时率。

油水井综合生产时率是指油水井利用率与生产时率的乘积。

（11）注入水质达标状况。

注入水质达标状况是指井口注入水质按 SY/T 5329—2022《碎屑岩油藏注水水质指标技术要求及分析方法》规定指标检查的符合程度。

（12）动态监测计划完成率。

动态监测计划完成率是指按主要动态监测项目年度计划检查完成的情况。

（13）油水井免修期。

油水井免修期是指油水井不进行动管柱的维修，连续生产的天数。

（14）操作费控制状况。

在扣除物价上涨因素后，年度油田实际生产操作费控制状况分为下列三类：

一类：油藏的操作费比上一年有所下降；

二类：油藏的操作费增加值小于上一年的 5%；

三类：油藏的操作费大于上一年的 5%。

标准中的 14 项参数，有 7 项参数是表征区块开发过程中的油水井利用情况及措施效果等。其余为术语管理类指标，与地质分类研究的内容相差较远，但储量控制程度等开发指标可以应用，因此行业标准中的参数及标准分类可作为参考。

2. 初选开发水平分级评价参数

将外围已开发区块大致分为三级（表 5.2.17）。其中中渗透砂岩油藏开发水平较高，在萨葡油层 25 个中渗透区块中，评价为开发水平一级的有 11 个。低渗透、特低渗透油藏开发水平较低，在扶杨油层 58 个低渗透区块中，评价为开发水平三级的有 10 个。

通过统计可知，随着不同级别综合含水的上升趋势，采出程度表现出同样的趋势。表明外围中渗透和低渗透砂岩油藏基本符合常规砂岩油藏的开发规律。

表 5.2.17　大庆外围已开发区块开发水平分级结果

标 准	级别	部分标准 /%		分级结果		
		水驱储量控制程度	剩余可采储量采油速度	区块 / 个	综合含水 / %	可采储量采出程度 / %
中渗透砂岩油藏	一	≥ 75	≥ 7	11	57.9	76.40
	二	65~75	5~7	8	43.2	59.80
	三	＜ 65	＜ 5	6	29.5	53.60
低渗透砂岩油藏	一	≥ 70	≥ 6	29	39.7	50.67
	二	60~70	5~6	21	28.2	45.28
	三	＜ 60	＜ 5	10	22.5	46.24

外围已开发区块当年各区块目前综合含水率为 5.36%~84.3%，平均含水率为 39.85%。依据石油行业中渗透砂岩油藏和低渗透砂岩油藏注水开发分类标准，结合外围已开发区块注水开发的实际，根据其含水状况共分为四级（表 5.2.18）。

表 5.2.18　大庆外围已开发区块综合含水分级结果

含水级别	综合含水 / %	区块 / 个	动用含油面积 / km^2	动用储量 / 10^4t	累计产油量 / 10^4t	综合含水 / %	采出程度 / %	剩余可采采油速度 / %
一	≥ 60	15	172.23	6924.43	1615.79	71.40	17.71	7.36
二	40~60	23	436.68	20827.26	2253.17	50.05	14.40	7.84
三	20~40	33	219.19	13060.31	1459.40	30.16	10.14	4.57
四	≤ 20	15	81.20	4589.00	378.91	13.95	11.72	5.46

注水开发水平一级，综合含水率大于等于 60%。有 15 个区块，地质储量 6924.43×10^4t，采出程度 17.71%，主要是开发时间较早的中渗透萨葡油层，如龙虎泡和祝三试验区区块。

开发水平二级，综合含水率为40%~60%。有23个区块，地质储量20827.26×10^{4}t，采出程度14.40%，主要是中低渗透萨葡油层和裂缝较发育的扶杨油层，如芳507和朝45等区块。

注水开发水平三级，综合含水率为20%~40%。有33个区块，地质储量13060.31×10^{4}t，采出程度10.14%，主要是近年投入开发的萨葡油层和朝阳沟油田的大部分区块，如肇212和朝44等区块。

注水开发水平四级，综合含水率小于等于20%，有15个区块，地质储量4589.00×10^{4}t，采出程度11.72%，主要是开发效果较差的特低渗透及致密扶杨油层，如榆树林油田东部、南部、朝阳沟油田部分特低渗透区块及萨葡储层的部分地质三类区块，这些区块多为断块岩性或构造岩性油藏。

通过表5.2.18可以看到，随着综合含水的升高，各级别的采出程度、剩余可采采油速度平均值都有逐渐上升的趋势。表明外围油田水驱动态特征符合常规砂岩油藏特点，动态特征规律性较强。

3. 开发评价参数优选结果

通过对外围开发特征、油田开发管理纲要和原石油行业低渗透砂岩油藏分类标准的分析研究，认为水驱控制程度、剩余可采储量采油速度、采出程度、综合含水、采收率及综合递减率等是表征油田开发效果的主要参数。

在这些参数中，采收率参数数据由于无法具体落实到区块，所以不能使用。而综合含水和采出程度两个参数与油田的开发阶段紧密相关。由于外围各油田是在不同时期开发的，所以各油田的综合含水和采出程度无法直接比较，经过对参数影响因素的深入研究，采用以下方法求得实际采出程度与理论采出程度的差值，作为定量参数参与评价。该项参数不受油田开发阶段差异的影响，能真实地反映油田开发效果的优劣。

通过对这些参数的反复测算和对比，综合考虑到各参数对油藏开发效果的真实反映程度及各油田实际数据的情况，优选三项参数作为开发参数参与综合分类评价，开发参数选取结果如下：

（1）水驱储量控制程度。

水驱储量控制程度指现有井网条件下，与注水井连通的采油井射开有效厚度与井组内采油井射开总有效厚度之比值。

（2）剩余可采储量采油速度。

剩余可采储量采油速度表示在油田的剩余可采储量中，每年有多少储量能被采到地面上来。

（3）实际与理论采出程度的差值。

实际与理论采出程度的差值指油田在现含水阶段时，实际采出程度与理论采出程度的差异，代表油田开发效果的好坏。

四、储层综合分类评价

1. 综合分类评价参数确定

根据上述研究，单因素方法进行储层分类，其结果存在相互交叉、矛盾的现象，同时，油田开发效果的影响因素具有不确定性及多样性特点，决定了单纯根据开发参数进行定量的开发分级是不科学。只有将地质参数和开发参数有机结合，互为补充，才能最大可能地表征储层发育的真实状况。所以开展地质、开发参数的综合分类评价，是开展储层分类评价的科学且辩证的合理方法。

同时由于分类评价指标的计算结果与参数的数量具有一定的关系，当辅助参数太多时，主要参数会对评价指标的影响作用产生分散作用。所以在进行分类时，不应选择过多参数，只选取最具代表性的参数。

根据萨葡储层和扶杨储层的特征，在进行综合分类评价时，选取地质分类的 7 项主要参数（萨葡、扶杨储层选取的参数各不相同）及开发的三项参数进行分类。将开发参数与地质参数结合，以地质分类参数为主、开发分类参数为辅的分类方法是比较合理的。综合分类评价的最终评价参数优选结果见表 5.2.19。

表 5.2.19　萨葡、扶杨储层综合分类评价选取参数结果

储层	地质参数	开发参数	参数个数 / 个
萨葡	渗透率、孔隙度、有效厚度、储量丰度、流度、裂缝频率、平均孔喉半径	水驱控制程度、实际与理论采出程度的差值、剩余可采储量采油速度	10
扶杨	渗透率、储量丰度、平均孔喉半径、可动流体饱和度 、启动压力梯度、流度、裂缝渗透率与基质渗透率比值	水驱控制程度、实际与理论采出程度的差值、剩余可采储量采油速度	10

2. 分类评价方法优选

1）定量分类评价原理

综合定量评价就是在储层评价参数优选的基础上，对储层的多个影响因素进行综合评价，最终得到一个综合评价指标，并依据此来对储层进行分类。

选用的综合评价指标计算公式为：

$$\mathrm{REI}=\sum_{i=1}^{n}a_iX_i \tag{5.2.1}$$

式中　REI——储层综合评价指标；

X_i——储层评价参数；

a_i——储层评价参数的权系数；

n——储层评价参数的个数。

由式（5.2.1）可以看出，X_i 为已知参数，只有权系数 a_i 是未知数，只要求出权系数 a_i，则综合评价指标 REI 就可以计算出来。

2）权重系数的确定

权重系数是某一评价因素在决定总体特性时所占有的重要性程度。计算综合评价时各指标的权重系数，实际上是寻找事物内部各种影响因素之间的定量关系。因此，确定各项指标的权重系数是储层综合评价中要解决的关键问题。

传统的分类方法多为定性或半定量的专家评价方法。专家评价方法存在一定不足之处：一是人为性较强；二是很难对众多的储层评价参数做到比较科学的综合考虑，往往是顾此失彼。目前用于分类确定权系数的方法较多，通常有专家估值法、层次分析法、模糊关系方程求解、主成分分析法及灰色系统理论法等。考虑各种方法对低渗透储层的适应性，优选灰色系统理论法确定权系数。

（1）灰色系统理论法原理。

灰色系统理论法是通过灰色关联分析来寻求系统中各因素的主要关系，找出影响各项评价指标对储层发育质量的控制，又要尽可能使评价结果不过分依赖于单个参数，也就是要力求重要因素，从而掌握事物的主要特征。其实质是通过对系统动态发展过程量化分析，根据因素间发展态势的相似或相异程度来衡量因素间的接近程度。

这种方法具有下述特点：（1）可实现多参数评价，消除单参数多解性；（2）不要求待分析序列有某种特殊的分布；（3）可得到较多信息，如关联序（优序、劣序）等；（4）评价结果不过分依赖于单个参数，能客观地确定单参数对评价结果的控制程度；（5）计算得出综合评价指标及参数权系数，避免分类过程中各项参数间互相交叉、结果矛盾的现象。

以往测评方法一般是根据设定的各项评价指标，通过数学统计方法加以综合换算，但是这类数学模式都未能十分完善地反映系统综合素质的优劣。灰色关联分析可以较好地处理这个问题，其加权系数的形式考虑了不同参数的重要程度，分类结果更符合实际情况。特别适合于大规模、多因素、多指标的系统评价，较为科学并接近客观实际。

（2）灰色系统理论法计算步骤。

①单项指标定量化标准。

采用极大值标准化法，即以单项参数除以同类参数的极大值，使每项评价分数归一在 0~1 之间。本区研究过程中分 3 种情况：a. 对于其值越大，反映储层质量越好的参数，如孔隙度、渗透率等，直接除以本参数的最大值；b. 对其值越小，反映储层质量越好的参数，如泥质含量，用本参数的极大值减去单项参数之差再除以最大值，使其具有可比性；c. 对于其值取中间值时，反映储层质量较好的参数，用单项参数减去中间值并求取绝对值，用最大绝对值减去各项参数算得的绝对值之差再除以最大绝对值，这样也使其具有可比性。

对于值越大，反映储层储集渗流性能越好的参数，利用式（5.2.2）实现数据定量标准化：

$$E_i = X_i / X_{\max} \tag{5.2.2}$$

式中 E_i——第 i 个样本的本项参数的标准化值；

X_i——第 i 个样本的本项参数的实际值；

$X_{\max}$——所有样本中本项参数的最大值。

对于值越小，反映储层储集渗流性能越好的参数，利用式（5.2.3）实现定量标准化：

$$E_i = (X_{\max} - X_i) / X_{\max} \tag{5.2.3}$$

对于其值取中间值时，反映储层储集渗流性能越好的参数，利用式（5.2.4）：

$$E_i = [X_{\max} - |(X_{\text{mid}} - X_i)|] / X_{\max} \tag{5.2.4}$$

式中 X_{mid}——所有样本中本项参数的中间值。

②母、子序列的选定。

为了从数据信息的内部结构上分析被评判事物与其影响因素之间的关系，必须用某种数量指标定量反映被评判事物的性质。这种按一定顺序排列的数量指标，称为关联分析的母序列，记为：

$$\left\{X_t^{(0)}(0)\right\} \quad (t=1,2,\cdots,n) \tag{5.2.5}$$

子序列是决定或影响被评判事物性质的各子因素数据的有序排列，考虑主因素的 m 个子因素，则有子序列：

$$\left\{X_t^{(0)}(i)\right\} \quad (t=1,2,\cdots,n;\quad i=1,2,\cdots,m) \tag{5.2.6}$$

确定各项指标参数的权重，衡量各评价指标在决定质量好坏时的重要程度，实际上就是计算它们相对于岩石渗透率的权重值。在储层评价中，渗透率在很大程度上反映着储层的好坏程度。相对其他因素而言，渗透率无疑是主要因素，其余的 8 个指标分别从某一侧面反映被评价样品的质量好坏，可以看作是子因素。通过统计储层各指标统计值，获得原始的母因素和子因素序列。

③原始数据变换。

由于各项储层参数（评判指标）的物理意义不同，导致不同参数之间通常具有不同的量纲，而且有的参数数值相差悬殊，这样在分析时直接应用就难以得到正确的结论。为了便于分析运用，保证各项评价参数具有等效性和同序性（具有可比性）。因此需要对原始数据进行处理，使之无量纲化和归一化，进行数据的规范化处理。

确定了母、子序列后，可构成原始数据矩阵：

$$X^{(0)}=\begin{bmatrix} X_1^{(0)}(0) & X_1^{(0)}(1) & \cdots & X_1^{(0)}(m) \\ X_2^{(0)}(0) & X_2^{(0)}(1) & \cdots & X_2^{(0)}(m) \\ \vdots & \vdots & \ddots & \vdots \\ X_n^{(0)}(0) & X_n^{(0)}(1) & \cdots & X_n^{(0)}(m) \end{bmatrix} \tag{5.2.7}$$

④关联系数和关联度。

若记变换后的母序列为 $\left\{X_t^{(1)}(0)\right\}$，子序列为 $\left\{X_t^{(1)}(i)\right\}$，则同一观测时刻各子因素与母因素之间的绝对差值为：

$$\Delta_t(i,0)=\left|X_t^{(1)}(i)-X_t^{(1)}(0)\right| \tag{5.2.8}$$

同一观测时刻（观测点）各子因素与母因素之间的绝对差值的最大值为：

$$\Delta_{\max}=\max_t \max_i \left|X_t^{(1)}(i)-X_t^{(1)}(0)\right| \tag{5.2.9}$$

同一观测时刻（观测点）各子因素与母因素之间的绝对差值的最小值为：

$$\Delta_{\min}=\min_t \min_i \left|X_t^{(1)}(i)-X_t^{(1)}(0)\right| \tag{5.2.10}$$

母序列与子序列的关联系数 $L_t(i,i)$ 为：

$$L_t(i,0)=\frac{\Delta_{\min}+\rho\Delta_{\max}}{\Delta_t(i,0)+\rho\Delta_{\max}} \tag{5.2.11}$$

式中 ρ 为分辨系数，ρ 取值为 0~1，作用是为削弱最大绝对差数值太大而失真的影响，提高关联系数之间的差异显著性。

各子因素对母因素之间的关联度 $r_{i,0}$ 为：

$$r_{i,0}=\frac{1}{n}\sum_{i}^{n}L_t(i,0) \tag{5.2.12}$$

子因素与母因素之间的关联度越接近于 1，表明它们之间的关系越紧密，或者说该子因素对母因素的影响越大，反之亦然。

⑤权系数的确定。

求出关联度后，经归一化处理即可得到权系数。

（3）灰色关联分析方法应用。

以萨葡高储层为例，根据上述灰色关联分析的方法原理，将渗透率作为母序列因素，其他指标作为子因素，作子因素与母因素之间的关联分析，计算各因素指标的关联度 r：

r=（1.0000，0.68648，0.55135，0.52432，0.47027，0.46486，0.44864，0.44324，0.42702，0.38919）

然后按归一化处理，得出每个指标的权重系数 a 为：

a=（0.185，0.127，0.102，0.097，0.087，0.086，0.083，0.082，0.079，0.072）

按权重系数或关联度大小将每个指标排队，即得出它们的相关关联序列：

渗透率＞孔隙度＞有效厚度＞储量丰度＞流度＞实际与理论采出程度差值＞孔隙度＞水驱控制程度＞裂缝频率＞剩余可采采油速度

各指标对渗透率的关联序列表明，各指标对储层质量的影响存在一定差异。两套储层通过灰色关联法计算结果见表 5.2.20。

表 5.2.20　储层参数灰色关联分析权系数计算结果

萨葡储层评价参数	灰色关联权系数	扶杨储层评价参数	灰色关联权系数
渗透率 /（$10^{-3}\mu m^2$）	0.185	渗透率 /（$10^{-3}\mu m^2$）	0.176
孔隙度 / %	0.127	流度 /[$10^{-3}\mu m^2$/（mPa·s）]	0.134
有效厚度 / m	0.102	启动压力梯度 /（MPa/m）	0.110
储量丰度 /（$10^4 t/km^2$）	0.097	$K_{缝}$ / $K_{基}$	0.094
流度 /[$10^{-3}\mu m^2$/（mPa·s）]	0.087	实际与理论采出程度差值 / %	0.091
实际与理论采出程度差值 / %	0.086	储量丰度 /（$10^4 t/km^2$）	0.087
平均孔隙半径 /μm	0.083	可动流体饱和度 / %	0.083
水驱控制程度 / %	0.082	平均孔隙半径 / μm	0.081
裂缝频率	0.079	剩余可采采油速度 / %	0.076
剩余可采采油速度 / %	0.072	水驱控制程度 / %	0.068

3. 地质与开发特征综合分类结果

为提高工作效率，根据储层综合定量评价方法原理，研制开发了储层综合定量评价系统。该系统是在 Windows 环境下，采用 Visual Basic 6.0 开发的。主要包括原始数据处理、编辑、评价及帮助等几大模块，操作极其方便。

1）储层综合评价系统软件简介

储层综合评价系统软件主要具有如下功能及优点：

（1）分类时参数个数不限，可根据需要直观进行调整；

（2）软件中同时编制了参数优选及多种分类方法，可根据需要进行选取；

（3）实现了快速、准确、定量地评价储层，大幅度地提高了工作效率；

（4）适用范围广，可用于未开发油田相似情况的分类评价。

储层综合评价系统软件的主要功能模块包括：

（1）运行“储层综合评价系统”，启动主程序；

（2）显示程序主界面，程序主窗口的菜单栏包括：文件、编辑、评价、视图和帮助菜单。

①“文件”菜单包括：新建 Excel 数据表、打开数据表、关闭、另存为、打印设置、打印、原始数据处理、退出等子菜单；其中“文件”菜单下的“打开数据库”功能，实现了打开以文本格式（.txt）、VF 表格式（.dbf）、Excel 表格式（.xls）存储的数据。

②“评价”菜单包括：专家经验、灰色关联分析、主成分分析、层次分析和聚类分析子菜单。

③“帮助”菜单包括：程序说明和版本信息子菜单；点击“帮助”菜单下的“程序说明”选项，可获得关于“储层综合评价系统”的帮助文件，其中包括程序说明和评价说明。

2）综合分类评价结果

对外围已开发油田 90 个区块运用地质与开发特征综合分类评价方法进行了定量分类。运用概率累积曲线方法对综合分类评价指标 REI 进行划分，定量确定了分类评价指标的分类界限。可将萨葡、扶杨两套储层分别划分为三种类型。在此运用综合分类评价指标 REI 划分类别是和以往分类最大的差异，所谓的综合分类并不是以一个单一的参数界限为标准进行划分，而是将各因素对储层的综合影响程度通过评价指标表征出来。

由于外围油田的复杂性，不同区块各项参数间的关系没有明确规律，所以分类后不同类别区块各单参数间并没有明确的界限。通过前面的论述及大量的调研证明，单纯根据某一项参数分类是不合理的，在综合评价指标划分的基础上，确定不同类别区块各参数的区间范围相对更为合理。通过对萨葡储层和扶杨储层分类结果分析发现，每种类型区块的地质开发特征均具有一定的规律和共性（表 5.2.21 和表 5.2.22）。

表 5.2.21　萨葡储层分类评价区块特征表

储层	类别	主要特征		类型
		地质特征	开发特征	
萨葡储层	Ⅰ类	渗透率（148~213）$\times 10^{-3}\mu m^2$；流度较高，（21.5~34.9）$\times 10^{-3}\mu m^2/(mPa\cdot s)$；有效厚度 4.1~12m；储量丰度（36.3~52.5）$\times 10^4 t/km^2$；平均孔喉半径较小 2.2~5.4DM；裂缝基本不发育	水驱控制程度较高 67.9%~75.5%；剩余采油速度 2.87~17.4	以中渗透孔隙型为主
	Ⅱ类	渗透率（60~187）$\times 10^{-3}\mu m^2$；流度（10.3~26.7）$\times 10^{-3}\mu m^2/(mPa\cdot s)$、有效厚度 3.2~4.1m；储量丰度（26.2~36.9）$\times 10^4 t/km^2$；平均孔喉半径较小 0.6~4.5DM；裂缝基本不发育	水驱控制程度较高 53.3%~78.1%；剩余采油速度 2.4~7.5	以中渗透孔隙型、裂缝发育储层为主
	Ⅲ类	渗透率（0.5~50）$\times 10^{-3}\mu m^2$，属低渗透；流度较低，（2.0~9.2）$\times 10^{-3}\mu m^2/(mPa\cdot s)$；储量丰度较低，（15.5~33.8）$\times 10^4 t/km^2$；平均孔喉半径较小 0.2~2.2DM；部分发育裂缝	水驱控制程度 34.9%~77.1%；剩余采油速度 2.3~12.3	以低渗透孔隙型、低渗透裂缝发育储层为主

表 5.2.22　扶杨储层分类评价区块特征表

储层	类别	主要特征		类型
		地质特征	开发特征	
扶杨储层	Ⅰ类	渗透率（11.0~22.4）$\times10^{-3}\mu m^2$，属低渗透、流度较低，（1.5~2.8）$\times10^{-3}\mu m^2$/（mPa·s）；储量丰度（66.7~106.5）$\times10^4t/km^2$；平均孔喉半径 1.3~1.7DM；存在启动压力，4.2~6.9$\times10^{-3}$MPa/m；裂缝发育	水驱控制程度较高 70.1%~82.6%；剩余采油速度 3.6~44.8	以低渗透裂缝发育储层为主
	Ⅱ类	渗透率（4.5~11.6）$\times10^{-3}\mu m^2$，属特低渗透；流度较低，（0.5~1.1）$\times10^{-3}\mu m^2$/（mPa·s）；储量丰度（58.0~91.5）$\times10^4t/km^2$；平均孔喉半径较小 1.1~1.3DM；启动压力 8.2~18.5$\times10^{-3}$MPa/m；裂缝较发育	水驱控制程度较高 64.9%~80.7%；剩余采油速度 3.2~16.8	以特低渗透孔隙型、裂缝发育储层为主
	Ⅲ类	渗透率（0.8~5.4）$\times10^{-3}\mu m^2$，属特低—超低渗透；流度极低，（0.2~0.7）$\times10^{-3}\mu m^2$/（mPa·s）；储量丰度（54.0~79.9）$\times10^4t/km^2$；平均孔喉半径极小 0.2~1.1DM；启动压力高 16.7~56.3$\times10^{-3}$MPa/m；裂缝基本不发育	水驱控制程度 56.6%~76.3%；剩余采油速度 1.3~7.5	以特低渗透孔隙型、超低渗透裂缝发育储层为主

（1）萨葡储层。

①Ⅰ类区块特征：主要以中渗透孔隙型岩性油藏为主。

a. 大体上分布在相对稳定的强大水流形成的，成岩后生破坏作用较轻的三角洲和河道沉积中；

b. 平面上，砂体以窄短条带分布为主，砂体发育规模大，但多为薄层席状砂；

c. 储量丰度为低丰度，主力油层有效厚度较大，非主力油层大部分为薄差层；

d. 储层渗透率高，平均为 $170\times10^{-3}\mu m^2$，非均质程度较高，层内纵向渗透率级差较大，平面上不同微相间渗透率变化较大；

e. 以较好的孔隙类型为主，主要为未被充填的或半被充填的原生粒间孔和粒间溶孔，孔喉间连通较好，以中孔、中喉组合为主；

f. 少部分油田发育裂缝，但裂缝发育对油田影响较小；

g. 地层原油黏度适中，原油流度较高；

h. 储层砂体发育规模大，水驱控制程度较高，综合含水高；

i. 储层开发较早，采出程度高，主力油层剩余油富集，剩余采油速度较高。

②Ⅱ类区块特征：主要以中渗透孔隙型岩性油藏为主。

a. 主要分布在相对不稳定的中强水流形成的、成岩后生破坏作用较轻的三角洲和河道沉积及相变的过渡带中；

b. 平面上，砂体多呈小片状或断续条带分布，砂体发育规模较大，但多为薄层席状砂，油、砂层连通率较高；

c. 由于储层沉积发育的条件及环境差异，该类储层在物性、厚度及规模上都比Ⅰ类储层差。主力油层有效厚度较小，非主力油层大部分为薄差层；储量丰度为特低丰度；

d. 储层渗透率较高，平均为 $154\times10^{-3}\mu m^2$，非均质程度高，层内纵向渗透率级差大，平面上不同微相间渗透率变化大；

e. 储层主要为未被充填的或半被充填的原生粒间孔和粒间溶孔，也存在被胶结物等充填的其他类型的晶间孔，孔喉半径较小，孔喉间连通相对较好；

f. 部分区块发育裂缝，多以层间缝发育为主，平面裂缝发育方向对油田注水开发有一定的影响；

g. 地层原油黏度适中，原油流度较高；

h. 综合含水较高，采出程度较高，剩余采油速度较低。

③Ⅲ类区块特征：主要为低渗透、严重非均质的小片状或透镜状区块。

a. 主要分布在较弱水流的三角洲、滨湖沉积边缘亚相中。

b. 平面上，砂体多呈透镜状、断续条带状或薄层席状砂分布，部分砂体发育规模小，油、砂层连通率较差。

c. 由于储层沉积发育的位置，该类储层的物性、厚度发育都很差，这类区块中很少有高渗透层发育。主力油层较少且有效厚度较小。储量丰度为特低丰度。

d. 储层渗透率较低，平均为 $33\times10^{-3}\mu m^2$，非均质程度较高，其储层内横向及纵向渗透率变化较小。储层岩性较细，泥质含量较高。

e. 储层主要为半被充填的原生粒间孔和粒间溶孔，存在被胶结物等充填的其他类型的晶间孔，孔隙结构较差，孔喉半径小，孔喉间连通相对较差。

f. 多数区块发育裂缝，多以显裂缝和层间缝发育为主，裂缝发育方向对油田注水开发影响较大。

g. 地层原油黏度适中，原油流度较高。

h. 储层综合含水较低，采出程度较低，剩余采油速度较高。

（2）扶杨储层。

①Ⅰ类区块特征：低渗透、裂缝发育构造岩性油藏为主。

a. 相互叠置的厚层河道砂发育，平面上砂体以窄条带分布为主，河道流向砂体发育连续；

b. 储量丰度为低丰度，主力油层有效厚度较大；

c. 储层为低渗透，平均渗透率为 $16.6\times10^{-3}\mu m^2$，非均质程度较高，河道砂体向两侧迅速尖灭，岩性、岩相变化大，平面上储层物性变化较大；

d. 受成岩作用影响，主要为缩小的原生粒间孔和次生粒间孔及粒间溶孔，孔喉间连通较好，以中—微孔喉组合为主；

e. 储层多发育裂缝，裂缝发育对油田影响较大；

f. 地层原油黏度适中，原油流度较高；

g. 储层砂体发育，水驱控制程度较高，综合含水较低；

h. 储层采出程度较高，剩余采油速度较高。

②Ⅱ类区块特征：主要以特低渗透孔隙型和超低渗透裂缝发育构造岩性油藏为主。

a. 厚层河道砂发育，平面上砂体以窄条带分布为主，河道流向砂体发育较连续；

b. 储量丰度为低丰度，主力油层有效厚度较大；

c. 储层为特低渗透，平均渗透率为 $5.82\times10^{-3}\mu m^2$，非均质程度较高；

d. 受成岩作用影响，主要为缩小的原生粒间孔和次生粒间孔及粒间溶孔，孔喉间连通较好，以微孔微喉组合为主；

e. 部分储层发育裂缝，裂缝发育对油田影响较大；

f. 由于储层为特低—超低渗透，原油流度较低；

g. 储层水驱控制程度较高，综合含水较低；

h. 部分储层难以有效驱动，采出程度较低，剩余采油速度较低。

③Ⅲ类区块特征：主要以特低渗透孔隙型构造岩性、断层岩性油藏为主。

a. 河道砂相对发育，平面上砂体以窄条带分布为主，河道流向砂体发育连续较差；

b. 储量丰度为低丰度；

c. 储层为特低渗透，平均渗透率为 $2.3\times10^{-3}\mu m^2$，非均质程度高；

d. 受成岩作用影响，主要为缩小的原生粒间孔和次生粒间孔及粒间溶孔，孔喉间连通较好，以微孔微喉组合为主；

e. 储层基本不发育裂缝，且储层渗透性特别差，原油流度极低；

f. 储层水驱控制程度较高，综合含水较低；

g. 储层难以有效驱动，采出程度低，剩余采油速度低。

通过以上对储层的表征描述可知，每类区块均具有较明显的规律性及差异性，表明本次综合分类评价参数的选取合理，评价方法适用于低渗透油田的分类，综合定量分类结果基本符合原有对各油田区块的总体认识。由于综合考虑外围油田不同储层的多项影响因素，本次多方法、多因素的区块分类结果与以往分类相比更为全面合理。

第三节　外围低渗透油田注水适应性评价

随着外围低渗透油田开发的深入，注水开发表现出来的问题越发明显，主要有四个方面：一是储层砂体规模小，多以窄短条带状分布，水驱储量控制程度较低为 50%~70%；二是储层物性差，部分油田或油层难以建立起有效的驱动压差；三是已开发油田含水上升快、产量递减幅度大，“十五”至“十一五”期间年平均含水上升 2.4 个百分点；四是采油速度低，“十五”至“十一五”期间大多年份低于 1.5%，扶杨油层仅为 0.53% 左右。因此，在原开展的地质与开发特征的综合分类的基础上，进一步研究确定了能够反映储层特征、流动状况和开发效果的渗透率、有效厚度、黏度、孔隙度等 8 项指标作为分类参数集，应用主成分分析法对参数集进行公共因子提炼，运用聚类分析方法对 139 个区块按萨葡、扶杨油层分别进行分类。在此基础上，对外围油田的注水适应性进行了评价，满足了当时低渗透油田开发的需求。

一、油藏分类

在以往地质特征分类基础上，将外围萨葡储层划分为 66 个开发区块单元，扶杨油层划分为 73 个开发单元，选取了渗透率、孔隙度、原油黏度、有效厚度、储量丰度等 7 项参数。首先进行主成分分析，将 7 项参数提炼成 2 个公因子（物性因子和丰度因子），然后进一步将公共因子进行模糊聚类分析，从而得到不同油藏的分类结果。

1. 主成分分析法

1）主成分分析法原理

主成分分析是通过降维，将多个相互关联的数值指标转化为少数几个互不相关的综合指标的统计方法，即用较少的指标来代替和综合反映原来较多的信息，这些综合后的指标就是原来多指标的主要成分。

图 5.3.1 为主成分分析原理示意图，y_1、y_2 分别是 x_1、x_2 的线性组合［式（5.3.1）至式

（5.3.3）］，并且信息尽可能地集中在 y_1 上。在以后的分析中舍去 y_2，只用主成分 y_1 来分析问题，即起到了降维的作用。

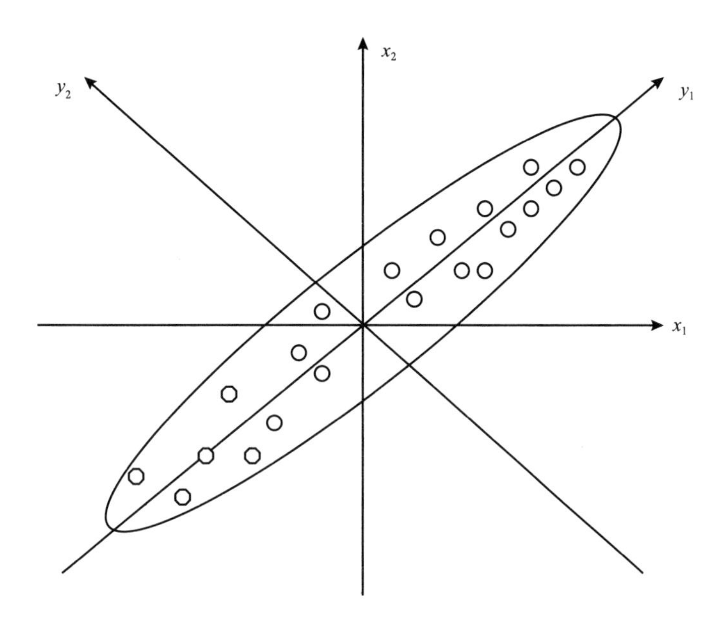

图 5.3.1　主成分分析原理示意图

$$y_1 = x_1\cos\theta + x_2\sin\theta \tag{5.3.1}$$

$$y_2 = -x_1\sin\theta + x_2\cos\theta \tag{5.3.2}$$

$$\begin{bmatrix} y_1 \\ y_2 \end{bmatrix} = \begin{bmatrix} \cos\theta & \sin\theta \\ -\sin\theta & \cos\theta \end{bmatrix} \begin{bmatrix} x_1 \\ x_2 \end{bmatrix} \tag{5.3.3}$$

旋转变换的目的是使得 n 个样本点在 y_1 轴方向上的离散程度最大，即 y_1 的方差最大，变量 y_1 代表了原始数据的绝大部分信息，在研究问题时，即使不考虑变量 y_2 也损失不多的信息。

主成分分析的计算步骤：首先将原有指标标准化；其次计算各指标之间的相关矩阵、该矩阵的特征根和特征向量；最后将特征根由大到小排列，分别计算出其对应的主成分。

主成分分析中主成分个数的确定原则：

（1）视累计贡献率：当前 k 个主成分的累计贡献率达到某一特定值（一般采用 70% 以上）时，则保留前 k 个主成分。

（2）视特征根：一般选取特征根大于等于 1 的主成分。

2）主成分因子的提炼

将长垣外围扶杨油层 73 个开发单元油藏参数进行主成分分析，优选出有效厚度、埋深、孔隙度、渗透率、流度（黏度）、储量丰度、裂缝发育程度（考虑到各开发单元含油饱和度数值差别不大，未将含油饱和度选入参数集）7 项参数进行主成分分析，并提炼成 2 个公共因子。

从结果可以看出，第一主成分贡献率为 59%，第二主成分贡献率为 25%，前两个主成分累计贡献率为 84%，即两个主成分能够表征原先 7 项参数 84% 的信息。根据主成分选取原则，确定选择两个主成分来表征原有参数的信息。

通过载荷矩阵分析表明，第一主成分主要表征渗透率、孔隙度、流度（黏度）、埋深、裂缝发育程度等方面的信息。特别值得关注的是，第一主成分与油藏埋深呈负相关关系，这与油藏实际是非常符合的。第二主成分主要表征了有效厚度、丰度的信息（相关系数在 0.8 以上，其他参数均小于 0.1）。将第一主成分命名为物性因子，第二主成分为丰度因子。

2. 聚类分析

聚类分析是一种从事物数量上的特征出发对事物进行分类的多元统计方法，是数值分类学和多元统计技术结合的结果。这里主要采用较为常用的模糊聚类法。

1）模糊聚类原理

模糊聚类分析是一种采用模糊数学语言对事物按一定的要求进行描述和分类的数学方法。模糊聚类分析一般是指根据研究对象本身的属性来构造模糊矩阵，并在此基础上根据一定的隶属度来确定聚类关系，即用模糊数学的方法把样本之间的模糊关系定量地确定，从而客观且准确地进行聚类。聚类就是将数据集分成多个类或簇，使得各个类之间的数据差别应尽可能大，类内之间的数据差别应尽可能小，即为“最小化类间相似性，最大化类内相似性”原则。

2）模糊聚类法主要步骤

模糊聚类法主要包括 5 个步骤，具体如下：

（1）选定一种计算距离或相似系数；

（2）计算相似系数矩阵或样品的距离矩阵；

（3）将相似系数矩阵或样品的距离矩阵，转变为模糊矩阵；

（4）将模糊矩阵改造成为模糊等价矩阵；

（5）选取一定的截取水平，画出聚类的谱系图。

3. 油藏分类结果

对萨葡 66 个开发区块单元，选取了渗透率、孔隙度、原油黏度、有效厚度、储量丰度等 7 项参数，首先进行主成分分析，将 7 项参数提炼成的 2 个公因子（物性因子和丰度因子）进行聚类分析。结果表明：Ⅰ类油藏物性与丰度都比较理想；Ⅱ类油藏物性较好，但丰度很低；Ⅲ类油藏物性很差但丰度较高。

对 73 个扶杨油层开发单元中，物性参数好（渗透率相对较高、裂缝发育），丰度高的Ⅰ类油藏开发效果好。Ⅱ类油藏物性较差，丰度低，采用人工压裂、酸化等措施可以改善储层，也可以取得较好的开发效果。Ⅲ类油藏属于特低渗透低丰度油藏，以目前技术很难取得理想的开发效果。通过分析可以看出，渗透率等物性参数是决定扶杨低渗透开发效果的主要因素。

1）萨葡油层分类结果

应用综合分类方法对萨葡油层 66 个区块进行分类（表 5.3.1 和表 5.3.2），分类结果如下：

Ⅰ类：物性好且丰度高，平均渗透率在 $200\times10^{-3}\mu m^2$，丰度为 $45\times10^4 t/km^2$，流动系数大，开发效果好。

Ⅱ类：丰度较低，平均丰度只有 $24\times10^4t/km^2$，平均有效厚度仅为 3m，开发效果一般。

Ⅲ类：物性差且丰度低：平均渗透率为 $60\times10^{-3}\mu m^2$，丰度为 $25\times10^4t/km^2$，有效厚度 2.8m，开发效果很差。

表 5.3.1　萨葡油层分类结果

油藏分类	分类结果
Ⅰ类	宋芳屯试验区、祝三试验区、芳 707、芳 17、芳 507、芳 6、芳深 2、升平、卫 11、高西、敖古拉、龙虎泡、杏西、齐家、朝阳沟葡萄花、东 16 葡萄花、升 46
Ⅱ类	宋芳屯四矿、芳深 9、芳 407 、布木格、一矿徐家围子、徐 24、徐 28、三矿徐家围子、升 401、升 74、州 19、金 2、龙南、永乐（肇 291）、肇 212、升 46、新肇、升 22
Ⅲ类	龙虎泡高台子层、敖 9、台 105、新肇 76-86、葡西、新店、新站、他拉哈、金 17、树 110、州 5、州 603、州 53、州 57、芳 483、树 127、树 103、徐 6、源 13、肇 261、肇 26—源 14、肇 262、源 16—源 103、源 141、源 13 东扩、源 5-87、源 30-93、源 23、肇 294、台 103

表 5.3.2　萨葡、扶杨油层已开发油藏分类特征

层位	类别	主要静态指标						主要动态指标					
		区块个数	渗透率 / $10^{-3}\mu m^2$	有效厚度 / m	流度 / [$10^{-3}\mu m^2$/（mPa·s）]	油藏埋深 / m	丰度 /（$10^4t/km^2$）	地质储量 / 10^4t	年产油 / 10^4t	累计产油 / 10^4t	采油速度 / %	采出程度 / %	综合含水 / %
萨葡	Ⅰ类	19	201	4.3	29.0	1424	45	10195	70.4	1797.5	0.69	17.6	69.9
	Ⅱ类	19	153	3.0	20.4	1532	24	9966	91.7	854.9	0.92	8.6	46.5
	Ⅲ类	28	60	2.8	7.4	1426	25	9411	117.9	843.4	1.25	9.0	38.2
	平均 / 合计	66	119	3.3	16.0	1456	31	29572	280.0	3495.8	0.95	11.8	53.0
扶杨	Ⅰ类	16	18.7	9.4	2.02	875	71	7646	41.8	1318.0	0.55	17.2	39.3
	Ⅱ类	29	6.3	8.6	0.67	1209	53	9869	61.5	952.4	0.62	9.7	23.9
	Ⅲ类	28	1.2	12.6	0.22	1700	61	9856	36.9	547.9	0.37	5.6	45.1
	平均 / 合计	73	6.8	10.1	0.78	1321	59	27371	140.2	2818.3	0.51	10.3	35.4

2）扶杨油层分类结果

应用综合分类方法对扶杨油层 73 个区块进行分类（表 5.3.2 和表 5.3.3）：

表 5.3.3　扶杨油层分类结果

油藏分类	分类结果
Ⅰ类	朝阳沟试验区、朝 45、朝 5、朝 44、朝 64 断块、朝 5 北、朝 661 南、朝深 2、朝 80、朝气 3 区、朝 55 区、朝 50 轴、大榆树、朝 522
Ⅱ类	东 16、东 18、东 162、东 12、朝 2 轴、朝 1 区、朝 202 轴、朝 66、朝 601、朝 661 北、朝 83-89、朝 521-503、朝 2 翼、朝 50 翼、长 8、长 31、长 46、双 30、双 301
Ⅲ类	升南、布木格、东 14、树 16、升 382、树 322、树 2、树 8、朝 2 东、杨大城子、茂 8-10、茂 11、双 51、源 121、源 35、源 212、源 151、头台试验区、头台茂 801、州 201

Ⅰ类油藏渗透率较高，平均渗透率为 $18.7\times10^{-3}\mu m^2$，流度平均为 $2.02\times10^{-3}\mu m^2/(mPa\cdot s)$，开发效果好。

Ⅱ类：油藏物性较差丰度低，平均渗透率为 $6.3\times10^{-3}\mu m^2$，丰度为 $53\times10^4 t/km^2$，开发效果一般。

Ⅲ类：物性差且丰度低，平均渗透率仅为 $1.2\times10^{-3}\mu m^2$，属于超低渗透范畴，开发效果很差。

二、注水适应性评价指标体系及标准的建立

外围油田以注水开发方式为主，井网或注水系统是否适应主要取决于两个方面的因素：一是目前水驱储量控制程度的高低；二是压力保持水平状况，反映目前井网或注采系统能否建立有效驱动体系。

外围裂缝不发育的低—特低渗透油藏，由于孔喉细小、存在较大的启动压力梯度及压力敏感性等因素的影响，目前井网控制条件难以建立有效驱动体系，部分油藏注水见效状况较差。对于能够建立有效驱动的区块，特别是葡萄花Ⅰ类、Ⅱ类油藏及裂缝较为发育的低渗透扶杨油藏，注采系统是否完善是此类油藏注水或井网系统是否适应的主导因素。因此，主要从目前井网能否建立有效驱动和注采系统是否适应两个角度分析外围油田的开发效果及注水适应性问题。

注采系统是否适应的主观因素是井网密度（及井距大小）、井网的部署方式、油水井数比是否合理等。开发实践结果表明，由于外围油藏渗透率较低，注采比远远大于1，甚至累计注采比大于2.0，地层压力仍呈下降趋势。井网密度和油水井数比是影响水驱储量控制程度和水驱储量动用程度的主要因素。油藏开发理论和实践都表明，油田开发的不同阶段，都存在一个使产液量达到最大化的合理油水井数比，一般地，合理油水井数比随含水率的上升而不断减小，以满足不断提高产液能力的需求。

此外，影响外围开发效果的另一个重要因素是油水井利用率低，从而使水驱控制程度和动用程度降低，这主要是低渗透的扶杨油藏，特别是扶杨Ⅱ类、Ⅲ类的低、特低渗透油藏，这种现象尤为严重。一方面有该类油藏渗透率、启动压力大导致注入压力高，从而使套管损失率高的原因；另一方面也有油藏“注不进水”或“采不出油”导致关井的原因。

本次评价对长垣外围具有相对独立且完整的开发数据的已开发单元进行评价，评价开发单元139个，按照外围油藏的分类结果，将长垣外围已开发油藏分六类进行注水或井网适应性评价。

1. 指标体系优选及标准确定

本次评价指标体系及标准的制定可分为两类，一类是依据行业标准 SY/T 6219—1996《油田开发水平分级》（以下简称“分级”）以及《油田管理纲要》（2021版）（以下简称“纲要”）制定；另一类是根据油田实际，需要研究建立新的方法制定。

1）依据行业标准制定的指标体系及标准

（1）压力保持水平。

根据“分级”和“纲要”之规定，并结合大庆外围实际开发特点，研究认为大庆外围目前井网条件下，萨葡中渗透油藏能量保持水平在80%以上，扶杨低渗透油藏的压力保持水平大于70%时，井网系统是适应的。

（2）水驱控制程度和水驱动用程度。

根据“分级”及“纲要”之标准，中高渗透油藏（空气渗透率大于 $50\times10^{-3}\mu m^2$）的水驱储量控制程度一般要达到 80%，特高含水期达到 90% 以上；低渗透油藏（空气渗透率小于 $50\times10^{-3}\mu m^2$）的水驱储量控制程度要达到 70% 以上。中高渗透油藏的水驱储量动用程度一般要达到 70%，特高含水期达到 80% 以上；低渗透油藏的水驱储量动用程度要达到 60% 以上。

萨葡油层和扶杨油层的水驱控制程度分级统计结果表明：大庆外围萨葡中渗透油藏水驱控制程度小于 80% 的比例较大，占 58%，扶杨低渗储层小于 70% 的比例占 53.6%，与“分级”和“纲要”的要求尚有一定距离。这与大庆外围储层的沉积类型和砂体发育特点（主要是三角洲和河流相沉积，砂体规模小）有一定关系。综合考虑“分级”和“纲要”的标准以及外围油田开发的实际情况，最终将中渗透萨葡油藏的水驱控制程度和动用程度的界限定为 70%，低渗透扶杨油藏的水驱控制程度和动用程度的界限定为 60%。

（3）油水井利用率。

一般而言，油水井利用率不作为油田注水适应性或开发效果评价的主要指标，但外围油田开发存在特殊性，特别是低、特低渗透扶杨油藏，由于注水压力高、套损等原因，油水井开井率较低，严重影响了油田开发效果，油水井利用率从另一侧面反映了注采系统的适应性。因此，本项指标也作为外围注水适应性评价的一个主要指标。

根据外围实际开发状况，将油水井利用率小于 65%、水井利用率小于 50%、油井利用率小于 65% 这三项指标作为评判井网是否适应的一个依据。从实际开发效果看，低于这三个界限的油藏开发效果较差，采油速度低。统计结果表明，外围扶杨油层油水井利用率低于 65% 的储量比例占 38.1%，其中扶杨Ⅰ类、Ⅱ类、Ⅲ类油藏所占比例分别为 12.6%、42.9% 和 52.6%。

2）依据油田实际制定的主要指标评价标准

根据大庆外围实际开发水平及特点，确定将水驱储量控制程度、水驱储量动用程度、压力保持水平作为评价注水适应性的主要指标。另外，将建立有效驱动的合理注采井距及合理油水井数比作为评价的辅助指标，同时充分考虑递减率、单井产油量等动态指标，建立注水适应性评价体系（表 5.3.4）。

表 5.3.4　大庆外围油田注水适应性主要评价指标及评价标准

评价指标	中渗透萨葡	低渗透扶杨
水驱储量控制程度	＞70%	＞60%
水驱储量动用程度	＞70%	＞60%
压力保持水平	＞80%	＞70%

2. 合理注采井距

众所周知，低渗透储层注水开发的一个主要问题是能否建立有效驱动，因此必须研究外围低渗透的有效动用界限。结合国内外和大庆油田研究院的研究成果，分析低渗透有效动用界限的方法主要有以下认识：（1）在 300m×300m 井网条件下，渗透率大于 $3\times10^{-3}\mu m^2$，流度大于 $0.345\times10^{-3}\mu m^2/(mPa\cdot s)$ 的油层能够得到有效驱动；（2）目前技术动用界限，外围扶杨油层水驱有效动用下限为裂缝发育油层渗透率 $0.8\times10^{-3}\mu m^2$、流度 $0.18\times10^{-3}\mu m^2/(mPa\cdot s)$，裂缝不发育油层渗透率 $1.0\times10^{-3}\mu m^2$、流度 $0.2\times10^{-3}\mu m^2/(mPa\cdot s)$。统计外围扶杨油层的平均单井日产液量，并与储层渗透率和流度统计分析，可以得到：渗透率小于 $3\times10^{-3}\mu m^2$，流度小于 $0.345\times10^{-3}\mu m^2/(mPa\cdot s)$ 的裂缝相对不发育的部分二类油藏和大部分三类油藏日产液量水平在 1t/d 以下，说明这部分储层在目前井网条件下难以建立驱动体系。下面主要介绍两种确定合理注采井距的方法。

（1）等产量源汇法确定极限注采井距。

设在均质水平等厚无限大地层中，存在着生产井 A 和注水井 B（实际上只要井离边界相当远即可），两井相距 d，生产井以产量 Q 进行生产，注水井以产量 Q 进行注入（图 5.3.2）。

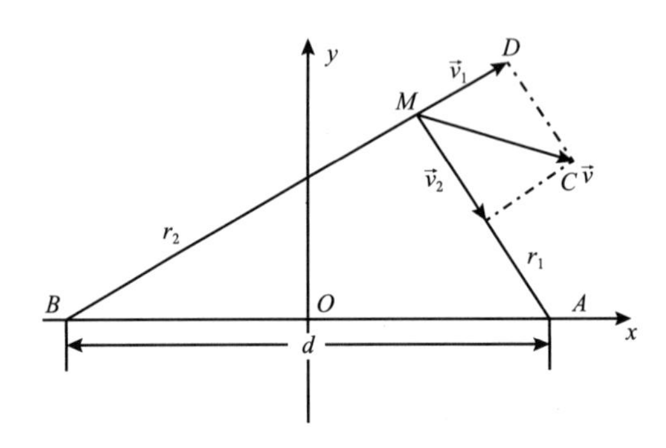

图 5.3.2 无限大地层等产量源汇

根据势的叠加原理，可以得到平面径向渗流等产量一源一汇主流线上的压力梯度分布公式：

$$\frac{dp}{dr}=\frac{(p_H-p_w)}{\ln(d/r_w)}\cdot\frac{d}{2r(d-r)} \tag{5.3.4}$$

式中 dp/dr——压力梯度，MPa/m；

p_H——注水井井底流动压力，MPa；

p_w——采油井井底流动压力，MPa；

d——注采井间距离，m；

r_w——井半径，m；

r——主流线上某点距离生产井 A 的距离，m。

通过式（5.3.4）的压力梯度 dp/dr 对 r 的导数可知，主流线中点处的压力梯度值最小。在低渗透油藏存在启动压力梯度 G 的情况下，若要使注采井间的储量达到有效动用，则主流线上的最小驱动压力梯度应不小于 G 值，即

$$\frac{p_H-p_w}{\ln(d/r_w)}\cdot\frac{2}{d}\geqslant G \tag{5.3.5}$$

式中 G——启动压力梯度，MPa/m。

可以将有关参数代入式（5.3.5）中，计算出注采井距的极限值。式（5.3.5）是一个非线性方程，需迭代求解。对无法应用此种方法确定合理注采井距的区块，可以采用下述的

经验统计方法确定。

（2）有效驱动距离和油相流度的关系模型。

应用大庆外围油田扶杨油层有7个能够建立有效驱动体系的区块（油井产液能力稳定，地层压力保持水平为80%），得到的有效驱动距离与油相流度的关系模型为：

$$L = 278.26K / \mu + 7.11 \tag{5.3.6}$$

式中　L——有效驱动距离，m；

K——储层渗透率，$10^{-3}\mu m^2$；

μ——地层原油黏度，mPa·s。

（3）合理注采井距计算结果。

计算扶杨不同区块注水开发的极限注采井距结果见表5.3.5。计算外围扶杨油层不同区块的有效驱动距离，从理论计算结果可以看到：扶杨Ⅰ类油藏的极限注采井距大于300m，基本能够建立起有效驱动体系；扶杨Ⅱ类油藏极限注采井距大部分为200~350m，如果考虑天然裂缝和人工裂缝的导流作用，能够在300m井网条件下建立有效驱动体系，但仍有一部分极限注采井距小于200m，建立有效驱动难度大。扶杨Ⅲ类油藏极限注采井距很大一部分在100m以下，在目前井网条件下不能建立有效驱动。

外围已开发油田共有30个区块在300m×300m井网条件下不能够建立起有效驱动体系，储量为12591×10^4t，占外围总动用储量的22.1%。这部分油藏由龙虎泡高台子和扶杨Ⅱ类的东12、长46以及扶杨Ⅲ类除朝2东断块外的全部27个区块组成，主要分布在肇源、榆树林和头台油田。从实际开发效果分析，渗透率大于$3\times10^{-3}\mu m^2$的朝503、大榆树提捞、东162、尚9等区块无明显注水受效过程，产量递减大，也没有建立起有效驱动体系。但其中部分油藏［裂缝发育油层渗透率$0.8\times10^{-3}\mu m^2$、流度$0.18\times10^{-3}\mu m^2/$（mPa·s），裂缝不发育油层渗透率$1.0\times10^{-3}\mu m^2$、流度$0.2\times10^{-3}\mu m^2/$（mPa·s）］通过缩小井排距等手段，还是能够建立起有效驱动的，如茂11和州201小井距试验区目前注水开发效果较好，能够部分建立有效驱动。

表5.3.5　扶杨油层的极限注采井距及有效驱动距离计算结果

类别	区块	井网	极限注采井距/m		区块	井网	极限注采井距/m	
			源汇法	经验法			源汇法	经验法
朝阳沟Ⅰ类	试验区	线性	536	629	朝64断块	300m×300m	506	688
	朝45断块	线性	515	793	朝气3区	300m×300m	309	420
	朝5断块	线性	541	696	朝522区	300m×300m	290	633
	朝5北断块	线性	496	603	朝661南	300m×300m	496	504
	朝55区	线性	347	436	朝深2	300m×300m	247	238
	朝44南	300m×300m	474	335	朝50轴	300m×300m	583	650
	朝44北	300m×300m	474	527	朝80断块	300m×300m	338	329
	大榆树	300m×300m	571	642	长气2-6	300m×300m	989	964

续表

类别	区块	井网	极限注采井距 /m		区块	井网	极限注采井距 /m	
			源汇法	经验法			源汇法	经验法
朝阳沟Ⅱ类	朝 2 断块轴部	300m×300m	224	195	朝 202 断块翼	300m×300m	186	114
	朝 601 断块	300m×300m	263	197	朝 631-63 断块	212m×212m	224	178
	朝 202 断块轴	300m×300m	239	150	予备井区	212m×212m	174	159
	朝 661 北	300m×300m	295	258	朝 66 断块	300m×300m	244	153
	长 31	300m×300m	213	154	朝 691	300m×300m	249	159
	双 30	350m×150m	224	238	朝 2 断块翼部	300m×300m	202	123
	双 301	350m×150m	224	238	朝 503 区块	300m×300m	377	400
	朝 1 区	300m×300m	351	213	长 8	300×300	197	119
	朝 83	300m×300m	229	174	长 46	300m×300m	174	91
	朝 89	300m×300m	208	157	五 213	350m×150m	224	238
	朝 50 翼	300m×300m	329	321	三 501	350m×150m	224	238
	朝 521 区块	300m×300m	290	285	大榆树提捞	300m×300m	536	728
朝阳沟Ⅲ类	朝 2 东断块	300m×300m	192	105	源 35 区块	350m×150m	61	43
	杨大城子	300m×300m	131	74	源 212	300m×100m	61	43
	双 51	300m×100m	25	24	源 352	300m×100m	61	43
	源 121 区块	350m×150m	83	67	源 151 区块	350m×150m	64	48
榆树林Ⅱ类	东 12	300m×300m	190	212	东 162	300m×300m	242	229
	东 18	250m×250m	303	241	尚 9	250m×250m	210	239
	东 16	300m×300m	303	241	—	—	—	—
榆树林Ⅲ类	树 322	300m×300m	190	212	树 103	250m×250m	40	145
	树 16	300m×300m	65	159	树 2	250m×250m，300m×300m	75	168
	升 382	300m×300m	203	219	树 8	250m×250m，300m×300m	75	168
	东 14	300m×300m	111	189	肇 25	250m×250m	58	192

续表

类别	区块	井网	极限注采井距 /m		区块	井网	极限注采井距 /m	
			源汇法	经验法			源汇法	经验法
其他	茂 801	行列井网	112	71	试验区	300m×300m	129	58
	葡南扶余	—	135	72	试验区东	300m×300m	129	59
	州 201	400m×80m 300m×60m 360m×80m	114	63	茂 9	300m×300m	124	52
	龙虎泡高台子	300m×300m	103	106	茂 10	300m×300m	144	85
	茂 8	300m×300m	124	52	茂 11	300m×300m	149	97

参照理论研究、经验公式以及开发实际状况，最终确定了目前外围不能建立有效驱动的区块 33 个，地质储量 13381.8×10^4t，占外围已开发储量的 23.5%，具体结果见表 5.3.6。这些区块的采油速度大多低于 0.5%。

表 5.3.6 不能建立有效驱动体系的区块评价结果

评价结果	区块数 / 个	动用储量 / 10^4t	区块名称
裂缝发育，$K>0.8\times10^{-3}\mu m^2$、$K/\mu>0.18\times10^{-3}\mu m^2/(mPa\cdot s)$	6	1904.80	茂 10、试验区、试验区东、朝 503、大榆树提捞、东 16
裂缝不发育，$K>11\times10^{-3}\mu m^2$、$K/\mu>0.2\times10^{-3}\mu m^2/(mPa\cdot s)$	13	7420.67	杨大城子、源 121、茂 801、葡南扶余、树 322、升 382、东 14、树 2、树 8、东 12 、东 162、尚 9、长 46
其他	14	4056.35	茂 8、茂 9、茂 8-10、茂 401、布木格、树 16、源 35、源 212、源 151、源 352、双 51、树 103、肇 25、龙虎泡高台子
合计	33	13381.82	—

3. 合理油水井数比

近年来在矿场实践中发现，随着我国油田普遍进入高含水期，以及大量低渗透储量投入开发，传统的保持注采平衡开发已远不能满足合理地层压力的需要，甚至出现累计注采比大于 1、地层压力仍低于原始压力、年注采比大于 1、地层压力仅保持稳定或仍呈下降趋势的反常现象。这种现象在大庆外围油田十分明显，如宋芳屯油田的累计注采比已经达到 1.65，但目前压力仅为原始地层压力的 73.7%。自 20 世纪 80 年代初，童宪章院士用吸水指数和采油指数及物质平衡原理得到的用于寻找最大产量和油水井数比关系的一套公式和图版以来，油田开发界的研究人员便一直致力于寻找一个合理油水井数比，从而使油田在当前条件下的油水井比例处于“最佳状态”。此时油水井数比常称为“合理油水井数比”，其定义为在油田注水井和采油井井底流动压力一定、开发总井数一定的条件下，能够获得最高产液量的采油井和注水井的井数之比。

从国内文献的调研情况看，计算合理油水井数比的方法主要有两种。一种是基于注采平衡（即注采比等于 1）下的合理油水井数比，并称这种方法为“吸水、产液指数法”，该公式的表达形式为：

$$R=\sqrt{I_{\mathrm{w}}/J_{\mathrm{l}}} \tag{5.3.7}$$

式中 J_{l}——采液指数，t/(d·MPa)；

I_{w}——吸水指数，t/(d·MPa)。

如前所述，目前这种注采平衡条件下的计算方法只能适应于中高渗透油藏，而不适合于低渗透这种注采比大于1的油藏。

另一种是基于注采不平衡（注采比不等于1）条件下的合理油水井数比的计算公式，主要公式有两个，分别表示为：

$$R=\sqrt{\frac{I_{\mathrm{w}}}{\mathrm{IPR}\cdot J_{\mathrm{l}}}} \tag{5.3.8}$$

$$R=\frac{\dfrac{I_{\mathrm{w}}(f_{\mathrm{w}})}{J_{\mathrm{l}}(f_{\mathrm{w}})}\cdot\dfrac{\Delta p_{\mathrm{iw}}}{\Delta p_{\mathrm{l}}}}{\left[(1-f_{\mathrm{w}})B_{\mathrm{o}}/\rho_{\mathrm{o}}+f_{\mathrm{w}}\right]\cdot\mathrm{IPR}} \tag{5.3.9}$$

式中 ρ_{o}——地面原油密度，g/cm^3；

B_{o}——原油体积系数；

f_{w}——含水率；

Δp_{iw}——注水压差，MPa；

Δp_{l}——生产压差，MPa；

IPR——注采比。

式(5.3.8)称为“吸水、产液指数比及注采压差法”，矿场实践经过证明，这种方法没有实际含义，利用该公式得到的油水井数比只是目前实际的油水井数比，而非对应“最大产液量”条件下的油水井数比。式(5.3.9)尽管考虑了注采比的影响，但没有考虑地面原油密度 ρ_{o} 和体积系数 B_{o} 的影响，也不是完全准确计算合理油水井数比的公式。因此，需重新对合理油水井数比的公式进行推导。

(1)油水井地层压力相同时的合理油水井数比。

对于注水开发油田，平均单井地面日产液量的地面质量为：

$$q_{\mathrm{ls}}=J_{\mathrm{l}}(p_{\mathrm{R}}-p_{\mathrm{wf}}) \tag{5.3.10}$$

式中 q_{ls}——平均单井地面日产液量的地面质量，t/d；

J_{l}——采液指数，t/(d·MPa)；

p_{R}——平均地层压力，MPa；

p_{wf}——油井井底流动压力，MPa。

当含水率为 f_{w} 时，对应的日产油量和日产水量的地面质量分别为：

$$q_{\mathrm{os}}=q_{\mathrm{ls}}(1-f_{\mathrm{w}}) \tag{5.3.11}$$

$$q_{\mathrm{ws}}=q_{\mathrm{ls}}f_{\mathrm{w}} \tag{5.3.12}$$

式中　q_{os}，q_{ws}——平均单井日产油量和日产水量的地面质量，t/d；

f_w——含水率。

那么，平均单井日产液量的地下体积为：

$$q_l = q_{os}B_o / \rho_o + q_{ws}B_w / \rho_w \tag{5.3.13}$$

式中　q_l——平均单井日产液量的地下体积，m^3/d；

ρ_o，ρ_w——地面原油、水的密度，g/cm^3；

B_o，B_w——地层原油和地层水的体积系数。

将式（5.3.10）、式（5.3.11）、式（5.3.12）分别代入式（5.3.13），得平均单井日产液量的地下体积为：

$$q_l = J_l(p_R - p_{wf})[(1-f_w)B_o / \rho_o + f_w B_w / \rho_w] \tag{5.3.14}$$

如果油田对应的油井数为 n_o，那么整个油田的日产液量的地下体积为：

$$Q_l = n_o q_l = n_o J_l(p_R - p_{wf})[(1-f_w)B_o / \rho_o + f_w B_w / \rho_w] \tag{5.3.15}$$

式中　Q_l——油田日产液量的地下体积，m^3/d。

油井数为 n_w，则整个油田的日注水量的地下体积为：

$$Q_{inj} = n_w I_w (p_{inj} - p_R) B_w / \rho_w \tag{5.3.16}$$

式中　Q_{inj}——油田的日注水的地下体积，m^3/d；

I_w——吸水指数，t/（d·MPa）。

油田注采比 IPR 的定义为注入流体与采出流体的地下体积之比。对注水开发油田来说，就是注入水与采出液的地下体积之比：

$$\mathrm{IPR} = Q_{inj} / Q_l \tag{5.3.17}$$

将上述三式，整理得：

$$n_w I_w (p_{inj} - p_R) B_w / \rho_w = \mathrm{IPR} \cdot n_o J_l (p_R - p_{wf})[(1-f_w)B_o / \rho_o + f_w B_w / \rho_w] \tag{5.3.18}$$

油水井数比 R 定义为采油井与注水井的井数之比：

$$R = n_o / n_w \tag{5.3.19}$$

两边同时除以 n_w，并整理得：

$$I_w (p_{inj} - p_R) = \mathrm{IPR} \cdot R J_l (p_R - p_{wf}) \left[(1-f_w) \frac{B_o \rho_w}{B_w \rho_o} + f_w \right] \tag{5.3.20}$$

求解，得到平均地层压力 p_R 为：

$$p_R = \frac{I_w p_{inj} + \mathrm{IPR} \cdot R J_l \left[(1-f_w) \frac{B_o \rho_w}{B_w \rho_o} + f_w \right] p_{wf}}{\mathrm{IPR} \cdot R J_l \left[(1-f_w) \frac{B_o \rho_w}{B_w \rho_o} + f_w \right] + I_w} \tag{5.3.21}$$

整理得到油田的日产液量为：

$$Q_L = n_o J_1 \cdot \frac{[(1-f_w)B_o/\rho_o + f_w B_w/\rho_w] I_w (p_{inj} - p_{wf})}{\text{IPR} \cdot R J_1 \left[(1-f_w)\frac{B_o \rho_w}{B_w \rho_o} + f_w\right] + I_w} \tag{5.3.22}$$

设油田的总井数为 n_t，则：

$$n_t = n_w + n_o\text{，即 } n_w = n_t - n_o \tag{5.3.23}$$

整理得：

$$n_o = \frac{R n_t}{1+R} \tag{5.3.24}$$

将式（5.3.24）代入式（5.3.22），得：

$$Q_L = \frac{R}{1+R} \cdot \frac{n_t J_1 [(1-f_w)B_o/\rho_o + f_w B_w/\rho_w] I_w (p_{inj} - p_{wf})}{\text{IPR} J_1 \left[(1-f_w)\frac{B_o \rho_w}{B_w \rho_o} + f_w\right] R + I_w} \tag{5.3.25}$$

令 $a = n_t J_1 [(1-f_w)B_o/\rho_o + f_w B_w/\rho_w] I_w (p_{inj} - p_{wf})$，$c = I_w$，$b = \text{IPR} \cdot J_1 [(1-f_w)$ $\frac{B_o \rho_w}{B_w \rho_o} + f_w]$，则上式可写为：

$$Q_l = \frac{aR}{(1+R)(bR+c)} \tag{5.3.26}$$

计算得到 Q_l 对 R 的导数：

$$\frac{dQ_l}{dR} = \frac{a(c - bR^2)}{[(1+R)(bR+c)]^2} \tag{5.3.27}$$

令 $\frac{dQ_l}{dR} = 0$，由上述式，可得：

$$c - bR^2 = 0 \tag{5.3.28}$$

因此，

$$R = \sqrt{\frac{c}{b}} = \sqrt{\frac{I_w}{\text{IPR} \cdot J_1 \left[(1-f_w)\frac{B_o \rho_w}{B_w \rho_o} + f_w\right]}} \tag{5.3.29}$$

一般地，可以认为水的密度 ρ_w=1.0，水的体积系数 B_w=1.0，最终得到油田合理油水井数比的表达式为：

$$R = \sqrt{\frac{I_w}{\text{IPR} \cdot J_1 [(1-f_w)B_o/\rho_o + f_w]}} \tag{5.3.30}$$

根据极值原理可知，式（5.3.30）计算得到的油水井数比就是使油田产液量最大的合理油水井数比。

（2）油水井地层压力不等时的油水井数比。

油田开发理论与实践表明，油井地层压力和水井地层压力并不相同，这种现象在低渗透油田中尤为明显。由于受启动压力梯度等因素的影响，油水井间憋起高压[49]，即油水井间存在一个压力差，并且已经大到不能忽略的程度。因此，在计算合理油水井数比时必须考虑这一因素的影响。下面我们对油水井间存在压力差时的合理油水井数比进行理论推导。

假设油井平均地层压力为 p_{ows}，注水井与采油井之间的压差为 Δp，那么水井地层压力 p_{iws} 可以表示为：

$$p_{iws} = p_{ows} + \Delta p \tag{5.3.31}$$

则油田的日产液量和日注水量分别为：

$$Q_l = n_o J_l(p_{ows} - p_{wf})[(1-f_w)B_o/\rho_o + f_w B_w/\rho_w] \tag{5.3.32}$$

$$Q_{inj} = n_w I_w(p_{inj} - p_{iws})B_w/\rho_w \tag{5.3.33}$$

整理可得：

$$Q_{inj} = n_w I_w(p_{inj} - p_{ows} - \Delta p)B_w/\rho_w \tag{5.3.34}$$

进一步整理，可得：

$$I_w(p_{inj} - p_{ows} - \Delta p) = \text{IPR} \cdot RJ_l(p_{ows} - p_{wf})\left[(1-f_w)\frac{B_o\rho_w}{B_w\rho_o} + f_w\right] \tag{5.3.35}$$

对上式进行求解，可以得到油井的地层压力为：

$$p_{ows} = \frac{I_w(p_{inj} - \Delta p) + \text{IPR} \cdot RJ_l\left[(1-f_w)\frac{B_o\rho_w}{B_w\rho_o} + f_w\right]p_{wf}}{\text{IPR} \cdot RJ_l\left[(1-f_w)\frac{B_o\rho_w}{B_w\rho_o} + f_w\right] + I_w} \tag{5.3.36}$$

进一步整理，可以得到油田日产液量的表达式为：

$$Q_l = \frac{R}{1+R} \cdot \frac{n_t J_l[(1-f_w)B_o/\rho_o + f_w B_w/\rho_w]I_w(p_{inj} - \Delta p - p_{wf})}{\text{IPR} \cdot J_l\left[(1-f_w) \cdot \frac{B_o\rho_w}{B_w\rho_o} + f_w\right]R + I_w} \tag{5.3.37}$$

令，$d = n_t J_l[(1-f_w)B_o/\rho_o + f_w B_w/\rho_w]I_w(p_{inj} - \Delta p - p_{wf})$，$c = I_w$，$b = \text{IPR} \cdot J_l \left[(1-f_w) \cdot \frac{B_o\rho_w}{B_w\rho_o} + f_w\right]$，则上式可写为：

$$Q_1 = \frac{\mathrm{d}R}{(1+R)(bR+c)} \tag{5.3.38}$$

可以计算得到 Q_1 对 R 的导数：

$$\frac{\mathrm{d}Q_1}{\mathrm{d}R} = \frac{\mathrm{d}\left(c - bR^2\right)}{\left[(1+R)(bR+c)\right]^2} \tag{5.3.39}$$

令 $\frac{\mathrm{d}Q_1}{\mathrm{d}R}=0$，并考虑 B_w=1.0，ρ_w=1.0，根据极值原理，可以得到油水井地层压力不等时油田合理油水井数比的表达式为：

$$R = \sqrt{\frac{I_w}{\mathrm{IPR} \cdot J_1\left[(1-f_w)B_o/\rho_o + f_w\right]}} \tag{5.3.40}$$

不难看出，油水井间存在压力差别与油水井地层压力相同时，合理油水井数比的计算公式是相同的。但这是否说明，压力差别的存在与否对合理油水井数比没有影响呢？其实不然。二者的差别在于吸水指数 I_w 和采液指数 J_1 的计算上。对于高渗透油田，可以近似地认为油水井地层压力相等，而对于低渗透油田，不能忽略注采井存在压力差的事实，否则计算结果会引起较大误差。

（3）吸水产液指数比及注采压差法的推导。

根据注采比定义式，就可以得到：

$$\mathrm{IPR} = \frac{n_w I_w\left(p_{inj} - p_{iws}\right)B_w/\rho_w}{n_o J_1\left(p_{ows} - p_{wf}\right)\left[(1-f_w)B_o/\rho_o + f_w B_w/\rho_w\right]} \tag{5.3.41}$$

令 B_w=1.0，ρ_w=1.0，并考虑油水井数比 $R=n_o/n_w$、注水压差 $\Delta p_{iw}=p_{inj}-p_{iws}$、生产压差 $\Delta p_L=p_{ows}-p_{wf}$，将上式可以变形，就可以得到吸水产液指数比及注采压差法用于计算合理油水井数比的公式：

$$R = \frac{\frac{I_w(f_w)}{J_1(f_w)} \cdot \frac{\Delta p_{iw}}{\Delta p_1}}{\left[(1-f_w)B_o/\rho_o + f_w\right] \cdot \mathrm{IPR}} \tag{5.3.42}$$

因此，可以看到，吸水、产液指数比及注采压差法是现有数据的求解，求出来的油水井数比就是目前井网条件下的油水井数比，而不是对应最大产液量条件下的油水井数比。

4. 注水适应性评价结果

根据上述确定主要评价指标体系及辅助评价指标体系，以及相应的评价标准，分别对外围油田萨葡油层、扶杨油层的注水适应性进行了评价。

1）萨葡油藏

（1）萨葡Ⅰ类油藏。

萨葡Ⅰ类油藏整体属中渗透低丰度油藏，投入开发区块 19 个，共动用地质储量 10195×10⁴t，整体开发效果好，部分区块注采系统不完善，主要问题是油水井数比高、压力保持水平和水驱控制程度低。其中，萨葡Ⅰ类油藏注水适应区块12个，地质储量占比53%，注采系统不完善区块7个，地质储量占比占47%，具体评价结果见表5.3.7。

萨葡Ⅰ类油藏300m井网条件下，主力油藏能够建立有效驱动，注采相对完善，开发效果较好，存在主要问题是大部分已经进入高含水期，剩余油分布零散，调整难度大，通过井网加密及注采系统调整进一步提高采收率潜力小。下步可通过局部灵活加密与注采系统调整相结合，进一步完善注采井网，提高水驱控制程度和动用程度；针对含水较高剩余油分布零散的状况，试验研究聚合物、聚表剂、微生物以及CO_2和水交替等三次采油技术。

表5.3.7　萨葡Ⅰ类油藏注水适应性评价结果

评价结果		评价指标	区块数/个	地质储量/10^4t	区块名称
注水适应		水驱储量控制程度大于70%，动用程度大于70%，压力保持水平大于80%，产液量稳定	12	5341	祝三、芳707、芳17、芳6、芳507、芳深2、芳3、龙虎泡、齐家、杏西、敖古拉
注采不完善	油水井数比不合理	油水井数比大于理论结果	2	652	葡萄花、东16
	压力保持水平低	压力保持水平低于80%	2	3849	升平油田、卫11
	水驱控制程度低，油水井数比不合理	水驱控制程度低于70%，油水井数比高于理论结果	3	353	宋芳屯试验区、高西、升46

（2）萨葡Ⅱ类油藏。

萨葡Ⅱ类油藏整体属于中渗透特低丰度油藏，投入开发区块19个，动用地质储量9965×10^4t。注水适应性评价结果见表5.3.8，其中注水适应区块7个，地质储量占比74%；注采不完善区块12个，地质储量占比26%，具体评价结果见表5.3.8。

萨葡Ⅱ类部分区块有效厚度薄，丰度低，单井日产油量低于2t/d；注采不完善区块多，表现为水驱控制程度低、压力保持水平低，油水井数比不合理。下步加强加密调整及注采系统调整方式论证，通过井网加密、降低油水井数比等提高储量控制程度，并逐步恢复地层压力。

表5.3.8　萨葡Ⅱ类油藏井网适应性评价结果

评价结果		评价指标	区块数/个	地质储量/10^4t	区块名称
注水适应		水驱储量控制程度大于70%，动用程度大于70%，压力保持水平大于80%，产液量稳定	7	7383	徐24、一矿徐家围子、四矿宋芳屯、其中模范屯、芳407、升401、永乐油田
注采不完善	油水井数比不合理	油水井数比大于理论结果	6	300	肇212、芳深9、升74、肇292、金2、升22
	压力保持水平低	压力保持水平低于80%	2	891	州19、三矿徐家围子
	水驱控制程度低，油水井数比不合理	水驱控制程度低于70%，油水井数比高于理论结果	4	1391	徐28、徐家围子州541-1、龙南、新肇

（3）萨葡Ⅲ类油藏。

萨葡Ⅲ类油藏以低渗储层为主体，投入开发区块28个，动用储量9411×10^4t。注水适应区块2个，地质储量比例3.0%；注采不完善区块25个，地质储量比例75.5%；龙虎泡高台子层不能建立有效驱动，地质储量比例21.5%（表5.3.9）。

表5.3.9　萨葡Ⅲ类油藏井网适应性评价结果

评价结果	评价指标	区块数	地质储量 /10^4t	区块名称
注水适应	水驱储量控制程度大于70%，动用程度大于70%，压力保持水平大于80%，单井产量高	2	287	州5、州603
注采不完善	油水井数比不合理、水驱控制程度低、压力保持水平低	25	7105	新肇新7686、葡47葡49、州53、州57、源141、敖9、台105、芳483、葡西、源13、源23、肇294、台103、树127、树103、徐6、新站、新店
不能建立有效驱动	渗透率小于$3\times10^{-3}\mu m^2$，流度小于$0.345\times10^{-3}\mu m^2$/（mPa·s）	1	2019	龙虎泡高台子

萨葡Ⅲ类油藏地层压力下降快，保持水平低；非主力层不能建立有效驱动，水驱储量动用程度低；与Ⅰ类、Ⅱ类油层相比，已开发Ⅲ类油藏整体含水上升速度加快。可通过调剖调驱等手段，降低层间干扰，增大非主力层的动用力度，扩大水驱波及体积。

2）扶杨油藏

（1）扶杨Ⅰ类油藏。

扶杨Ⅰ类油藏整体属裂缝发育低渗透油藏，从开发效果看，主力油层能够建立有效驱动体系，整体开发效果较为理想；投入开发区块16个，动用地质储量7646×10^4t。注水适应区块12个，储量5908×10^4t，占77.3%；4个区块注采系统不完善，储量1738×10^4t，占22.7%，具体评价结果见表5.3.10。

扶杨Ⅰ类油藏处于中含水向高含水过渡期，部分油藏已实现线状注水，含水上升较快；大部分已进行过井网加密调整，加上水驱可采储量大部分已在低含水阶段采出，通过加密进一步提高采收率的空间小；部分区块裂缝与井网不匹配，含水上升快，产量递减大。

表5.3.10　扶杨Ⅰ类油藏井网适应性评价结果

评价结果		评价指标	区块数	地质储量 /10^4t	区块名称
注水适应		水驱储量控制程度大于70%，动用程度大于70%，压力保持水平大于80%，单井产量高	12	5908	朝45断块、朝5断块、朝5北断块、朝55区、朝44北、朝64断块、朝522、朝661南、朝50轴、朝80、大榆树、长气2-6
注采不完善	油水井数比不合理	油水井数比大于理论结果	1	334	朝44南
	水驱控制程度低		1	665	朝气3区
	井点损失严重	水驱控制程度低于70%，油水井数比高于理论结果	2	739	试验区、朝深2

下步在由面积注水转线状注水方式调整论证的基础上，及时进行注采系统调整及其他如周期注水、调剖堵水等降低含水政策措施；在剩余油富集带进行灵活局部加密；研究其

他三次采油技术，为进一步提高油藏管理水平提供技术储备和技术支持。

（2）扶杨Ⅱ类油藏。

扶杨Ⅱ类油藏整体属于特低渗透油藏，裂缝发育程度差——一般，开发区块29个，动用储量9869×10^4t。注水适应性区块6个，储量比例占29.1%；注采不完善区块16个，储量比例占46.1%；6个区块不能建立有效驱动，占24.8%，具体评价结果见5.3.11。

表5.3.11　扶杨Ⅱ类油藏井网适应性评价结果

评价结果		区块数	地质储量/10^4t	区块名称
注水适应		6	2873	朝2断块轴、朝202断块轴、朝661北、长31、双30、双301
注采不完善	水驱控制程度低	5	1209	朝1区、朝601、东18、朝691、朝2断块翼部
	油水井数比高	6	1591	朝50翼、朝521、予备井区、朝631-63、五213、三501
	井点损失大	5	1744	朝202断块翼、朝83、朝89、朝66、长8
不能建立有效驱动		7	2452	朝503、大榆树提捞、东12 、东16、东162、尚9、长46

扶杨Ⅱ类油藏中榆树林油田目前井网难以建立有效驱动，产量递减大。榆树林油田Ⅱ类区块平均单井日产油量持续快速递减，无明显注水受效过程，证明在300m×300m井网条件下仍无法建立有效驱动，靠天然弹性能量开采。其中东18发育浅裂缝，井网为250m×250m，能够见到一定的效果，但不明显。朝阳沟同类区块则能够见到注水开发效果，产量初期下降快，但注水受效后，能够见到产量上升，随后缓慢递减，证明朝阳沟Ⅱ类区块能够建立或部分建立有效驱动体系。

另外，部分区块注采系统不完善。由于套损等原因，扶杨Ⅱ类油藏注采井点损失严重，平均油水井开井率69.1%，水井开井率57.5%。其中，有12个区块油水井点损失尤为严重，水井开井率仅为36.3%，这部分储量占二类总动用储量的30%。采油井点和注水井点的大量损失，一方面使水驱控制程度、动用程度大大降低，损失了大量的可采储量。另一方面，由于注水井点损失，使附近油井完全靠天然能量开采，产油量下降严重，目前平均采油速度为0.30%。

扶杨Ⅱ类油藏平均含水23.4%，大部分处于开发初期，采出程度低，剩余油分布连续，是加密和注采调整的主要工作对象。下步及时完善注采井网，保证油藏在低含水阶段尽可能多地开采可采储量，提高采油速度；对于不能建立有效驱动体系的油藏，应在考虑经济效益的前提下，有条件地缩小注采井距，建立有效驱动，实现注水开发。

（3）扶杨Ⅲ类油藏。

扶杨Ⅲ类油藏以特低、超低渗透油藏为主，开发区块29个，动用储量9856×10^4t。其中，90.4%的储量在目前技术条件下能够建立有效驱动，9.6%的储量注采不完善，具体评价结果见5.3.12。

扶杨Ⅲ类油藏目前井网条件下难以建立有效驱动，初期产量低，产量递减快，水驱动用程度低，地层压力保持水平低；通过井网加密调整尽管能在一定程度上建立有效驱动，但加密井网密度高，加上油藏埋藏深导致钻井成本上升，难以满足经济有效开发。下步研究不同储层物性及裂缝发育条件下加密调整的技术经济界限，保证油层能够在经济允许有效范围内进行合理开发；对于目前经济技术条件确实不能动用的低渗、特低渗透储量，可作为后备资源，等原油价格上升或技术进步达到可动用的条件后再进行开采；对于不能采用注水开发的区块，积极探索注空气、蒸汽和 CO_2 等非常规采油技术。

表 5.3.12 扶杨Ⅱ类油藏井网适应性评价结果

类别		区块	储量 /10^4t	区块名称
不能建立有效驱动	裂缝发育，渗透率大于 $0.8\times10^{-3}\mu m^2$，流度大于 $0.18\times10^{-3}\mu m^2/(mPa\cdot s)$	3	786	茂 10、试验区、试验区东
	裂缝不发育，渗透率大于 $1\times10^{-3}\mu m^2$，流度大于 $0.2\times10^{-3}\mu m^2/(mPa\cdot s)$	9	6087	杨大城子、源 121、茂 801、葡南扶余、树 322、升 382、东 14、树 2、树 8
	不能够有效驱动	13	2037	茂 8、茂 9、茂 8-10、茂 401、布木格、树 16、源 35、源 212、源 151、源 352、双 51、树 103、肇 25
注采不完善		3	946	朝 2 东断块、茂 11、州 201

第四节 外围低渗透油田注水精细评价方法

在“九五”和“十五”期间，针对长垣外围油田中渗透萨葡油层和裂缝性特低渗透扶杨油层含水上升快、产量递减快、注水开发效果变差的问题，先后开展了多个有关开发调整方面的科研项目，在井网加密、注采系统调整及非常规措施调整等方面取得了一些重要成果。进入“十一五”后在长垣外围油田井网加密和注采系统调整技术推广过程中，又完善和发展了井网加密和注采系统调整等开发调整技术。这在一定程度上为改善和提高长垣外围油田开发效果奠定了基础。

随着注水开发的不断深入，以开发萨葡油层为主要目的层的油田大部分进入中高含水期，这些油田中一些深层次矛盾和问题越发凸显出来；以开发扶杨油层为主要目的层的朝阳沟、头台和榆树林等油田，由于储层物性差，注水开发难以建立有效驱动体系，开发难度明显增大，现有技术难以适应。由于长垣外围各油田地质特征和投产时间差异大，现有开发效果评价体系和方法无法客观全面评价开发效果，影响了对不同类型、不同开发阶段区块的系统调整对策的制定。为进一步搞清各类已开发油田开发效果，制定相应调整对策，落实调整潜力，以达到控递减、控含水的目的。为此，开展了低渗透油田注水精细评价方法研究。

一、已开发区块综合分类

大庆长垣外围油田已开发多年，各油田以往只在本油田范围内进行过简单的地质或开发分类，后投入开发的油田未进行过分类，且分类参数及标准不统一，分类结果不具备可比性。相比以往分类地质、开发因素结合性差的不足，综合分类方法能够使分类由单一参数界限向多参数综合分析转变，最大限度地按油藏的近似程度分类，使油藏分类结果更加科学、合理、可信。因此，大庆长垣外围油田分类应依据研究区本身的特点和生产需要，采用定性分析与定量研究相结合的综合分类方法。本次分类是在已有分类方法和结果基础上进一步改进形成的。首先，应用多因素方差分析法进行地质参数优选；其次，应用主成分分析法进行降维处理；最后，应用层次聚类和动态聚类法综合进行油藏地质综合分类。

1. 分类参数优选及降维处理

1）参数优选

油藏是由储层几何形态、储层孔隙空间及流体三部分组成，而每一部分都由众多的参数来表征。一项参数只能从一个方面表征储层的特征，若要全面评价一个储层，必须采用多项参数，从多个方面进行综合评价，根据评价目的选择合适的参数。

（1）影响油藏开发效果的主要静态因素分析。

从储集渗流特征、储层分布特征、流体性质、孔隙结构特征、裂缝发育特征等静态方面考虑，影响油藏开发效果的主要因素有以下几方面：

①渗透率：直接反映了储层的渗流能力和有效动用程度，不但影响着油气的储能，更重要的是控制着油气的产能；

②孔隙度：储层的孔隙度一般为5%~30%，根据储层的有效孔隙度的大小，可以粗略地评价储层性能的好坏；

③储层储量丰度：反映了储层砂岩发育规模及厚度；

④流度：直接反映流体的流动能力；

⑤有效厚度：直接反映油气的产能高低；

⑥$K_{缝}/K_{基}$：直接反映裂缝发育对注水和开发效果影响程度；

⑦裂缝频率：单位测量长度内所观察到裂缝的条数，反映裂缝发育程度及提高储层渗流能力；

⑧启动压力梯度：渗透率越低，启动压力梯度越大，水井的有效驱动距离越小；

⑨可动流体饱和度：直接决定可采出的原油量，表征有效渗流空间的重要参数；

⑩储层埋藏深度：直接影响储层开发的经济效益。

除上述因素外，还包括储层含油饱和度、原油黏度、砂体发育情况，以及断层发育状况等。

（2）参数优选原则。

为了能够提高分类的合理性，必须对参数进行优选。选出对储层影响程度最显著的参数，剔除那些与其相关性强的参数。根据综合分类的要求，分析认为分类参数应具备以下几项特点：

①同类参数中具有代表性，容易获得，可定量化；

②分类区块间同项参数具明显差异；

③尽量全面考虑油藏分类效果的影响因素，不能遗漏；

④选择的参数应具有相对的独立性，参数之间的相关性不能太大，也不能重复，变量多重相关性必然从方向和数量两个方面歪曲真实的数据信息；

⑤选择的参数尽量简洁适用，突出主要参数的重要贡献，减少分类参数过于复杂为应用带来烦琐的工作；

⑥选择的参数应具有较大的实用性，尽量是直接可测的显指标而非隐指标。

依据上述原则，从影响开发效果的主要静态因素中选出孔隙度、渗透率、有效厚度、储量丰度、流度、埋藏深度、黏度、裂缝发育程度、启动压力梯度、可动流体饱和度、含油饱和度共 11 个因素，进行多因素方差分析给出优选结果。

（3）参数优选方法及结果。

采用多因素方差分析法进行优选，多因素方差分析用来研究两个或两个以上因素是否对指标产生显著性影响，这种方法不仅能分析多个因素对指标的独立影响，更能分析多个因素的交互作用能否对指标产生显著影响，进而找到利于指标的最优组合。

对萨葡油层，利用多因素方差分析法逐步剔除非主要影响参数，从储层分布、流体性质、孔隙结构、裂缝发育特征等方面优选了 6 个对萨葡油层开发效果影响较大的静态参数，分别是渗透率、孔隙度、有效厚度、流度、储量丰度、裂缝发育程度。

对扶杨油层，采用同样的方法，优选了 8 个对扶杨油层开发效果影响较大的静态参数，分别是渗透率、孔隙度、有效厚度、流度、储量丰度、裂缝发育程度、启动压力梯度、可动流体饱和度。

2）参数降维处理

优选后的参数仍较多，不利于油藏的综合分类。有必要在各个变量之间相关关系研究的基础上，用较少的新变量代替原来较多的变量，而且使这些较少的新变量尽可能多地保留原来较多的变量所反映的信息，因子分析里的主成分分析法就是这样一种降维的方法。

（1）主成分分析法。

主成分分析是一种通过降维技术把多个变量转化为少数几个主成分（即综合变量）的统计分析方法。这些主成分能够反映原始变量的绝大部分信息，它们通常表示为原始变量的某种线性组合。

在主成分分析中，首先应保证提取的前几个主成分的累计贡献率达到一个较高的水平（即变量降维后的信息量须保持在一个较高水平上），其次对于这些被提取的主成分必须都能够给出符合实际背景和意义的解释（否则主成分将空有信息量而无实际含义）。

假定有 n 个地理样本，每个样本共有 p 个变量描述，这样就构成了一个 $n×p$ 阶的地理数据矩阵：

$$\boldsymbol{X}=\begin{cases} x_{11} & x_{12} & \cdots & x_{1p} \\ x_{21} & x_{22} & \cdots & x_{2p} \\ \cdots & \cdots & \cdots & \cdots \\ x_{n1} & x_{n2} & \cdots & x_{np} \end{cases} \tag{5.4.1}$$

如果记原来的变量指标为 x_1，x_2，…，x_p，它们的综合指标—新变量指标为 z_1，z_2，…，z_m（$m \leqslant p$），则：

$$\begin{cases} z_1 = l_{11}x_1 + l_{12}x_2 +,\cdots,+ l_{1p}x_p \\ z_2 = l_{21}x_1 + l_{22}x_2 +,\cdots,+ l_{2p}x_p \\ \quad\vdots \qquad\qquad\qquad\qquad \vdots \\ z_m = l_{m1}x_1 + l_{m2}x_2 +,\cdots,+ l_{mp}x_p \end{cases} \tag{5.4.2}$$

在式（5.4.2）中，系数 l_{ij} 由下列原则来决定：

① z_i 与 z_j（$i≠j$；i，j=1，2，…，m）相互无关；

② z_1 是 x_1，x_2，…，x_p 的一切线性组合中方差最大者；z_2 是与 z_1 不相关的 x_1，x_2，…，x_p 的所有线性组合中方差最大者；z_m 是与 z_1，z_2，…，z_{m-1} 都不相关的 x_1，x_2，…，x_p 的所有线性组合中方差最大者。

这样决定的新变量指标 $z_1,z_2,\cdots,z_m$ 分别称为原变量指标 $x_1,x_2,\cdots,x_p$ 的第一，第二,…，第 m 主成分。其中，z_1 在总方差中占的比例最大，z_2，z_3，…，z_m 的方差依次递减。在实际问题的分析中，常挑选前几个最大的主成分，这样既减少了变量的数目，又抓住了主要矛盾，简化了变量之间的关系。

通过上述主成分分析基本原理的介绍，可以把主成分分析计算步骤归纳如下：

①第一步：数据的标准化处理。

$$x'_{ij}=\frac{x_{ij}-\overline{x}_j}{s_j}\quad(i=1,2,\cdots,n;\ j=1,2,\cdots,p)\tag{5.4.3}$$

②第二步：计算相关系数矩阵。

$$\boldsymbol{R}=\left\{\begin{matrix}r_{11} & r_{12} & \cdots & r_{1p}\\ r_{21} & r_{22} & \cdots & r_{2p}\\ \cdots & \cdots & \cdots & \cdots\\ r_{p1} & r_{p2} & \cdots & r_{pp}\end{matrix}\right.\tag{5.4.4}$$

在式（5.4.4）中，r_{ij}（i,j=1，2，…，p）为原来变量 x_i 与 x_j 的相关系数，其计算公式为：

$$r_{ij}=\frac{\sum_{k=1}^{n}(x_{ki}-\overline{x}_i)(x_{kj}-\overline{x}_j)}{\sqrt{\sum_{k=1}^{n}(x_{ki}-\overline{x}_i)^2\sum_{k=1}^{n}(x_{kj}-\overline{x}_j)^2}}\tag{5.4.5}$$

因为 $\boldsymbol{R}$ 是实对称矩阵（即 $r_{ij}=r_{ji}$），所以只需计算其上三角元素或下三角元素即可。

③第三步：计算特征值与特征向量。

首先解特征方程 $|\lambda_1-\boldsymbol{R}|=0$ 求出特征值 λ_i（i=1，2，…，p），并使其按大小顺序排列，即 $\lambda_1\geqslant\lambda_2\geqslant\cdots\geqslant\lambda_p\geqslant 0$；然后分别求出对应于特征值 λ_i 的特征向量 $\boldsymbol{e}_i$（i=1，2，…，p）。

计算主成分贡献率及累计贡献率：

主成分 z_i 贡献率：

$$r_i/\sum_{k=1}^{p}\gamma_k\quad(i=1,2,\cdots,p)$$

累计贡献率：

$$\sum_{k=1}^{m}\gamma_k/\sum_{k=1}^{p}\gamma_k$$

一般取累计贡献率达 75%~95% 的特征值 λ_1，λ_2，…，λ_m 所对应的第一，第二，…，第 m（$m\leqslant p$）个主成分。

计算主成分载荷：

$$p\left(z_k, x_i\right)=\sqrt{\gamma_k} \boldsymbol{e}_{ki} \quad (i, k=1,2, \cdots, p) \tag{5.4.6}$$

由此可以进一步计算主成分得分：

$$Z=\begin{cases} z_{11} & z_{12} & \cdots & z_{1m} \\ z_{21} & z_{22} & \cdots & z_{2m} \\ \cdots & \cdots & \cdots & \cdots \\ z_{n1} & z_{n2} & \cdots & z_{nm} \end{cases} \tag{5.4.7}$$

在保证数据信息丢失最少的原则下，利用降维的思想，通过研究多变量之间的内部依赖关系，从原始变量的相关矩阵出发，找出影响变量的共同因子，简化数据。通过旋转使得因子变量更具有可解释性，命名清晰性高。

（2）萨葡油层参数降维结果。

利用主成分分析方法，对萨葡油层各区块相关数据进行了降维处理，计算得到特征值、方差贡献率和累计贡献率（表 5.4.1），可知第一因子的方差占所有因子方差的 38% 左右，前三个因子的方差贡献率达到 81.06%（≥ 75%），因此选前三个因子已经足够描述油藏的主要特征。

表 5.4.1　萨葡油层解释的总方差

主成分	提取平方和载入	旋转平方和载入		
	累计贡献率 /%	合计	方差贡献率 /%	累计贡献率 /%
1	41.45	2.292	38.20	38.20
2	66.18	1.456	24.27	62.46
3	81.06	1.116	18.60	81.06

采用主成分分析法计算因子载荷矩阵，根据因子载荷矩阵可以说明各因子在各变量上的载荷，即影响程度（表 5.4.2）。第一主成分在渗透率、孔隙度、流度上都有较大载荷，主要表现物性各指标的综合影响，因此定义为物性因子；第二主成分在有效厚度和储量丰度上有很大载荷，体现丰度对油藏品质的影响，定义为油藏品质的丰度因子；而第三主成分只在裂缝上有很大载荷，表现裂缝发育程度对油藏品质的影响，定义为裂缝因子。这三个因子的性质及其顺序较好地体现了外围萨葡油层的油藏特点，即物性的好坏在油藏品质中占主导地位，其次是丰度，裂缝因子作用最弱。

表 5.4.2　萨葡油层旋转成分载荷矩阵

参数	成分		
	1	2	3
渗透率 /$10^{-3}\mu m^2$	0.899	−0.064	−0.134
有效厚度 /m	−0.268	0.908	−0.111
孔隙度 /%	0.915	−0.072	−0.097
流度 /[$10^{-3}\mu m^2$/（mPa·s）]	0.636	0.307	−0.448
储量丰度 /（10^4t/km^2）	0.357	0.721	0.352
裂缝频率 /（条 /m）	−0.205	0.092	0.866

（3）扶杨参数降维结果。

由扶杨油层各区块相关系数矩阵计算得到特征值、方差贡献率和累计贡献率，可知第一主成分的方差占所有因子方差的46%左右，前三个主成分的方差贡献率达到83.71%（≥75%），因此选前三个主成分已经足够描述油藏的品质（表5.4.3）。

表5.4.3　扶杨油层解释的总方差

成分	提取平方和载入	旋转平方和载入		
	累计贡献率/%	合计	方差贡献率/%	累计贡献率/%
1	53.13	3.690	46.13	46.13
2	71.93	1.686	21.08	67.21
3	83.71	1.320	16.50	83.71
提取方法：主成分分析				

扶杨油层主成分的因子载荷矩阵分析表明：第一主成分在渗透率、孔隙度、流度、启动压力梯度、可动流体饱和度上都有较大载荷，主要表现物性的各指标的综合影响，因此定义为物性因子；第二主成分在裂缝上有很大载荷，表现裂缝发育程度对油藏品质的影响，定义为裂缝因子。第三主成分在有效厚度和储量丰度上有很大载荷，体现丰度对油藏品质的影响，定义为油藏品质的丰度因子；这三个因子的性质及其顺序较好地体现了外围扶杨油层的油藏特点，即物性的好坏在油藏品质中占主导地位，由于外围油田扶杨油层裂缝比较发育，因此裂缝因子作用较大，在各区块差别中影响最弱的是丰度因子（表5.4.4）。

表5.4.4　扶杨油层旋转成分载荷矩阵

参数	成分		
	1	2	3
渗透率/$10^{-3}\mu m^2$	0.897	0.313	−0.049
有效厚度/m	−0.375	−0.507	0.633
孔隙度/%	0.660	0.643	−0.088
流度/[$10^{-3}\mu m^2$/(mPa·s)]	0.935	0.055	0.066
储量丰度/(10^4t/km^2)	0.116	0.031	0.946
裂缝频率/(条/m)	0.020	0.903	−0.036
启动压力梯度/(MPa/m)	−0.784	−0.304	0.086
可动流体饱和度/%	0.897	−0.087	−0.011

2. 综合分类

油藏多因素综合分类方法是应用多因素方差分析、因子分析、专家分析、聚类分析和判别分析等方法对油藏开展综合研究，建立了适合大庆长垣外围低渗透油田的油藏多因素综合分类流程。首先开展参数优选，由于分类参数过多，在动态聚类分析之前，应用因子分析进行降维处理；然后应用聚类分析对一批分类参数明确的区块进行分类，再用判别分析建立判别函数以对其余分类参数不明确区块进行判别归类，最后应用生产动态资料验证分类结果。

常用的综合分类方法有聚类分析、判别分析、灰色关联等。与灰色关联方法相比，聚类分析的过程是对专家的意向加以综合，使其定量化、评价过程更符合现实情况。判别分析是已知研究对象分成若干类型（或组别）并已取得各种类型的一批已知样品的观测数据，在此基础上根据某些准则建立判别式，然后对未知类型的样品进行判别分类。对于聚类分析来说，一批给定样品要划分的类型事先并不知道，正需要通过聚类分析来给予确定的类型。正因为如此，判别分析和聚类分析往往联合起来使用，例如判别分析是要求先知道各类总体情况才能判断新样品的归类，当总体分类不清楚时，可先用聚类分析对原来的一批样品进行分类，然后再用判别分析建立判别式以对新样品进行判别，本次分类正是采用此研究思路。

1）分类方法优选

在聚类算法中，动态（快速）聚类和层次聚类方法是最常见的两类聚类方法。当样本量很大时，用层次聚类法计算的工作量极大，做出的树状图也十分复杂，不便于分析。动态聚类克服了层次聚类法的缺点，具有占有计算机空间小、速度快的优点，适用于大样本的聚类分析。层次聚类法的结果容易受奇异值的影响，而动态聚类法受奇异值、相似测度和不适合的聚类变量的影响较小；层次聚类法是单向的，样本点一旦进入某类就不能出类。动态聚类则可以对初始分类反复调整，但存在初始凝聚点选择的随机性问题。鉴于动态聚类和层次聚类方法各自在处理数据上的优势和缺陷，本次研究采用基于动态聚类和层次聚类有机结合的混合算法，既能降低聚类时间，又能提高聚类质量。首先用层次聚类法确定分类数，检查是否有奇异值，剔除奇异值后，重新分类，把用层次聚类法得到的各类重心作为动态聚类法的初始凝聚点，对分类进行调整。

2）综合分类主要步骤

（1）选择初始凝聚点。

凝聚点就是一批有代表性的点，是欲形成类的中心。凝聚点的选择直接决定初始分类，对分类结果也有很大的影响，由于凝聚点的选择不同，其最终分类结果也将不同，故选择时要慎重。

运用层次聚类法，结合专家分析初始分类，将分类的重心作为动态聚类的初始凝聚点。

层次聚类基本思想：将 n 个样品各作为一类；计算 n 个样品两两之间的距离，构成相似矩阵；合并距离最近的两类为一新类；计算新类与当前各类之间的距离，再合并计算，直到只有一类为止。

（2）动态聚类。

典型的动态聚类分析方法为 k 均值法，k 均值法的基本思想是将每一个项目分给具有最近中心（均值）的聚类。

基本流程如下：

第一步：选择若干个初始凝聚点，作为类中心的估计；

第二步：对每一个样本，按照某种原则划归某个类中；

第三步：重新计算各类的重心；

第四步：跳转到第二步直到各类重心稳定。

应用动态聚类法，对萨葡和扶杨 222 个具有代表性、数据比较落实的区块完成了分类。

3）萨葡油层分类结果

（1）萨葡油层。

根据萨葡油层数据比较落实的区块的主成分二维分布结果，萨葡油层各区块明显地分为三类。从各类聚类中心的因子特点来看，一类主要是物性好，丰度大；二类物性和丰度居中；三类物性和丰度都差。

将萨葡油层 128 个区块，按照聚类分为三类（表 5.4.5）。

一类：物性好，丰度大，渗透率（87~252.7）$\times10^{-3}\mu m^2$，平均 $199.79\times10^{-3}\mu m^2$；丰度为（20~56）$\times10^4 t/km^2$，平均 $43.65\times10^4 t/km^2$。主要是升平和龙主体等区块。

二类：物性较好，厚度较大，渗透率（40.2~187）$\times10^{-3}\mu m^2$，平均 $124.42\times10^{-3}\mu m^2$；丰度为（17.7~36.5）$\times10^4 t/km^2$，平均 $29.88\times10^4 t/km^2$。主要是八厂永乐、肇州等区块。

三类：物性差，厚度薄，渗透率（2.1~98）$\times10^{-3}\mu m^2$，平均 $31.96\times10^{-3}\mu m^2$；丰度为（13~37.3）$\times10^4 t/km^2$，平均 $22.42\times10^4 t/km^2$ 。主要是新站、新肇、敖南、肇 413 等区块。

表 5.4.5　长垣外围油田萨葡油层分类结果统计

类别	区块 / 个	地质储量 / $10^4 t$	有效厚度 / m	含油饱和度 / %	地质储量丰度 /（$10^4 t/km^2$）	渗透率 / $10^{-3}\mu m^2$	孔隙度 / %	典型区块
一类	25	15830	4.44	60.61	43.65	199.79	21.05	龙主体、升平主块、杏西、敖古拉、卫星、祝三、宋芳屯试验区等
二类	49	13226	3.39	61.38	29.88	124.42	19.35	芳 709、永 92-88、芳 148、肇 212 等
三类	54	18114	3.17	57.43	22.42	31.96	18.45	新站、新肇、肇 143、敖南等
平均 / 合计	128	47170	3.66	59.60	31.64	114.21	19.57	

分类结果与地质认识吻合较好，其中一类区块主要发育三角洲分流平原相，二类区块主要发育三角洲内前缘相，三类区块主要发育三角洲外前缘相。

（2）扶杨油层。

根据扶杨油层数据比较落实区块的主成分二维分布结果，扶杨油层各区块明显地分为三类。从各类聚类中心的因子特点来看，一类主要是物性好，裂缝发育；二类物性居中，裂缝较发育；三类物性和裂缝发育都较差。

将扶杨油层 94 个区块，按照聚类分为三类（表 5.4.6）。

一类：物性好，天然裂缝发育，渗透率（11~25）$\times10^{-3}\mu m^2$，平均 $17.67\times10^{-3}\mu m^2$，主要是朝阳沟主体区块。

二类：物性较好，天然裂缝较发育，渗透率（2.76~9.2）$\times10^{-3}\mu m^2$，平均 $5.67\times10^{-3}\mu m^2$，主要是朝阳沟翼部、茂 11，东 16 等区块。

三类：物性差，流度小，天然裂缝不发育，渗透率（0.5~3.14）$\times10^{-3}\mu m^2$，平均 $1.44\times10^{-3}\mu m^2$，主要是茂 801、源 35、树 8 等区块。

表 5.4.6 长垣外围油田扶杨油层分类结果统计

类别	区块/个	地质储量/10^4t	有效厚度/m	地质储量丰度/(10^4t/km^2)	空气渗透率/$10^{-3}\mu m^2$	孔隙度/%	流度/[$10^{-3}\mu m^2$/(mPa·s)]	裂缝频率/(条/m)	典型区块
一类	18	6558.7	9.13	74.21	17.67	16.93	1.81	0.099	朝45、朝55、朝气3、朝5、朝50、朝55等
二类	32	11499.8	10.94	58.10	5.67	14.64	0.81	0.044	朝2、朝202、茂11、三501、东16、东18、升382等
三类	44	18467.6	12.07	63.60	1.44	12.82	0.25	0.022	茂801、茂401、源35、朝阳沟杨大城子、树103、树8等
平均/合计	94	36526.1	11.19	63.77	5.97	14.13	0.77	0.04 0	

3. 分类结果判别分析

针对一些区块参数不落实以及即将新投入开发的区块，应用上述方法分类难度大，为了便于这些区块顺利分类，应用判别分析法，形成了长垣外围油田各类的判别函数和准则。

1）判别分析法原理

判别分析是根据已掌握类别的若干样本数据信息，总结出客观事实分类的规律性，建立判别公式和判别准则。当遇到新样本点时，只要根据总结出来的判别公式和判别准则，就能判别该样本点所属的类别，主要有 Fisher 判别和 Bayes 判别两种，这里分别应用这两种判别对萨葡和扶杨油层区块分类进行了研究，两种方法可以同时使用，交互验证。

（1）Fisher 判别法（典则判别）。

Fisher 判别法借助方差分析的思想构造线性判别函数，确定判别函数系数时使得类内方差尽量小，类间方差尽量大的准则。使得同类别的点“尽可能聚在一起”，不同类别的点“尽可能分离”，以此达到分类的目的。

有了判别式后，对于一个新的样品，将其基本数据代入判别函数中求出判别函数值，然后与判别函数的质心进行比较，就可以判断它属于哪个类别。

（2）Bayes 判别法。

Bayes 判别法的基本思想是认为所有类别都是空间中互斥的子域，每个样本点都是空间中的一个点，在考虑先验概率的前提下，利用 Bayes 公式按照一定准则构造一个判别函数，分别计算该样本点落入各个子域的概率，所有概率中最大的一类就被认为是该样本点所属的类别。

2）萨葡油层判别结果

（1）Fisher 判别（典则判别）。

综合运用 Fisher 判别法对萨葡油层 125 个区块的分类结果进行回判分析，从判别结果看，Fisher 判别提取两个判别函数，其中函数 1 的方差解释度为 98.3%，函数 2 的方差解释度为 1.7%，可见且绝大部分信息都在第一个判别函数上（表 5.4.7）。

表 5.4.7　判别函数的特征根以及判别指数

函数	特征值	方差 / %	累计 / %	正则相关性
1	1.168	98.3	98.3	0.734
2	0.020	1.7	100.0	0.140

由判别函数的非标准化系数得到非标准化的判别函数式如下：

$$y_1 = -0.061\phi - 0.002K - 0.248h + 0.136K/\mu + 0.05\omega - 0.482f - 1.244 \quad (5.4.8)$$

$$y_2 = 0.16\phi + 0.005K + 0.368h - 0.094K/\mu + 0.017\omega - 0.088f - 3.989 \quad (5.4.9)$$

根据组质心处的函数绘制 Fisher 判别分析结果，两个判别函数分别构成了两个维度，而三类的重心用符号被绘制在中心，整个平面空间则按照离各类别重心的距离被划分出了清楚的界线，分界线是各中心连线的垂直平分线。当计算出新样本散点坐标后，坐标落在哪个范围，就属于哪个类别。

运用建立的判别函数对萨葡油层 125 个区块的分类结果进行自身验证和交叉验证，表 5.4.8 的上半部分就是采用回代法得到的自身验证判别信息，下半部分是用交互印证法得到的交叉验证判别信息，最后给出错误率。已对初始分组案例中的 76.8% 个进行了正确分类。已对交叉验证分组案例中的 76% 个进行了正确分类。可见，本次判别函数的正确判断率非常高，可靠性强，便于操作。

表 5.4.8　萨葡油层 Fisher 判别回判结果

分类结果						
判别方式	判别单位	类别	预测组成员			合计
			1	2	3	
初始	计数	1	18	7	0	25
		2	4	35	9	48
		3	5	4	43	52
		未分组的案例	72.0	28.0	0	100.0
	%	1	8.3	72.9	18.8	100.0
		2	9.6	7.7	82.7	100.0
		3	18	7	0	25
		未分组的案例	4	34	10	48
交叉验证	计数	1	5	4	43	52
		2	72.0	28.0	0	100.0
		3	8.3	70.8	20.8	100.0
	%	1	9.6	7.7	82.7	100.0
		2	60	40	0	100
		3	0	0	100	100

注：（1）仅对分析中的案例进行交叉验证。在交叉验证中，每个案例都是按照从该案例以外的所有其他案例派生的函数来分类的。

（2）已对初始分组案例中的 76.8% 个进行了正确分类。

（3）已对交叉验证分组案例中的 76.0% 个进行了正确分类。

（2）Bayes 判别分析。

由 Bayes 判别函数系数，写出 Bayes 判别函数式如下：

$$F_1 = 2.029\phi - 0.027K + 1.592h + 0.451K/\mu - 0.01\omega + 9.044f - 28.35 \qquad (5.4.10)$$

判别规则：把待判区块数据代入分类函数，哪个类的 F 值最大就分入哪个类。

3）扶杨油层判别结果

（1）Fisher 判别（典则判别）。

综合运用 Fisher 判别法对萨葡油层 79 个区块的分类结果进行回判分析，从判别结果看，Fisher 判别提取两个判别函数，其中函数 1 的方差解释度为 87.4%，函数 2 的方差解释度为 12.6%，可见且绝大部分信息都在第一个判别函数上（表 5.4.9）。

表 5.4.9　判别函数的特征根以及判别指数

函数	特征值	方差 / %	累计 / %	正则相关性
1	4.286	87.4	87.4	0.900
2	0.621	12.6	100.0	0.619

由判别函数的非标准化系数得到非标准化的判别函数式如下：

$$y_1 = 0.144K - 0.12h + 0.0221\phi + 0.334K/\mu + 0.016\omega - 6.959\lambda + 0.102S + 7.448f - 5.002 \qquad (5.4.11)$$

$$y_2 = 0.2K + 0.006h - 0.426\phi + 0.022K/\mu + 0.024\omega + 10.971\lambda - 0.176S + 1.03f + 8.978 \qquad (5.4.12)$$

运用建立的判别函数对萨葡油层 79 个区块的分类结果进行自身验证和交叉验证（表 5.4.10），对初始分组案例中的 86.1% 以及交叉验证分组案例中的 81.0% 进行了正确分类。

表 5.4.10　扶杨油层 Fisher 判别回判结果

分类结果						
判别方式	判别单位	类别	预测组成员			合计
			1	2	3	
初始	计数	1	15	3	0	18
		2	1	27	1	29
		3	0	6	26	32
		未分组的案例	83.3	16.7	0	100.0
	%	1	3.4	93.1	3.4	100.0
		2	0	18.8	81.3	100.0
		3	13	5	0	18
		未分组的案例	1	26	2	29

续表

分类结果						
判别方式	判别单位	类别	预测组成员			合计
			1	2	3	
交叉验证	计数	1	0	7	25	32
		2	72.2	27.8	0	100.0
		3	3.4	89.7	6.9	100.0
	%	1	0	21.9	78.1	100.0
		2	0	100	0	100
		3	0	0	100	100

注：（1）仅对分析中的案例进行交叉验证。在交叉验证中，每个案例都是按照从该案例以外的所有其他案例派生的函数来分类的。
（2）已对初始分组案例中的 86.1% 进行了正确分类。
（3）已对交叉验证分组案例中的 81.0% 进行了正确分类。

（2）Bayes 判别分析。

由 Bayes 判别函数系数，写出 Bayes 判别函数式如下：

$$F_1 = -0.981K + 1.401h + 9.104\phi + 1.795K/\mu - 0.067\omega - 72.129\lambda + 2.434S + 79.152f - 125.547 \tag{5.4.13}$$

$$F_2 = -1.794K + 1.804h + 9.707\phi + 0.614K/\mu - 0.162\omega - 65.755\lambda + 2.366S + 51.963f - 117.226 \tag{5.4.14}$$

$$F_3 = -1.743K + 2.041h + 8.981\phi + 0.019K/\mu - 0.155\omega - 34.984\lambda + 1.891S + 39.563f - 94.826 \tag{5.4.15}$$

判别规则：把待判区块数据代入分类函数，F 值最大的类即为所求类别。

二、分类区块开发规律及井网适应性评价

1. 含水变化规律

1）萨葡油层

（1）含水上升以 S 形和凸 S 形为主，整体含水上升缓慢。

统计萨葡油层投产时间较长，有代表性的 84 个区块的含水上升规律表明：含水上升以 S 形和凸 S 形为主，整体含水上升缓慢（表 5.4.11）。

表 5.4.11　萨葡油层含水上升规律　　单位：个

分类	统计块数	S 形	凸 S 形	凹 S 形	拟合精度低
一类	21	13	6	1	1
二类	25	10	9	0	6
三类	38	9	15	4	10
合计	84	32	30	5	17

（2）一、二类区块含水上升速度较慢，裂缝发育三类区块含水上升快。

各类区块含水上升速度不同，一、二类区块含水上升速度较慢，裂缝发育三类区块含水上升快。如一类龙虎泡主体区块符合S形，初期含水较低，采出程度大于10%后，含水上升速度加快；而三类新站油田符合凸S形，初期含水较快，后期经过调整含水上升速度得到控制。

2）扶杨油层

（1）大部分区块符合S形和凸S形含水上升规律。

统计扶杨油层有代表性的39个区块的含水上升规律表明：大部分区块符合S形和凸S形含水上升规律（表5.4.12）。

表5.4.12　扶杨油层含水上升规律　　单位：个

分类	统计块数	S形	凸S形	凹S形
一类	10	3	5	2
二类	20	9	10	1
三类	9	6	1	2
合计	39	18	16	5

（2）裂缝发育区块含水上升快，裂缝不发育特低渗透油藏注水受效差。

一、二类裂缝发育区块，初期含水上升快，后期采用温和注水方式有效控制含水上升；三类物性差，注水受效差。如二类茂11区块初期含水上升较快，后期通过转线性注水含水上升得到有效控制。

2. 产量变化规律

1）产油能力

长垣外围萨葡油层产油能力较强，投产初期平均单井日产油4.1t，目前平均单井日产油1.2t，一类、二类投产较早区块由于进入高含水期，目前采油强度低于新近投产的三类区块。扶杨油层产油能力相对较差，目前单井平均日产油仅为0.8t，其中三类区块由于物性差和裂缝不太发育，目前平均采油强度仅为0.06 t/（d·m）（表5.4.13）。

表5.4.13　长垣外围已开发油田各类区块产油能力

油层	区块类别	有效厚度/m	初期单井日产油/t	初期采油强度/[t/（d·m）]	目前单井日产油/t	目前采油强度/[t/（d·m）]
萨葡	一类	4.6	5.2	1.14	1.32	0.29
	二类	3.4	4.3	1.26	1.27	0.37
	三类	2.8	3.1	1.09	1.06	0.38
	小计	3.4	4.1	1.21	1.18	0.35
扶杨	一类	8.9	3.3	0.37	0.94	0.11
	二类	9.1	3.1	0.35	0.92	0.10
	三类	11.4	1.6	0.14	0.67	0.06
	小计	10.0	2.5	0.25	0.80	0.08

2）产液能力

无量纲产液能力与含水变化关系研究表明，萨葡油层一类部分区块见水初期产液降低，但随着含水升高产液量逐渐升高，萨葡油层二类、三类区块见水后产液比较稳定，虽然有下降趋势，但幅度不大；扶杨油层各类区块见水后产液降低，由于物性差，随着含水升高产液量降低快。进一步说明长垣外围油田萨葡一类部分区块具有提液稳产潜力，而其他各类区块不具备提液稳产条件。

3）产量递减模式

萨葡一类区块基本符合梯形递减模式，具有一定稳产阶段，一般稳产 5 年左右；萨葡二类区块基本符合抛物线型递减模式，稳产时间短，一般 3 年左右；萨葡三类区块基本符合折线型变化模式，基本没有稳产阶段。

扶杨油层各类区块产量稳产难度大，其中一类区块符合抛物线递减模式，稳产 3~5 年；二类、三类区块符合折线型递减模式，很难稳产。

4）产量递减规律

长垣外围油田递减规律以指数递减为主，统计萨葡油层投产时间相对较长的 42 个区块的产量递减规律，其中 28 个区块符合指数递减，14 个区块符合双曲递减（表 5.4.14）。

表 5.4.14　萨葡油层已开发区块递减规律

分类	统计区块 / 个	指数递减			双曲递减		
		区块 / 个	初始递减率范围 / %	平均初始递减率 / %	区块 / 个	初始递减率范围 / %	平均初始递减率 / %
一类	17	14	1.47~27.40	12.70	3	11.91~25.32	17.78
二类	14	8	8.05~26.61	20.94	6	10.11~27.40	18.90
三类	11	6	10.75~23.57	16.47	5	15.83~44.79	30.97

统计扶杨油层 39 个区块产量递减类型，22 个区块符合指数递减，17 个区块符合双曲递减（表 5.4.15）。

表 5.4.15　扶杨油层已开发区块递减规律

分类	统计区块 / 个	指数递减			双曲递减			
		区块 / 个	初始递减率范围 / %	平均初始递减率 / %	区块 / 个	递减指数范围	初始递减率范围 / %	平均初始递减率 / %
一类	10	6	3.17~25.08	12.70	4	0~4.6	8.70~16.15	10.64
二类	13	6	8.78~40.57	20.40	7	0~5.8	9.11~28.93	18.97
三类	16	10	7.40~58.02	29.12	6	0~4.5	10.85~81.97	30.27

3. 油层动用状况分析

1）生产测试资料评价油层动用状况

统计了长垣外围油田 43 个区块 306 口油井产液剖面，1070 口水井的吸水剖面资料，区块动用储量为27791×10^4t。统计区块、井和储量分别占长垣外围总量的19.1%、35.1%和33.6%，因此，本次研究所采用的测试资料能较全面地体现外围各类油层的动用状况（表5.4.16）。

表5.4.16 长垣外围油田油层动用状况

油层	区块类型	统计块数/个	动用面积/km^2	动用储量/10^4t	井数/口		含水率/%		采出程度/%		产液剖面井数/口	吸水剖面井数/口
					油井	水井	范围	均值	范围	均值		
萨葡	一类	7	151.5	6431.06	1142	657	41.5~90.2	75.2	12.7~36.2	23.5	57	139
	二类	9	105.7	2833.60	753	262	25.5~67.9	48.9	1.64~12.9	6.7	19	136
	三类	9	325.9	7252.80	2321	757	24.8~51.7	41.5	1.27~19.5	7.4	147	491
	小计	25	583.1	16517.46	4216	1676	24.8~90.2	55.2	1.27~36.2	12.5	223	766
扶杨	一类	6	63.5	4263.50	727	358	34.6~61.4	49.4	10.44~33.0	22.3	11	99
	二类	9	98.9	5445.20	1312	556	28.2~56.6	43.9	7.47~26.2	14.6	18	125
	三类	3	57.9	1564.60	657	199	24.2~34.4	30.2	4.17~7.8	6.2	54	94
	小计	18	220.3	11273.30	2696	1113	24.2~61.4	41.2	4.17~33.0	14.4	83	318
平均/合计		43	803.4	27790.76	6912	2789	24.2~90.2	48.2	1.28~36.2	13.45	306	1084

通过生产测试资料分析得到以下几方面认识：

（1）萨葡油层一类、二类区块目前动用状况较好，产液和吸水厚度比例均在80%以上；三类区块动用效果差，产液和吸水厚度比例不到70%。扶杨油层除一类区块产液厚度比例较高达到78%，其他各类区块的产液和吸水厚度比例均不到70%，其中三类区块由于物性差，平均吸水厚度比例仅为57.7%。

（2）厚油层动用程度高，薄油层动用程度低。萨葡油层有效厚度大于2m的厚油层吸水厚度比例在60%以上，产液厚度比例在90%以上，动用较好。扶杨油层有效厚度大于2m的油层吸水和产液程度在50%以上，而扶杨一类、扶扬二类区块中小于1m的薄油层吸水厚度比例不到40%，层间动用差异较大。

（3）萨葡油层吸水强度随着油层厚度的增加而降低，各类区块间吸水强度差别不大；扶杨油层吸水强度随着油层厚度的增加而降低，各类间吸水强度差别较大，一类由于物性好，吸水能力最强，三类吸水能力最弱，0.5m以下的薄层基本不吸水。

2）检查井水洗状况分析

检查井资料进一步证实萨葡一类、萨葡二类目前动用较好，扶杨油层裂缝发育方向油井动用较好。长垣外围油田从1995年6月在龙虎泡试验区第一口检查井龙58—检24井开始，截至目前完钻16口井，萨葡油层10口，其中长垣东部7口，西部3口，扶杨油层5口井，均位于长垣东部，高台子油层1口，位于长垣西部。

通过检查井资料分析，对长垣外围油田水洗状况有以下三方面认识：

（1）整体水洗厚度小，平均比例37.3%；驱油效率低，平均为44.8%（表5.4.17）。

表 5.4.17　长垣外围油田检查井水洗状况

层位	区块类别	取心井号	井组含水率/%	取心井组采出程度/%	砂岩厚度/m	有效厚度/m	水洗有效厚度/m	水洗有效厚度百分比/%	水洗级别/%			驱油效率/%
									强洗	中洗	弱洗	
萨葡油层	一类	升 40—斜检 27	90.4	23.4	12.7	11.5	7.66	66.6	30.3	67.9	1.8	49.7
		升 41—27	82.1	13.8	12.3	8.8	3.84	43.6	0	97.7	2.3	42.1
		升 29—检 17	76.8	9.3	8.8	5.5	1.29	23.5	31.8	27.1	41.1	46.8
		芳 131—检 47	73.5	35.3	10.2	6.0	2.37	39.5	76.8	23.2	0	57.7
		芳 96—检 103	68.1	20.1	6.2	3.5	0.70	20.0	0	47.1	52.9	29.2
		龙 10—检 12	64.2	18.2	29.8	15.4	5.30	34.4	94.3	5.7	0	62.1
		龙 58—检 24	61.4	23.7	33.1	14.2	2.78	19.6	75.2	20.5	4.3	55.2
	二类	永 77—检 75	67.2	23.6	11.2	6.9	1.13	16.4	0	100.0	0	43.3
	三类	源 38—检 16	76.3	1.5	6.8	4.7	0.31	6.6	0	0	100.0	14.0
		大 69—检 71	86.5	32.7	8.4	7.5	2.34	31.2	27.4	67.5	5.1	49.0
扶杨油层	一类	朝 75—检 117	15.0	3.2	11.7	8.4	1.97	23.5	0	75.6	24.4	38.9
		朝 103—检 55	60.6	7.4	37.1	24.7	2.90	11.7	0	63.1	36.9	41.0
	二类	茂 61—检 89	76.1	21.0	38.6	27.1	24.05	88.7	88.3	9.3	2.4	60.7
	三类	树 14—检 40	28.2	1.2	23.6	14.0	2.3	16.4	0	100.0	0	37.7
		树 35—平 27	15.1	0.7	150.5	150.5	0	0	0	0	0	0
合计			62.8	15.7	17.9	11.3	4.2	37.3				44.8

（2）水洗层以厚油层为主，水洗程度以中弱水洗为主。萨葡油层 2m 以上水洗厚度为 48.6%，层数为 75%，以中水洗为主；扶杨油层 2m 以上水洗厚度为 25% 以上，层数为 50% 以上，2m 以下未见水。

（3）沉积微相间水洗程度差异大。萨葡油层河道砂水洗厚度比例 85.3%，主体席状砂 14.7%，非主体席状砂基本未见水；扶杨油层大型河道砂水洗厚度比例 86.6%，小型河道砂 14.4%，河间砂体基本未见水。

4. 井网适应性评价

1）原井网适应性评价

长垣外围油田原开发井网主要是 300m×300m 正方形反九点井网，对中低渗透萨葡油层比较适合，开发效果好；对裂缝发育特低渗透扶杨油层适应性差，开发效果差（表 5.4.18 和表 5.4.19）。

表 5.4.18　长垣外围油田原开发井网适应性

油层	井网形式	井网形式 / m	适应油藏	适应区块	不适应区块
萨葡	正方形	300×300 250×250 400×400 350×350 283×283 220×220	中低渗透 裂缝不发育	葡 47、敖古拉高西、州十三、徐 30、徐 7	徐 22-24、徐 25、葡 36、卫星、太东、树 103、升 144、升 102、升 142、宋芳屯试验
	矩形	160×120	低渗透裂缝发育	源 141、源 23、肇 261	
	菱形	120×100 100×56	低渗透裂缝发育	台 103、源 272、肇 294、肇 15	
扶杨	正方形	300×300 250×250	裂缝不发育，物性较好	朝 45、朝 5、朝 5 北等	东 14、树 322、树 2
			裂缝不发育，物性稍差	东 18、升 22、尚 9	
	矩形	300×60 （250~400）×80 （240~350）×100 （350~450）×150 （350~500）×150	特低渗或致密油藏 裂缝发育，物性好	州 6、州 201、葡 333、葡 462、五 213、双 301、朝 521	源 35-1 北、源 121-3、源 151、茂 801、齐家北
	菱形	400×70	裂缝发育特低渗透油藏	茂 13、茂 508	

表 5.4.19　长垣外围油田原开发井网开发效果

油层	区块	开发时间 / 年	井网形式 / m	初期单产日产油 / t	渗透率 / $10^{-3}\mu m^2$	目前单井日产油 / t	综合含水率 / %	采油速度 / %	采出程度 / %	采收率 / %	注采比	效果评价
萨葡	敖古拉	1988	300×300	2.8	178.00	1.25	91.85	0.24	23.31	29.2	1.4	好
	徐家围子	1996	300×300	4.8	223.10	1.38	69.10	0.83	14.02	24.8	1.0	好
	芳 156	1996	300×300	5.4	149.00	1.06	67.40	0.40	17.90	25.3	1.1	好
	葡 47	2001	300×300	4.9	40.00	1.11	52.21	2.65	14.95	25.7	1.9	好
	敖南	2006	300×300	1.2	40.90	0.38	34.81	0.50	7.04	21.0	3.1	差
扶杨	朝 45 翼	1991	300×300	2.4	19.20	0.70	42.23	0.20	12.67	25.0	1.8	好
	州 201	2006	300×60	1.9	1.50	0.86	41.83	0.76	8.22	18.0	3.7	好
	双 301	2005	350×150	4.5	6.40	0.93	43.72	0.73	11.35	20.0	2.5	好
	茂 13	2008	400×70	1.5	0.88	0.66	58.57	0.53	51.89	19.0	2.0	好
	尚 9	2006	250×250	1.8	3.87	0.54	37.91	0.75	7.43	19.0	2.9	中
	树 2	1998	250×250	1.5	1.02	0.61	37.12	0.20	6.19	19.0	2.1	中
	树 16	2005	300×300	1.8	0.81	0.85	10.67	0.21	3.76	18.0	3.1	差
	源 35	2004	250×80	0.5	1.20	0.14	0.54	0.10	2.70	—	0	差
	茂 801	1998	500×210	1.0	1.20	0.28	37.35	0.11	3.26	19.0	6.2	差

2）加密井网适应性评价

自1996年开始已加密71个区块，钻加密井3369口，含油面积592.4km²，地质储量2.85×10^8t，增加可采储量1581.9×10^4t。加密井年产油95.4×10^4t，占长垣外围产量的18.5%，有力支撑了长垣外围油田稳产（表5.4.20）。

表5.4.20　长垣外围油田加密区块数据

项目	萨葡油层	扶杨油层
区块个数/个	29	42
含油面积/km²	346.2	246.2
地质储量/10^8t	1.42	1.43
空气渗透率/$10^{-3}\mu m^2$	36.0~136.6	0.6~21.9
有效厚度/m	0.7~5.2	5.8~15.4
地层原油黏度/（mPa·s）	2.3~11.9	3.3~14.6
地质储量丰度/（10^4t/km²）	19.9~50.4	29.4~101.7
加密井数/口	1460	1909

萨葡油层：长垣外围油田萨葡油层大部分采用正方形井网中心加密，除个别区块由于加密前含水较高错过适合的加密时机外，萨葡油层整体加密效果较好，加密后提高水驱控制程度3.5个百分点以上，提高采收率在3.3个百分点以上（表5.4.21和表5.4.22）。萨葡油层采用正方形井网中心结合灵活加密方式适应性较好（表5.4.23）。

表5.4.21　长垣外围萨葡油层典型区块不同加密方式适应性

类别	区块	加密方式/	加密前老井			加密井初期		目前加密井			提高水驱控制程度/%	提高采收率/%	适应性
			单井日产油/t	含水率/%	采出程度/%	单井日产油/t	含水率/%	单井日产油/t	含水率/%	单井累计产油/t			
一	芳6	中心加密灵活	1.5	61.7	15.5	2.7	20.1	0.7	70.5	1520	11.2	4.9	适应
一	芳507	中心加密灵活	2.1	54.9	16.2	2.6	29.8	1.8	52.8	1237	8.8	6.0	适应
二	永92-88	中心加密灵活	1.9	54.6	27.4	2.0	64.9	1.7	64.1	1728	15.3	6.0	适应
二	肇212	中心加密灵活	0.9	61.7	7.7	2.4	27.3	0.6	67.7	1685	3.6	4.1	适应
三	台105	中心加密灵活	0.7	56.9	7.7	1.0	27.3	0.9	37.0	604	3.7	3.9	适应

表 5.4.22　长垣外围油田萨葡油层加密效果

区块	加密时间	加密前		加密后老井		加密井初期		加密井目前		提高水驱控制程度 / %	提高采收率 / %
		日产油 / t	含水率 / %	日产油 / t	含水率 / %	日产油 / t	含水率 / %	日产油 / t	含水率 / %		
芳 6	2005.11	1.5	61.7	1.6	76.0	2.7	20.1	0.7	70.5	11.2	4.9
祝三	2007.06	1.0	92.7	1.2	86.2	3.3	38.7	1.0	53.1	3.5	3.3
齐家	2002.1	2.9	82.9	3.1	79.1	5.5	59.9	1.9	85.6	4.3	3.7
肇 212	2006.05	0.9	61.7	0.6	77.9	2.4	27.3	0.6	67.7	3.6	4.1
芳 908	2007.08	1.0	83.9	0.9	84.8	1.7	59.9	1.2	85.4	8.9	10.3
台 105	2009.09	0.7	56.9	0.7	62.7	1.0	27.3	0.9	37.0	3.7	3.9

表 5.4.23　长垣外围萨葡油层合理加密方式

序号	新老井网关系	可调潜力	砂体类型	布井方式
1	老井网中心	多层发育，层间差异大	主力层明显，以低弯分流河道砂为主	均匀
2		多层发育	多发育顺直分流河道和窄条带砂体	灵活 / 均匀
3		单层发育	相变或物性横向变化大	灵活
4	断层边部	具备可调潜力	砂体发育	灵活

扶杨油层：扶杨油层加密方式较多，有井网中心加密、“321”不均匀加密、三角形重心加密、排间加密等，各加密方式在扶杨油层取得较好的加密效果，加密后提高水驱控制程度 5.3 个百分点以上，提高采收率 4.0 个百分点以上（表 5.4.24 和表 5.4.25）。综合认为：裂缝性低、特低渗透的扶杨油层适应按照井排方向沿着裂缝走向，采用加密与注采系统相结合实现线状注水的加密方式；裂缝发育差、不发育的特低渗透扶杨油层适合采用排间加排井间加井的井网加密方式（表 5.4.26）。

表 5.4.24　长垣外围扶杨油层典型区块不同加密方式适应性

区块	井排方向与裂缝夹角 / (°)	渗透率 / $10^{-3}\mu m^2$	加密后井网 / m	加密井投产初期		目前单井日产油 /t		单井累计产量 / t	加密后提高值		加密方式	适应性
				日产油 / t	提高采油速度 / %	加密井	老井		水驱控制程度 / %	采收率 / %		
试验区北	11.5	19.20	212×212	3.8	0.2	1.9	1.8	2754.3	5.9	2.5	井网中心	适应
茂 503	45	1.20	424×70	4.4	0.2	1.6	0.5	3638.0	12.5	9.2	排间加密水井排	适应
朝 55	22.5	12.70	134×223	2.5	0.9	1.9	1.2	5642.4	6.4	7.5	“321”	适应
翻身屯	52.5	6.90	216×106	2.6	0.5	1.1	1.1	2388.3	9.0	8.1	三角形重心	适应

续表

区块	井排方向与裂缝夹角 / (°)	渗透率 / ($10^{-3}\mu m^2$)	加密后井网 / m	加密井投产初期		目前单井日产油 /t		单井累计产量 / t	加密后提高值		加密方式	适应性
				日产油 / t	提高采油速度 / %	加密井	老井		水驱控制程度 / %	采收率 / %		
茂 11	45	1.40	636×102	8.2	0.7	0.9	1.7	3936.9	6.3	8.1	排间加密水井排	适应
长 31		4.29	150×150	2.0	0.7	0.8	0.6	1498.5	12.6	11.2	排间加排井间加井	适应
树 322		2.76	150×100	2.2	0.5	1.0	1.2	1362.4	19.2	5.9	排间加两排	适应

表 5.4.25　长垣外围扶杨油层加密效果

区块	加密时间	加密前		加密后老井		加密井初期		加密井目前		提高水驱控制程度 / %	提高采收率 / %
		日产油 / t	含水率 / %	日产油 / t	含水率 / %	日产油 / t	含水率 / %	日产油 / t	含水率 / %		
朝 661 北	2005.12	2.0	41.1	1.6	24.0	1.3	38.4	1.6	48.1	6.2	7.8
东 16	2004.6	2.3	57.2	2.5	16.8	3.1	10.3	0.6	83.6	16.6	9.0
朝 55	1999.9	2.1	11.1	1.7	12.8	2.4	8.1	1.3	43.5	5.3	7.2
朝 1—朝气 3	2002.4	1.7	11.2	1.5	8.1	2.5	13.5	1.0	37.6	13.9	8.9
朝 89	2004.3	1.4	12.3	3.2	18.4	2.7	27.6	0.8	43.2	13.2	7.1
茂 11	2001.7	4.1	13.8	3.6	20.3	8.2	37.1	0.6	75.0	6.3	8.1
茂 503	2004.7	2.5	30.8	1.7	84.2	4.4	33.3	1.6	39.1	9.5	9.2
长 46	2008.4	0.7	11.6	0.7	14.9	0.7	29.9	0.7	41.3		4.0
树 8	2005.5	1.3	11.2	1.2	7.7	2.2	30.9	0.8	54.9	10.0	5.0

表 5.4.26　长垣外围扶杨油层井网加密模式

模式	加密方式	适应油藏及井网	加密的作用
1	正方形中心加密油井	裂缝走向与井排方向成 11.5°、12.5° 井网	缩小排距，增加水驱控制程度，提高注水受效程度
2	不均匀加密油水井	裂缝走向与井排方向成 22.5° 井网	井网加密与注采系统调整相结合实现线状注水
3	排间加密水井	裂缝走向与井排方向成 45.0° 井网，基质渗透率特低或致密	井网加密与渗吸采油相结合，提高有效动用程度和采收率
4	三角形重心加密	裂缝走向与井排方向成 52.5° 井网，储层渗透率特低，发育裂缝	缩小井距，降低渗流阻力，形成沿裂缝注水向裂缝两侧驱油的线状注水
5	井间加井排间加排	储层渗透率特低，不发育裂缝或仅局部发育裂缝	缩小井距，建立有效驱动体系，使一、二类储层得到动用

3）注采系统调整适应性评价

由于长垣外围油田开发初期大部分采用反九点井网开发，注采系统完善程度低，随着开发的深入，逐步完善了注采井网。主要做法：萨葡油层河道和席状砂发育区转五点，河道窄小和零散砂体采用灵活转注；扶杨油层裂缝发育区转线状注水，裂缝不发育区按砂体灵活转注。转注后水驱控制程度得到提高，注采压力系统得到改善，有效控制了含水上升和产量递减，使得注采系统适应性得到提高（表 5.4.27）。

转注后油水井数比降低，水驱控制程度得到提高。长垣外围油田注采系统调整整体效果较好，油水井数比降低，萨葡油层提高水驱控制程度 4.0 个百分点以上，扶杨油层提高水驱控制程度 3.5 个百分点以上（表 5.4.28）。

随着油水井数比的降低，地层压力保持水平呈现上升趋势，通过油井转注，完善了注采关系，注采压力系统得到改善（表 5.4.29）。

表 5.4.27　长垣外围油田典型区块注采系统调整适应性评价

油层	类型	典型区块	原始地层压力 / MPa	目前地层压力 / MPa	转注前油水井数比	目前油水井数比	水驱控制程度 / %	压力保持水平 / %	转注方式	适应性情况
萨葡	一	徐家围子	13.9	10.6	2.7	1.3	79.6	76.0	五点	适应
		龙虎泡	14.7	10.3	2.0	1.4	87.1	70.0	五点、灵活	适应
		太东	9.7	9.2	3.4	2.8	82.8	94.5	灵活	适应
		敖古拉	12.7	9.3	1.6	1.5	76.3	73.2	灵活	适应
		祝三	14.6	10.9	2.4	2.0	72.5	75.1	灵活	适应
	二	肇 212	11.1	10.0	3.3	2.2	92.1	90.9	线性	适应
		州 183	14.7	13.3	2.2	1.2	82.0	90.4	灵活	适应
		新肇	16.9	10.4	3.7	2.8	65.5	61.6	线性	基本适应
	三	敖南	9.3	7.2	3.6	2.9	90.0	77.0	灵活	适应
		葡西	23.2	13.2	4.4	3.2	60.9	56.9	灵活	基本适应
扶杨	一	朝 45	8.4	9.4	2.3	1.9	82.1	111.9	线性	适应
		朝 80	8.7	7.1	5.4	2.8	80.4	81.6	线性	适应
		朝 5- 朝 5 北	10.5	7.4	3.0	2.1	74.3	70.5	线性	适应
	二	朝 89	9.0	7.1	3.5	2.1	80.2	78.9	线性	适应
		升 382	18.9	9.8	5.8	3.6	84.8	51.9	灵活	基本适应
	三	树 8	20.2	12.0	4.0	3.1	—	59.4	灵活	基本适应

表 5.4.28 长垣外围油田典型区块注采系统调整效果评价

油层	区块	转注时间 / 年	转注方式	转注井数 / 口	转注前周围油井			转注后周围油井			油水井数比		提高水驱控制程度 / %	提高采收率 / %	调整效果
					日产液 / t	日产油 / t	含水率 / %	日产液 / t	日产油 / t	含水率 / %	转注前	转注后			
萨葡	太东	2009	灵活转注	3	3.8	2.3	40.6	5.4	2.7	50.7	3	1.8	4.2	0.37	中
	敖南	2010	灵活转注	47	1.1	0.8	26.9	1.1	0.9	21.4	3.8	2.8	8.2	0.56	好
	龙主体	1998—2007	转五点法	168	7.5	2.5	68.9	10	3.3	65.7	2.1	1.4	8.6	0.61	好
	台 105	2003—2011	线状转注	13	1.7	0.9	44	1.9	1.2	37	4.2	2.9	3.3	0.34	中
扶杨	朝 5- 朝 5 北	2007—2010	线状转注	26	4.1	2	51.2	4.4	2.1	52.2	3.01	2.07	4.2	0.21	好
	朝 83	2004—2008	线状转注	15	1.6	1.1	31.8	1.9	1.3	30.8	4.7	2.26	10.9	0.86	好
	朝 522	2001—2010	线状转注	35	2.9	2.1	27.6	2.8	2.2	21.4	3.57	1.75	9.3	0.65	好
	树 2	2004—2011	灵活转注	5	1.1	0.8	28.5	1.2	0.9	28.7	4.23	3.49	3.5	—	中

表 5.4.29 典型区块注采系统调整效果

油层	类型	典型区块	原始地层压力 / MPa	目前地层压力 / MPa	转注前油水井数比	目前油水井数比	压力保持水平 / %
萨葡	一	徐家围子	13.9	10.6	2.7	1.3	76.0
		龙虎泡	14.7	10.3	2.0	1.4	70.0
		太东	9.7	9.2	3.4	2.8	94.5
		敖古拉	12.7	9.3	1.6	1.5	73.2
		祝三	14.6	10.9	2.4	2.0	75.1
	二	肇 212	11.1	10.0	3.3	2.2	90.9
		州 183	14.7	13.3	2.2	1.2	90.4
		新肇	16.9	10.4	3.7	2.8	61.6
	三	敖南	9.3	7.2	3.6	2.9	77.0
		葡西	23.2	13.2	4.4	3.2	56.9
扶杨	一	朝 45	8.4	9.4	2.3	1.9	111.9
		朝 80	8.7	7.1	5.4	2.8	81.6
		朝 5—朝 5 北	10.5	7.4	3.0	2.1	70.5
	二	朝 89	9.0	7.1	3.5	2.1	78.9
		升 382	18.9	9.8	5.8	3.6	51.9
	三	树 8	20.2	12.0	4.0	3.1	59.5

通过效果分析，明确了长垣外围油田萨葡和扶杨油层合理的注采系统调整方式。依据砂体发育情况，萨葡油层主要采用转五点或灵活转注方式；依据裂缝发育方向，扶杨油层主要采用转线状注水方式。

三、水驱开发效果综合评价

在地质条件综合分类及分析分类区块主要指标变化规律与井网适应性基础上，完善评价指标体系及评价标准，应用多层次模糊综合评判方法进行开发效果综合评价，分析不同油层分类区块的主要矛盾和问题，优选出低效区块并制定相应的对标治理对策。

1. 多层次模糊综合评判方法

1）评价体系及评价流程

根据动态性、独立性、操作性、系统性、层次性的指标体系筛选原则，结合长垣外围油田开发特点，优选了开发指标、注采系统、压力系统、动用状况、管理指标 5 大指标体系和 16 项单项指标。通过指标单因素分析，确定单因素的标准，建立综合评价矩阵，分层次完成多因素模糊综合评判。

（1）新增评价指标。

低渗透油田由于存在启动压力，注采井间的压力损耗很大，在大井距条件下开发，压力的损耗更加严重，注采井间很难建立起有效驱动体系。因此，低渗透油田仅靠静态水驱控制程度无法准确评价注采系统，本次研究创新引入了有效驱动系数指标，使得注采系统评价更加科学合理；其次根据长垣外围油田区块投产时间差异大、所处开发阶段不同的特点，引入了可采储量采出程度、剩余可采储量采油速度 2 个评价指标，使评价体系更加完善。

根据源汇渗流理论可以推导出考虑启动压力条件下的注水驱替压力梯度分布表达式：

$$G_D = \frac{p_e - p_{wf}}{\ln \dfrac{R-r}{r_w}} \frac{1}{R-r} + \frac{p_{inf} - p_e}{\ln \dfrac{r}{r_w}} \frac{1}{r} \tag{5.4.16}$$

式中 G_D——驱替压力梯度，MPa/m；

p_e——地层压力，MPa；

p_{wf}——生产井井底压力，MPa；

p_{inf}——注水井井底压力，MPa；

R——注采井距，m；

r——到注水井的距离，m；

r_w——井筒半径，m。

根据式（5.4.1）可以得出注采井之间压力梯度分布变化趋势，驱替压力梯度在注水井和生产井附近很大，注采井之间逐渐降低，并在注采平衡点处最小，只有当平衡点处的驱替压力梯度大于储层的启动压力梯度时才能建立起驱动体系。克服启动压力的最小注采井距即为注采井间能够建立有效驱替的技术极限井距 R，实际井距为 L，有效驱动系数定义为 $\delta=R/L$。当 δ 大于 1 时，能够建立有效驱动；当 δ 小于 1 时，无法建立有效驱动。

（2）分层次确定各系统和单项指标权重。

权重评判主要依据以下两个原则：一是合理性原则，即重要程度评分与定性分析结果一致；二是传递性原则，即标度值随重要程度增加成比例增加（表 5.4.30）。

表 5.4.30 长垣外围油田开发效果评价权重系数表

A 与 B 关系	同等重要	稍微重要	重要	明显重要	强烈重要	极端重要
标度值	1	1.2~1.5	1.5~2.0	2.0~4.0	4.0~6.0	6.0~9.0

依据合理性和传递性的原则，建立了各个指标系统的权重和单个指标系统的权重。从各个系统权重表可以看出，开发指标权重为 0.41，强烈重要；注采系统权重为 0.23，明显重要；动用程度和压力系统权重分别是 0.18 和 0.11，为重要（表 5.4.31 至表 5.4.35）。

表 5.4.31　长垣外围油田开发效果评价各个系统权重系数表

指标	开发指标	注采系统	动用程度	压力系统	管理指标	求和	权重
开发指标	1.0	2.0	2.2	4.5	5.0	14.7	0.41
注采系统	0.5	1.0	1.5	2.5	3.0	8.5	0.23
动用程度	0.5	0.7	1.0	1.5	3.0	6.6	0.18
压力系统	0.2	0.4	0.7	1.0	1.7	4.0	0.11
管理指标	0.2	0.3	0.3	0.6	1.0	2.4	0.07
求和	2.4	4.4	5.7	10.1	13.7	36.3	1.00

表 5.4.32　长垣外围油田开发效果评价体系开发指标权重系数表

指标	采收率	可采储量采出程度	剩余可采采油速度	自然递减率	水油置换系数	存水率	含水上升率	求和	权重
采收率	1.0	1.5	2.0	3.0	4.0	5.0	6.0	22.5	0.30
可采储量采出程度	0.7	1.0	1.5	2.0	3.0	4.0	5.0	17.2	0.23
剩余可采采油速度	0.5	0.7	1.0	1.5	2.0	3.0	4.0	12.7	0.17
自然递减率	0.3	0.5	0.7	1.0	1.5	2.0	3.0	9.0	0.12
水油置换系数	0.3	0.3	0.5	0.7	1.0	1.5	2.0	6.3	0.08
存水率	0.2	0.3	0.3	0.5	0.7	1.0	1.5	4.5	0.06
含水上升率	0.2	0.2	0.3	0.3	0.5	0.7	1.0	3.1	0.04
求和	3.1	4.5	6.3	9.0	12.7	17.2	22.5	75.2	1.00

表 5.4.33　长垣外围油田开发效果评价体系注采系统指标权重系数计算表

指标	有效驱动系数	水驱控制程度	求和	权重
有效驱动系数	1.0	0.2	1.2	0.16
水驱控制程度	5.2	1.0	6.2	0.84
求和	6.2	1.2	7.4	1.00

表 5.4.34　长垣外围油田开发效果评价体系压力系统指标权重系数计算表

指标	注采比	压力保持水平	求和	权重
注采比	1.0	0.3	1.3	0.25
压力保持水平	3.0	1.0	4.0	0.75
求和	4.0	1.3	5.3	1.00

表 5.4.35　长垣外围油田开发效果评价体系管理指标权重系数计算表

指标	油水井利用率	分注率	分注合格率	求和	权重
油水井利用率	1.0	1.7	3.0	5.7	0.51
分注率	0.6	1.0	2.0	3.6	0.32
分注合格率	0.3	0.5	1.0	1.8	0.16
求和	1.9	3.2	6.0	11.1	1.00

2）评价标准确定

根据行业标准和油田开发管理纲要要求，结合长垣外围油田开发特点，考虑不同开发阶段，利用统计法中的平均值法，结合专家经验，确定了萨葡、扶杨油层各类区块评价指标标准，为开发效果综合评价提供了量化依据（表 5.4.36 和表 5.4.37，图 5.4.1 至图 5.4.6）。

表 5.4.36 长垣外围油田开发效果指标评价标准表（萨葡油层）

指标体系	单项指标		地质一类					地质二类					地质三类				
			差	较差	中等	较好	好	差	较差	中等	较好	好	差	较差	中等	较好	好
注采系统	水驱控制程度 / %		< 60	60~65	65~70	70~75	> 75	< 60	60~70	70~75	75~80	> 80	< 65	65~70	70~75	75~80	> 80
	有效驱动系数		< 0.95	0.95~1	1~1.05	1.05~1.2	> 1.2	< 0.9	0.9~1	1~1.05	1.05~1.2	> 1.2	< 0.85	0.85~1	1~1.05	1.05~1.2	> 1.2
	油水井数比适度值		< 0.7	0.7~0.75	0.75~0.82	0.82~0.85	> 0.85	< 0.7	0.7~0.75	0.75~0.82	0.82~0.85	> 0.85	< 0.7	0.7~0.75	0.75~0.82	0.82~0.85	> 0.85
压力系统	累计注采比		> 2.0	1.6~2.0	1.4~1.6	1.2~1.4	1.0~1.2	> 2.5	2.0~2.5	1.5~2.0	1.2~1.5	1.0~1.2	> 2.5	2.0~2.5	1.5~2.0	1.2~1.5	1.0~1.2
	压力保持水平 / %		< 60	60~70	70~75	75~80	> 80	< 55	55~65	65~70	70~80	> 80	< 55	55~65	65~70	70~80	> 80
动用状况	油层动用程度 / %		< 65	65~70	70~80	80~85	> 85	< 65	65~70	70~80	80~85	> 85	< 60	60~70	70~75	75~80	> 80
管理指标	油水井利用率 / %		< 60	60~70	70~80	80~90	> 90	< 60	60~70	70~80	80~90	> 90	< 60	60~70	70~80	80~90	> 90
	分注率 / %		< 70	70~80	80~90	90~95	> 95	< 70	70~80	80~85	85~90	> 90	< 65	65~75	75~80	80~90	> 90
	分注合格率 / %		< 80	80~85	85~90	90~95	> 95	< 80	80~85	85~90	90~95	> 95	< 80	80~85	85~90	90~95	> 95
开发指标	采收率 / %		< 22	22~24	24~26	26~28	> 28	< 19	19~21	21~23	23~25	> 25	< 15	15~18	18~20	20~22	> 22
	存水率 / %		< 65	65~75	75~80	80~90	> 90	< 60	60~70	70~75	75~85	> 85	< 60	60~65	65~70	70~80	> 80
	自然递减率 / %		> 15	12~15	10~12	5~10	< 5	> 18	15~18	10~15	8~10	< 8	> 20	15~20	12~15	10~12	< 10
	含水上升率 / %		> 4	3.0~4.0	1.0~3.0	0.5~1.0	< 0.5	> 5	3.0~5	1.5~3.0	0.5~1.5	< 0.5	> 6	4~6	2~4	0.8~2	< 0.8
	水油置换系数		< 0.2	0.2~0.3	0.3~0.4	0.4~0.5	> 0.5	< 0.2	0.2~0.3	0.3~0.4	0.4~0.5	> 0.5	< 0.2	0.2~0.3	0.3~0.4	0.4~0.5	> 0.5
	剩余可采采油速度 / %	高采出	< 3	3~4	4~5	5~6	> 6	< 3	3~4	4~5	5~6	> 6	< 3	3~4	4~5	5~6	> 6
		低采出	< 2	2~3	3~4	4~5	> 5	< 2	2~3	3~4	4~5	> 5	< 2	2~3	3~4	4~5	> 5
	可采储量采出程度 / %	低含水	< 8	8~15	15~20	20~30	> 30	< 5	5~10	10~15	15~25	> 25	< 2	2~8	8~15	15~20	> 20
		中含水	< 30	30~40	40~50	50~60	> 60	< 20	20~30	30~40	40~50	> 50	< 15	15~20	20~30	30~40	> 40
		高含水	< 50	50~60	60~70	70~80	> 80	< 45	45~55	55~65	65~75	> 75	< 35	35~45	45~55	55~70	> 70

表 5.4.37 长垣外围油田开发效果指标评价标准表（扶杨油层）

指标体系	单项指标		地质一类					地质二类					地质三类				
			差	较差	中等	较好	好	差	较差	中等	较好	好	差	较差	中等	较好	好
注采系统	水驱控制程度 / %		< 65	65~68	68~72	72~75	> 75	< 60	60~65	65~70	70~75	> 75	< 60	60~65	65~70	70~75	> 75
	有效驱动系数		< 0.95	0.95~1	1~1.05	1.05~1.2	> 1.2	< 0.9	0.9~1	1~1.05	1.05~1.2	> 1.2	< 0.85	0.85~1	1~1.05	1.05~1.2	> 1.2
	油水井数比		< 0.7	0.7~0.75	0.75~0.82	0.82~0.85	> 0.85	< 0.7	0.7~0.75	0.75~0.82	0.82~0.85	> 0.85	< 0.7	0.7~0.75	0.75~0.82	0.82~0.85	> 0.85
压力系统	累计注采比		> 3.0	2.5~3.0	2.0~2.5	1.5~2.0	1.0~1.5	> 3.0	2.5~3.0	2.0~2.5	1.5~2.0	1.0~1.5	> 3.5	3.0~3.5	2.5~3.0	2.0~2.5	1.0~2.0
	压力保持水平 / %		< 60	60~65	65~70	70~75	> 75	< 50	50~60	60~65	65~70	> 70	< 50	50~60	60~65	65~70	> 70
动用状况	油层动用程度 / %		< 65	65~70	70~75	75~80	> 80	< 60	60~65	65~70	70~75	> 75	< 55	55~60	60~65	65~70	> 70
管理指标	油水井利用率 / %		< 60	60~70	70~80	80~90	> 90	< 60	60~70	70~80	80~90	> 90	< 60	60~70	70~80	80~90	> 90
	分注率 / %		< 70	70~75	75~85	85~90	> 90	< 70	70~75	75~85	85~90	> 90	< 70	70~75	75~85	85~90	> 90
	分注合格率 / %		< 80	80~85	85~90	90~95	> 95	< 80	80~85	85~90	90~95	> 95	< 80	80~85	85~90	90~95	> 95
开发指标	采收率 / %		< 20	20~22	22~25	25~28	> 28	< 15	15~18	18~22	22~25	> 25	< 12	12~15	15~18	18~20	> 20
	存水率 / %		< 65	65~75	75~80	80~90	> 90	< 60	60~70	70~75	75~85	> 85	< 60	60~65	65~70	70~80	> 80
	自然递减率 / %		> 15	12~15	10~12	5~10	< 5	> 18	15~18	10~15	8~10	< 8	> 20	15~20	12~15	10~12	< 10
	含水上升率 / %		> 4	3.0~4.0	1.0~3.0	0.5~1.0	< 0.5	> 5	3.0~5	1.5~3.0	0.5~1.5	< 0.5	> 6	4~6	2~4	0.8~2	< 0.8
	水油置换系数		< 0.2	0.2~0.3	0.3~0.4	0.4~0.5	> 0.5	< 0.2	0.2~0.3	0.3~0.4	0.4~0.5	> 0.5	< 0.2	0.2~0.3	0.3~0.4	0.4~0.5	> 0.5
	剩余可采采油速度 / %	高	< 3	3~4	4~5	5~6	> 6	< 2	2~3	3~4	4~5	> 5	< 2	2~3	3~4	4~5	> 5
		低	< 2	2~3	3~4	4~5	> 5	< 1	1~2	2~3	3~4	> 4	< 1	1~2	2~3	3~4	> 4
	可采储量采出程度 / %	低	< 8	8~15	15~20	20~25	> 25	< 5	5~10	10~15	15~22	> 22	< 2	2~8	8~12	12~20	> 20
		中	< 30	30~40	40~50	50~55	> 55	< 20	20~30	30~40	40~45	> 45	< 15	15~20	20~30	30~40	> 40
		高	< 50	50~60	60~70	70~75	> 75	< 45	45~55	55~65	65~70	> 70	< 35	35~45	45~55	55~60	> 60

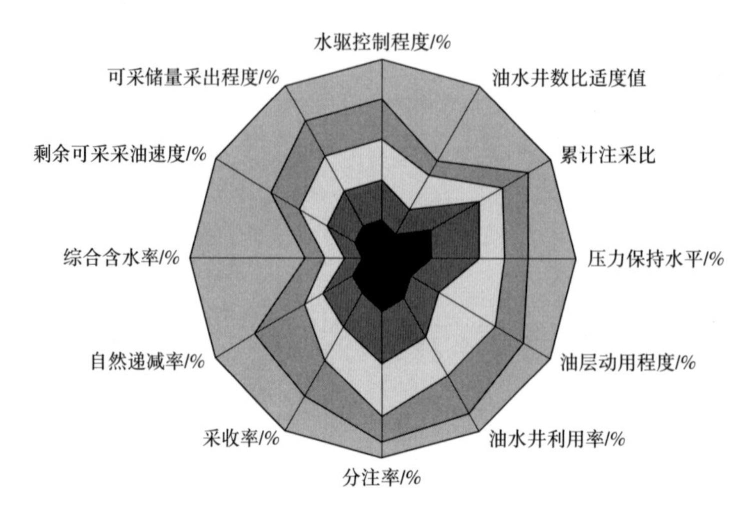

图 5.4.1　萨葡油层一类区块标准图版图

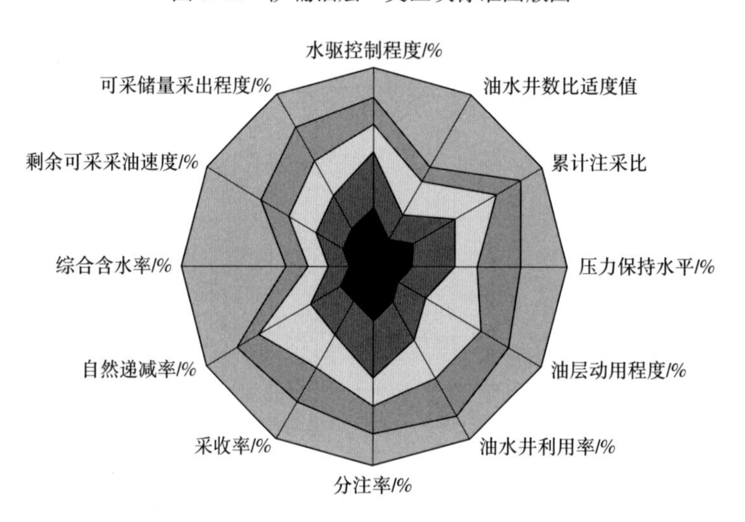

图 5.4.2　萨葡油层二类区块标准图版

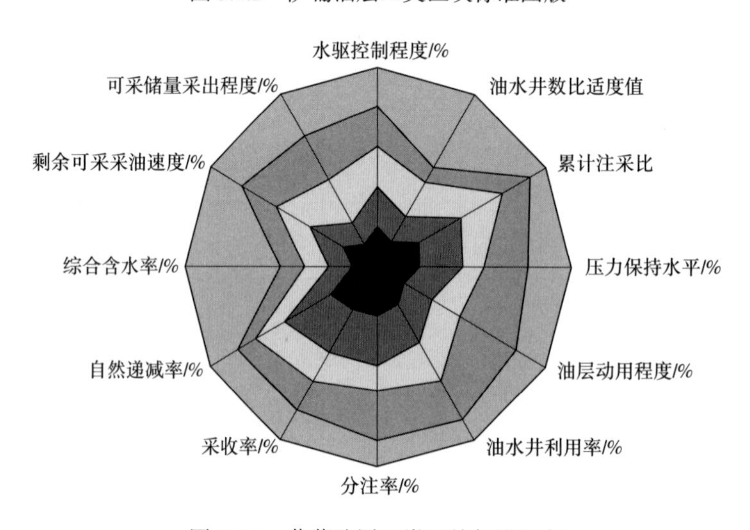

图 5.4.3　萨葡油层三类区块标准图版

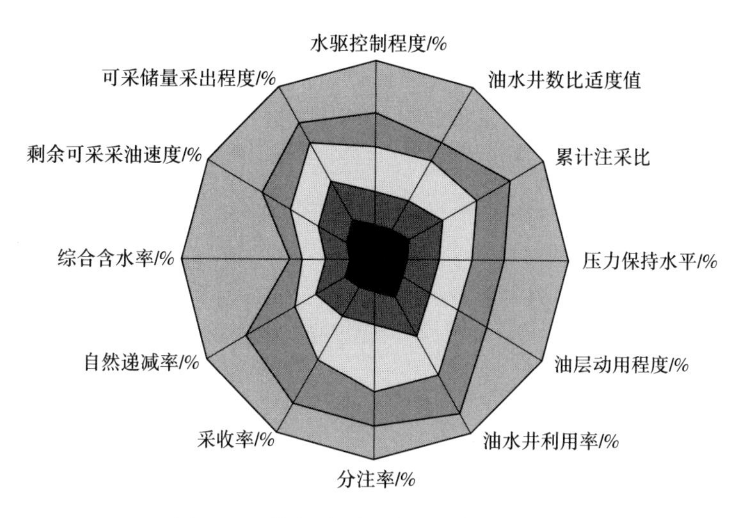

图 5.4.4　扶杨油层一类区块标准图版图

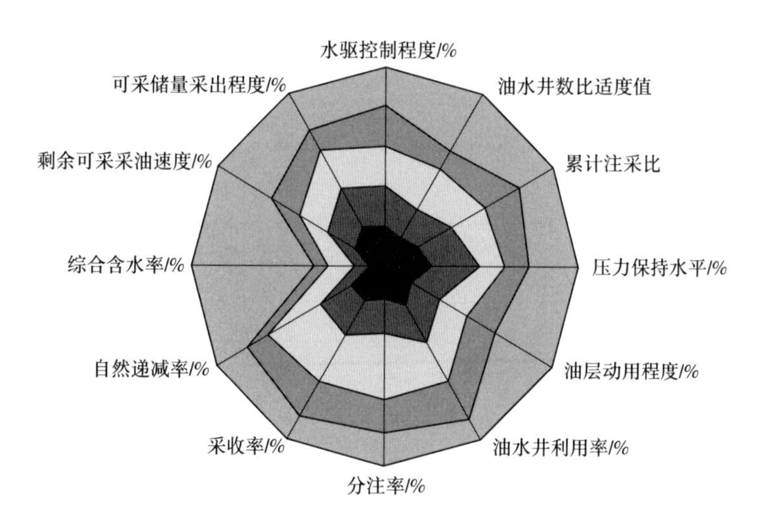

图 5.4.5　扶杨油层二类区块标准图版

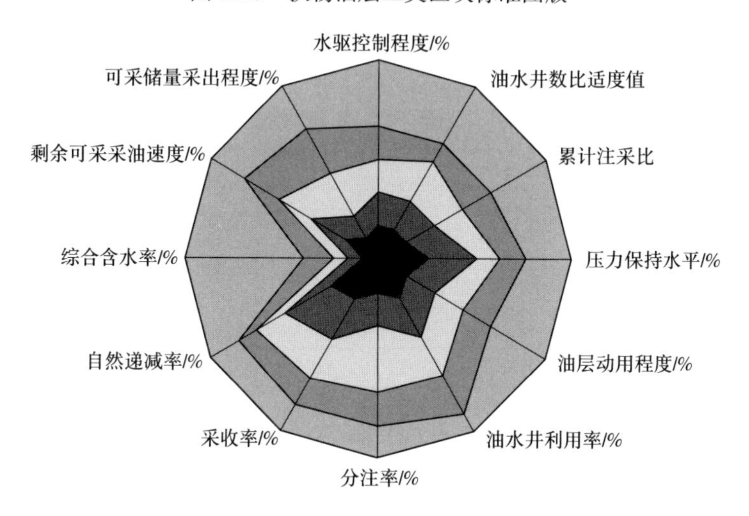

图 5.4.6　扶杨油层三类区块标准图版

2. 各类区块开发效果评价

1）综合评价结果

在长垣外围油田水驱开发效果综合评价方法研究的基础上，对开发时间相对较长的萨葡油层 95 个区块和扶杨油层 73 个区块进行了综合评价。

萨葡油层 95 个区块中，开发效果好和较好的区块 40 个，效果中等的区块 29 个，效果差和较差区块 26 个（表 5.4.38）。萨葡油层地质一类区块主要分布在三角洲分流平原相，大部分开发效果好和较好；地质二类区块主要分布在三角洲内前缘相，大部分开发效果较好和中等，部分开发效果差和较差；地质三类区块主要分布在三角洲外前缘相，开发效果差和较差的区块较多。

表 5.4.38　萨葡油层各油田分类区块开发效果分布表

地质分类	油田	开发效果评价结果 / 个					
		好	较好	中等	较差	差	合计
一类（好）	龙虎泡	1					1
	升平	1	1	3			5
	宋芳屯	1	6	4			11
	徐家围子			1			1
	永乐				1		1
	小计	3	7	8	1		19
二类（中等）	龙虎泡		2				2
	升平	1					1
	宋芳屯	2	7	3	4	1	17
	徐家围子			2			2
	永乐	1	3	2	1		7
	榆树林			1		1	2
	肇州	2	2	2	2		8
	小计	6	14	10	7	2	39
三类（差）	龙虎泡					1	1
	宋芳屯	1	1				2
	徐家围子			1		1	2
	永乐		2	4	7	1	14
	榆树林	1		1		1	3
	肇州	2	3	1			6
	新站				1	1	2
	新肇			2			2
	敖南			2	1	2	5
	小计	4	6	11	9	7	37

扶杨油层 73 个区块中，开发效果好和较好的区块 31 个，效果中等的区块 16 个，效果差和较差区块 26 个（表 5.4.39）。扶杨油层地质一类区块主要分布在裂缝发育的朝阳沟轴部，开发效果好；地质二类区块主要分布在朝阳沟翼部、翻身屯和榆树林北部和头台油

田裂缝发育区，大部分开发效果相对较好和中等；地质三类区块主要分布在榆树林南部和头台油田裂缝发育较差区块，开发效果较差。

表 5.4.39 扶杨油层各油田分类区块开发效果分布表

地质分类	油田	开发效果评价结果 / 个					
		好	较好	中等	较差	差	合计
一类（好）	朝阳沟	15		1		1	17
二类（中等）	朝阳沟	6	2	5	2	2	17
	头台	1					1
	榆树林		4	1	2		7
	小计	7	6	6	4	2	25
三类（差）	朝阳沟		1		3	4	8
	双城	1	1	2			4
	头台			7	1	4	12
	榆树林					4	4
	肇源					3	3
	小计	1	2	9	4	15	31

2）低效区块对标治理

在细化区块开发效果基础上，选择一、二类区块开发效果中等及以下和三类中开发效果差及较差区块优先治理。初步确定萨葡油层低效区块 44 个（表 5.4.40）、扶杨油层低效区块 33 个（表 5.4.41）。深入研究 77 个区块开发效果，剖析了各个低效区块主要低效指标系统，明确了开发存在的主要问题，分油层制定了低效区块治理对策。

表 5.4.40 长垣外围萨葡油层低效区块治理对策表

油田	区块 / 个	区块名称	主要矛盾和问题	治理对策
龙虎泡	1	单采高台子	难以建立有效驱动 动用状况差	水平井加密结合穿层压裂， 直井大规模压裂
升平	3	升 102、升 13、升 401—升 74	注采不完善 动用状况较差	完善单砂体注采关系 堵水、压裂、细分注水、长关井治理
宋芳屯	12	芳 407、芳 23、芳深 2、肇 35、芳 908、芳 709、芳 381 等	压力水平低 动用状况差	加密、结合注采系统调整 细分注水
徐家围子	4	徐家围子、徐 22—徐 24、徐 25、徐 30	新区含水上升快 老区低效井多，动用差异大	老区加密、注采系统调整，低效井治理 新区细分注水，措施挖潜
永乐	12	肇 39、肇 293、永 56—96、台 5、肇 294、台 103、源 13 等	储层动用差异较大， 低效井比例高	精细分层注水与薄差层增注措施相结合
榆树林	3	东 16 葡萄花、升 46、徐 6	水驱控制程度低 边水入侵含水升高	实施按砂体注水 低效区油井压裂
肇州	4	州 5、州 59、州 2、芳 483	注水压力上升快 直—平联合开发矛盾突出	方案注水调整 结合压裂堵水等措施
新站	2	新站本部、大 415	主力层沿裂缝水窜，非主力层 注水受效差 低效井比例高	裂缝发育井区实施加密和注采系统调整 措施治理欠注井
敖南	3	敖 362—98、茂 72、茂 733	区块间受效差异大 压力水平低	不受效井区缝网压裂 受效区提控结合

表 5.4.41 长垣外围扶杨油层低效区块治理对策表

油田	区块/个	区块名称	主要矛盾和问题	调整对策
朝阳沟	18	大榆树、朝 86、朝 89、朝 66、朝 83、朝 691、朝深 2、长 31、朝 945 杨等	注采不完善，平面动用不均衡 层间动用差异大； 低效井比例高	加密结合转注； 周期注水与浅调剖配合； 压裂和堵水细分注水
榆树林	7	树 322、尚 9、东 12、东 14、树 16、树 2、树 8	储层物性差、注水压力高、套损严重； 不能建立有效驱动体系	CO_2 驱； 缝网压裂； 加密、措施增注
头台	5	茂 801、试验区未加密、茂 401、台 1、无名岛	无法建立有效驱动； 注采不完善	加密结合注采系统调整、小排距线性注水
肇源	3	源 121、源 212、源 352	无法建立有效驱动； 低效井长关井比例大	缝网压裂； CO_2 驱

在开发效果评价和治理潜力筛选基础上，根据细化开发区块管理，外围每个采油厂（公司）选择一个区块，共选择 6 个问题突出区块重点对标治理。通过分析各个区块低效指标系统，明确了各个区块开发存在的主要问题，制定了治理对策（表 5.4.42）。首先完成了 6 个综合治理方案编制，细化了工作量。其中，新钻油井 81 口（2 口水平井），油井措施 167 口，以转注、压裂和堵水为主；水井措施 280 口，以测试调整、细分调整为主，目前治理工作正在实施，并取得了初步效果，下一步要密切跟踪治理效果，有效治理技术和方法，在此基础上推广低效区块对标治理工作。

表 5.4.42 长垣外围油田低效治理区块问题及对策表

采油厂	区块	低效指标系统	存在主要问题	主要治理对策
采油七厂	敖 362—98	注采系统中等 开发指标差	方向性见水 低效井比例大 欠注井多	分区治理 加密结合注采系统调整 压裂、酸化
采油八厂	芳 381	开发指标差 压力系统差 注采系统中等	采油速度低 低效井比例大 含水上升较快	加密与注采系统调整为主 压裂、细分、堵水及作业恢复等措施综合治理
采油九厂	新站北部区块	开发指标差 动用状况中等 管理指标差	平面层间矛盾突出 长关低效井比例大	加密结合注采系统调整 水井提控结合、浅调剖 油井采取压裂、堵水等组合
采油十厂	朝 83	开发指标中等 管理指标较差	长关井、低效井比例大 含水高	周期注水与浅调剖结合 压裂与堵水结合
榆树林公司	树 16	注采系统差 开发指标差 动用状况差	采油速度低 欠注井多 注水受效差	注二氧化碳 细分调整 注采系统调整
头台公司	无名岛	开发指标差 注采系统中等 压力系统差	长关井、低效井比例大 采油速度低	渗吸采油试验 超短半径侧钻 + 压裂 水平井开发

参考文献

[1] 郭粉转，唐海，吕栋梁，等 . 油藏合理地层压力保持水平与含水率关系 [J]. 石油钻采工艺，2010，32（2）：51-53.
[2] 屈斌学，孙亚兰 . 油田合理注采比的确定 [J]. 内蒙古石油化工，2010，12：151-153.

[3] 宋考平，高群峰，甘晓飞，等．喇嘛甸油田特高含水期油井合理地层压力及流压界限 [J]. 大庆石油学院学报，2004，28（2）：98-100.
[4] 蔡宏凯．零散砂体油田注采系统调整方法研究 [J]. 石油天然气学报，2010，32（4）：284-286.
[5] 孙继玲，常丽娟．特高含水油田水驱注采结构优化方法研究 [J]. 内蒙古石油化工，2006（6）：77-78.
[6] 邱坤态，敬国超，董科武，等．双河油田特高含水后期开发阶段注采结构调整的实践与应用 [J]. 河南石油，2002，16（2）：18-20.

第六章　聚合物驱开发效果对标评价方法研究与应用

聚合物驱是一种最常用的提高原油采收率的三次采油方法，在常规开采后期使油藏采收率提高达10个百分点以上。与水驱相比，聚合物驱具有采油速度高、开采周期短的特征，但也存在产量波动大、前期投入高等不足，大庆油田作为世界最大的聚合物生产基地，在三次采油技术不断取得进步的同时，为科学评价三次采油开发效果，及时发现开发中存在的矛盾问题，实施科学调整，满足油田产量规模及提高采收率的需求，探索建立了聚合物开发效果评价指标体系及方法，奠定了复合驱、气驱等其他三次采油开发效果评价的技术基础。

第一节　对标评价概述

一、对标评价的起源及发展

1. 相关基本概念

所谓“对标”，就是对比标杆找差距。对标管理是寻找和学习最佳管理案例和运行方法，越来越成为企业乃至政府的一种流行选择。推行对标管理，就是要把企业的目光紧紧盯住业界最高水平，明确自身与业界最佳的差距，从而指明了工作的总体方向。标杆除了是业界的最高水平以外，还可以将企业自身的最高水平也作为内部标杆，通过与自身相比较，可以增强自信，不断超越自我，从而能更有效地推动企业向业界最高水平靠齐。

广义的对标评价包括“对标、对表、对照”等“三对”理念，即通过对比标杆找差距、对比表格抓落实、对照标准提问题，从宏观目标、过程控制和微观细节全方位地为企业管理提出了整体解决思路，是一种简单而有效的管理模式。

对标管理起源于20世纪70年代的美国公司[1-2]，是寻找和学习最佳管理案例和运行方式的一种方法。在欧美流行后，亚太也得到迅猛发展，不仅是公司，连医院、政府、大学也开始发现对标管理的价值。根据《全球对标网络》的调查，对标管理已成为最受企业欢迎的第三大战略管理方法。从应用程度上说，最初人们只利用对标寻找与别的公司的差距，把它作为一种调查比较的基准。如今对标管理结合了寻找最佳案例和标准，并将其引入到公司内部，是一种持续不断发展的学习过程。

2. 对标管理分类

对标管理，最初是人们利用对标寻找与别的公司的差距，把它作为一种调查比较的基准的方法。后来，对标管理逐渐演变成为寻找最佳案例和标准，加强企业内部管理的一种方法。对标管理通常分为四种。

第一种，内部对标。很多大公司内部不同的部门有相似的功能，通过比较这些部门，有助于找出内部业务的运行标准，这是最简单的对标管理。其优点是分享的信息量大，内部知识能立即运用，但同时易造成封闭、忽视其他公司信息的可能性。

第二种，竞争性对标。对企业来说，最明显的对标对象是直接的竞争对手，因为两者有着相似的产品和市场。与竞争对手对标能够看到对标的结果，但不足是竞争对手一般不愿透露最佳案例的信息。

第三种，行业或功能对标。就是公司与处于同一行业但不在一个市场的公司对标。这种对标的好处是很容易找到愿意分享信息的对标对象，因为彼此不是直接竞争对手。但不少大公司受不了太多这样的信息交换请求，开始就此进行收费。

第四种，与不相关的公司就某个工作程序对标，即类属或程序对标。相比而言，这种方法实施最困难。至于公司选择何种对标方式，是由对标的内容决定的。

二、对标管理步骤和关键

总体来说，对标管理包括五个步骤：

第一步，制订对标计划，确保对标计划与公司的战略一致。

第二步，建立对标团队。团队的结构取决于对标范围的大小、公司规模、对标预算、对标程序和环境等要素。其次是就对标程序、分析工具和技术、交流能力、公司背景和系统对团队人员进行培训。如果让专人负责对标的实施过程，就能大大激发他们的责任心，提高实施效率。除领导能力外，对标团队还应当具备分析、程序处理，以及图书馆和电脑搜索等技能，3~5 人最理想。

第三步，收集必要的数据。首先，要收集本公司的流程表、客户反馈、程序手册等信息进行自我分析。否则，你将看不到与别人的差距，无法发现改善的机会在哪儿。其次，找到适合自己的模仿对象。公司做一个候选对象的名单，选择那些获奖公司、在商业杂志或者其他媒体尤其是年度行业报告中得到公认的公司，或由供应商、客户、咨询师推荐的企业。然后就这些企业进行调查，筛选出 3~5 个公司作为信息交换和对标合作伙伴。

第四步，分析业绩差距数据。在理解对标对象最佳的方法基础上，衡量自己与别人业绩的差距。可用的指标包括利润率、投资回报、产品周期、每个员工销售量、每种服务 / 产品成本，或者如何开发一种新产品或服务等。比较时，必须就相同的事情进行对比，苹果比苹果，而不是苹果比梨子。同时根据经济规模、不同的管理思路、市场环境做出调整。通过比较业绩，企业就会发现与最好公司的差距。“别人能行，为什么我们不行？”这样对标就可以帮助公司建立一个战略目标。在将相关信息告诉高层管理人员和整个公司后，企业要根据数据设计行动计划、实施办法以及监督衡量标准。

第五步，持续进行对标管理。企业在减少与最佳案例的差距时，需时常用衡量标准来监测实施的有效性。另外，由于表现最佳的公司本身也会继续发展，所以“找到并实施最好的方法”的对标管理也是一个只要开始就没有结束的过程。

对标管理的关键在于选择和确定被学习和借鉴的对象和标准，要在经营管理实践方面“优中选优”，要求达到最优模式和标准，也就是盯住世界先进水平。只有盯住世界先进水平，才能把企业发展的压力和动力，传递到企业中每一层级的员工和管理人员身上，从而提高企业的整体凝聚力和竞争力。

三、对标评价的六个阶段

对标管理的发展，迄今为止，共经历了六个阶段。

一是理论准备阶段。20 世纪初，泰勒在其科学管理理论中提出标准化和制度化管理，成为标杆管理的理论基础。

二是产品比较复制阶段。20 世纪 70 年代初，美国企业发现日本企业的产品品质、性能、成本均优于自己，于是开展以产品比较为核心的对标活动。

三是工艺流程的标杆学习阶段。施乐公司于 1976 年为应对日本的竞争开始对标，并于 1979 年正式提出 benchmark 的概念，被认为是标杆管理的起源。该阶段，施乐公司把眼光从简单的产品模仿上升到以学习日本企业的工艺流程为主，一举改变市场地位下滑的颓势，重新夺回市场领导者地位。

四是标杆管理的最佳实践阶段。20 世纪 80 年代初，美国企业认识到简单的模仿和学习只能使产品和服务同质化，使企业陷入同质化竞争的陷阱。因此，他们开始通过跨行业学习，寻求突破之道。其中以美孚石油为代表，他们成立了速度、微笑和安抚三个小组，分别以潘斯克（F1 加油服务机构）、丽嘉—卡尔顿酒店（全美最温馨的酒店）、“家庭仓库”公司（全美公认的回头客大王）为标杆，学习他们的理念和方法，方案实施后，年收入提升 10%（60 多亿元）。

五是全球战略性标杆管理阶段。即在全球层面、全方位地开展对标。1984 年里根总统设立的美国国家质量奖和 1992 年设立欧洲质量奖对于标杆管理的推广起到了重要的推动作用。世界 500 强企业纷纷导入标杆管理，在公司运作的不同环节开展对标工作，而且对标对象不再仅仅局限于国内，而是在全球范围内寻找最佳对标对象。与此同时，美国、日本、加拿大、墨西哥等国家建立了政府性质或准政府性质的标杆管理专门机构，来组织协调标杆管理工作，全方位地开展对标工作。

六是全面标杆管理阶段。21 世纪初，大多组织不再满足于仅以项目的形式来推行标杆管理，而是希望将标杆管理融入组织的日常经营管理工作中，通过全面标杆管理，快速寻求突破，持续提升组织绩效与竞争力。2004 年，美国标杆管理专家詹姆斯·哈里顿提出全面标杆管理概念，企业逐步从零散地开展对标项目到全面开展对标活动时代。2008 年，国内标杆管理专家杨天河结合国内组织现状研发了一套可以促进组织“快速突破、持续提升”的全面标杆管理模式，该模式正在被越来越多的组织导入。

四、对标评价在油田勘探开发中的应用

调研结果表明，对标评价方法在油田勘探方面应用相对较多，开发方面相对较少，整体仍处于向国外学习模仿阶段。主要有以下几个方面：

一是针对大型国际石油公司、一体化国家石油公司、独立石油公司 3 大类 14 家对标公司开展对标分析，选取勘探投资、探井成功率、勘探新增储量、桶油发现成本和储采比等关键勘探指标，根据对标结果，分析自身的优势和不足，提出了适合我国勘探业务发展的对策与建议；

二是通过对埃克森美孚公司 2013—2019 年在巴西获得的 30 个深水勘探区块进行分析，

归纳出该公司 6 个偏好的勘探新项目获取战略；

三是通过对国际油公司新获取区块勘探程度、地形变化、国家分布及作业者类型等指标对标分析，归纳总结出其勘探战略的一些特点；

四是从勘探资产获取与处置、作业者权益与合作伙伴选择、勘探发现领域分布、桶油发现成本、资产成熟度、勘探投资及占比等指标剖析了道达尔公司的勘探战略，指出勘探文化、投资组合、技术优势、数据信息和勘探战略是勘探成功的五大支柱；

五是认为最卓越的勘探人均有清晰的愿景和明确的目标，并将其贯彻落地于具体业务的发展中，资源规模、投入或价值目标为定义勘探战略提供了基础，指出正确的勘探决策与勘探战略的制定是发现大油气田的根本。

综上所述，前人研究部分偏重国际油公司勘探动向的跟踪分析、勘探战略的定性分析或就事论事，部分偏重勘探绩效指标对标评价，而针对勘探战略对标研究，较少涉及或尚未建立相适应的系统评价方法。

第二节　基于压力恢复曲线的单井对标评价方法

试井解释的方法包括双对数图版拟合方法、半对数图版拟合方法、历史拟合方法、反褶积法、压力叠加法、压力及压力导数方法、压力积分方法等。多年来，解析方法一直占据试井理论的主导地位，由于它具有快速、简便、易掌握和适用于微机条件等优点而在现场实际中得到了广泛的应用。但是对于复杂的地质情况及流体的流变性，解析方法就不能较好地解决问题，只能用非解析的方法解决—数值求解方法。本研究中的变渗变黏模型的研究和非牛顿流双重介质模型的研究，以及各种形状的外边界情况的研究就是对此的一个很好说明。本研究对聚合物驱油水井试井分析采用是按非牛顿 / 牛顿流体单区和多区油藏处理，即聚合物试井分析的非牛顿渗流理论，该方法适用于聚合物非牛顿流体特性较强的情况。在该类方法中给出了均质油藏、复合油藏和双重介质油藏的模型及其分析方法，期望用以解决聚合物驱替过程中试井资料解释问题，为聚驱过程中开发方案的调整提供科学依据，达到提高聚驱开发效果的目的。

一、聚合物驱数值试井基本理论模型的建立

1. 模型建立方法

流变性是指材料或一个物质系统，在力或力系的作用下会发生变形或流动。描述物质流变性的方程称为本构方程或流变学状态方程。流体的本构方程通常用流体所受的剪切应力 τ 与当地应变率 γ 的关系来表示。牛顿流体的本构关系为：

$$\tau = \mu\gamma \tag{6.2.1}$$

其中，动力黏度 μ 与应变率 γ 无关。

非牛顿幂律型流体的本构关系为：

$$\tau = \mu\gamma^{n} \tag{6.2.2}$$

其中，n 为非牛顿流体幂律指数，若 n=1 就是牛顿流体。

根据聚合物驱油机理，水井注入聚合物段塞后，油层内流体的渗流分为两类区域。一类是聚合物溶液能驱替到的区域或油水乳化带区域（原油富集区域），流体渗流为非牛顿型；另一类是聚合物溶液没有驱到或驱替后又用水驱的区域，流体渗流为牛顿型。在此情况下，相应的试井解释油藏模型为复合型油藏模型。复合型油藏内牛顿流体渗流试井解释已有完善的理论和方法。在国内外非牛顿流体试井理论研究的基础上，根据聚合物驱不同时期的流体流度变化特征，建立了聚合物驱条件下均质无限大油藏、均质有界油藏、均质地层中非牛顿—牛顿流体渗流复合油藏、多非牛顿渗流区的聚合物驱油试井解释模型，以及双重介质无限大油藏、双重介质有界油藏、双重介质地层中非牛顿—牛顿流体渗流复合油藏。下面给出试井解释模型建立的原则条件，以便于对理论模型的理解。

（1）油藏条件。

试井所指的油藏条件，一般是指对油藏特征的基本描述，它主要表现在地层的特性方面，如均质地层、复合地层、双重介质地层、双重复合介质地层、双渗地层、多层地层等等。从数学描述上，它主要是指地层中的流动控制方程，即对于不同的地质情况我们可以用不同的数学方程进行描述，这是试井模型的主体。

（2）井筒内边界条件。

表皮系数和井筒储集系数是井筒内边界条件的两个重要参数，有些研究者把打开程度不完善、压裂、水平井也看作是内边界条件。一般情况下可以认为表皮系数在压力恢复过程中是一个不变值，但在某些特殊情况下，表皮系数也可能是随时间变化的，如对于聚合物驱油，由于压力恢复时流体流速逐渐减小，黏度相应地发生变化，从而导致总的表皮系数发生变化。

对井筒储集效应的描述可分为定井筒储集效应、变井筒储集效应、相重新分布和双井筒储集效应。定井筒储集效应作为内边界条件之一得到了广泛的应用，变井筒储集效应多发生在相重新分布的气液两相流中的油井，而双井筒储集效应则一般是存在于井筒之外的第二种储集效应（例如裂缝）。在研究聚合物试井时，主要考虑了定表皮系数和定井筒储集系数条件。

（3）外边界条件。

在试井分析中，一般把所研究的油藏简化为非常简单且规则的形状，在这种规则区域的边界上，又假定存在较为理想的条件。其中常见的外边界条件有定压外边界、封闭外边界、不渗透外边界（一条或多条封闭断层）等，另外还有最为理想化的无穷大外边界。与井筒内边界条件相比较，在多数情况下，外边界条件往往过于理想化，在已投入开发的实际油藏中，由于油层各向非均质性和各向异性，很难找到较为理想的一个区域边界用作测试井解释模型的边界条件，特别是对于高含水期密井网开发的生产区块更是如此。在数值模拟中，外边界条件则没有太多的限制，它可以是更大范围（而不是试井模型中的一口井）的外边界。

（4）顶底边界及连接条件。

顶底边界条件一般分为：上下为不渗透底封闭边界；上边界定压（气顶）、下边界不渗透、上边界不渗透、下边界定压（底水）；上、下边界都为定压边界（气顶与底水共存）等情况。连接条件一般存在于复合油藏两区域连接处和多层油藏存在层间越流时的情况。

（5）初始条件。

试井解释中的初始条件，一般都采用初始时刻油藏压力为原始地层压力的假设。但在实际应用中，初始时刻一般很少能够选在油田开发初始状态，特别是对于开发若干年甚至几十年的油藏，初始时刻选在开发初期是不可能的。这就使得这一条件与实际油藏情况有非常大的差距。但是目前几乎所有的试井理论模型都是建立在这个初始条件基础上，希望数值试井在将来的研究上能对此有所改观。

根据上述试井模型建立的原则条件，建立了众多的有关聚驱条件下均质和双重介质地层的试井分析理论模型，这里仅仅描述聚驱条件下均质复合油藏非牛顿流不稳定试井分析模型和双重介质复合油藏非牛顿流不稳定试井分析模型的建立。

2. 均质复合油藏聚合物非牛顿渗流不稳定试井分析模型的建立

1）物理模型

推导均质复合油藏非牛顿幂律流体的渗流数学模型时，先做如下假设：

（1）流动是平面径向的，不同的径向区域内的流体黏度、非牛顿流幂律指数和渗透率可以不同；

（2）地层等厚；

（3）流动为单相等温非牛顿流体的流动，存在一定的屈服应力；

（4）井筒储集系数和表皮系数为常数。

2）数学模型

（1）控制方程：

$$\frac{\partial^2 p_{j\mathrm{D}}}{\partial r_\mathrm{D}^2}+\frac{n_j}{r_\mathrm{D}}\frac{\partial p_{j\mathrm{D}}}{\partial r_\mathrm{D}}=r_\mathrm{D}^{1-n_j}\frac{\partial p_{j\mathrm{D}}}{\partial t_\mathrm{D}}\quad (j=1,2,\cdots,N) \tag{6.2.3}$$

（2）初始条件：

$$p_{j\mathrm{D}}(r_\mathrm{D},0)=0\quad (j=1,2,\cdots,N) \tag{6.2.4}$$

（3）内边界条件：

$$C_\mathrm{D}\frac{\partial p_{w\mathrm{D}}}{\partial t_\mathrm{D}}-\left.\frac{\partial p_{1\mathrm{D}}}{\partial r_\mathrm{D}}\right|_{r_\mathrm{D}=1}=1 \tag{6.2.5}$$

（4）外边界条件：

①无限大外边界：

$$p_{N\mathrm{D}}(\infty,t_\mathrm{D})=0 \tag{6.2.6}$$

②定压边界油藏：

$$\left.p_{N\mathrm{D}}\right|_{r_\mathrm{D}=r_{e\mathrm{D}}}=0 \tag{6.2.7}$$

③封闭边界油藏：

$$\left.\frac{\partial p_{N\mathrm{D}}}{\partial r_\mathrm{D}}\right|_{r_\mathrm{D}=r_{e\mathrm{D}}}=0 \tag{6.2.8}$$

（5）界面边界条件：

（6）压力连续界面条件：

$$p_{j\mathrm{D}}\left(r_{j\mathrm{D}},t_{\mathrm{D}}\right)=p_{(j+1)\mathrm{D}}\left(r_{(j+1)\mathrm{D}},t_{\mathrm{D}}\right)\quad\left(j=1,2,\cdots,N-1\right)\tag{6.2.9}$$

（7）流量连续界面条件：

$$\frac{k_j}{\mu_j}r_{\mathrm{D}}^{1-n_j}\frac{\partial p_{j\mathrm{D}}}{\partial r_{\mathrm{D}}}=\frac{k_{j+1}}{\mu_{j+1}}r_{\mathrm{D}}^{1-n_{j+1}}\frac{\partial p_{(j+1)\mathrm{D}}}{\partial r_{\mathrm{D}}}\quad\left(j=1,2,\cdots,N\right)\tag{6.2.10}$$

（8）定义的无量纲量：

①无量纲井筒储集系数：$C_{\mathrm{D}}=\dfrac{0.1592C}{(\phi C_{\mathrm{t}})_{\mathrm{t}}\mu^{*}hr_{\mathrm{w}}^{2}}$；

②无量纲压力：$p_{\mathrm{D}}=\dfrac{Kh(p_{\mathrm{i}}-p)}{1.842\times10^{-3}q\mu^{*}B}$；

③无量纲距离：$r_{\mathrm{D}}=\dfrac{r}{r_{\mathrm{w}}}$；

④无量纲时间：$t_{\mathrm{D}}=\dfrac{3.6Kt}{(\phi c_{\mathrm{t}})_{\mathrm{t}}\mu^{*}r_{\mathrm{w}}^{2}}$；

⑤等效黏度：$\mu_{\mathrm{a}}=\mu^{*}r_{\mathrm{D}}^{1-n}$；

⑥窜流系数：$\lambda=\alpha r_{\mathrm{w}}^{2}\dfrac{K_2}{K_1}$。

3. 双重介质复合油藏聚合物非牛顿渗流数值解模型的建立

1）物理模型

推导双重介质复合地层中非牛顿幂律流体的渗流数学模型时，先做如下假设：

（1）流动是平面径向的，不同的径向区域内的流体黏度、非牛顿流幂律指数和渗透率可以不同，外边界为无限大边界；

（2）地层均匀等厚，孔隙介质由裂缝和小孔隙组成；基岩向裂缝的供液是拟稳定窜流。裂缝既是存储空间，同时又是流动通道；

（3）孔隙度为常数；

（4）系统的压缩系数很小且为常数；

（5）忽略重力影响；

（6）流动为单相等温非牛顿流体的流动，存在一定的屈服应力；

（7）井筒储集系数和表皮系数为常数。

2）理论模型

（1）控制方程：

$$\frac{\partial^2 p_{1\mathrm{D}}}{\partial r_{\mathrm{D}}^2}+\frac{n}{r_{\mathrm{D}}}\frac{\partial p_{1\mathrm{D}}}{\partial r_{\mathrm{D}}}+\lambda r_{\mathrm{D}}^{1-n}\left(p_{2\mathrm{D}}-p_{1\mathrm{D}}\right)=\omega r_{\mathrm{D}}^{1-n}\frac{\partial p_{1\mathrm{D}}}{\partial t_{\mathrm{D}}}$$

$$\omega=\frac{\phi_1 C_{\mathrm{t1}}}{(\phi c_{\mathrm{t}})_{\mathrm{t}}}\tag{6.2.11}$$

（2）窜流方程：

$$(1-\omega)\frac{\partial p_{2D}}{\partial t_D}=-\lambda r_D^{1-n}(p_{2D}-p_{1D}) \tag{6.2.12}$$

（3）初始条件：

$$p_{jD}(r_D,0)=0 \quad (j=1,2) \tag{6.2.13}$$

（4）内边界条件：

$$C_D\frac{\partial p_{wD}}{\partial t_D}-\frac{\partial p_{1D}}{\partial r_D}\bigg|_{r_D=1}=1 \tag{6.2.14}$$

（5）外边界条件（无限大外边界）：

$$p_{jD}(\infty,t_D)=0 \quad (j=1,2) \tag{6.2.15}$$

建立模型后，可以研究不同理论模型的数值解法，下面仅以均质地层中聚合物非牛顿流体数值解为例进行论述。

二、均质地层中聚合物非牛顿流体数值解

1. 均质无限大地层中聚合物非牛顿流体数值解

1）物理模型的基本假设

推导均质地层中聚合物井非牛顿幂律流体的渗流数学模型时，先做如下假设：

（1）流动是平面径向的；外边界无限大；

（2）地层等厚；

（3）渗透率和孔隙度为常数；

（4）系统的压缩系数很小且为常数；

（5）忽略重力影响；

（6）流动为单相等温非牛顿流体的流动，存在一定的屈服应力；

（7）井筒储集系数和表皮系数为常数。

2）理论模型描述

（1）控制方程：

$$\frac{\partial^2 p_D}{\partial r_D^2}+\frac{n}{r_D}\frac{\partial p_D}{\partial r_D}=r_D^{1-n}\frac{\partial p_D}{\partial t_D} \tag{6.2.16}$$

（2）初始条件：

$$p_D(r_D,0)=0 \tag{6.2.17}$$

（3）内边界条件：

$$C_D\frac{\partial p_{wD}}{\partial t_D}-\frac{\partial p_{1D}}{\partial r_D}\bigg|_{r_D=1}=1 \tag{6.2.18}$$

（4）外边界条件（无限大外边界）：

$$p_{\mathrm{D}}\left(\infty,t_{\mathrm{D}}\right)=0 \tag{6.2.19}$$

（5）定义的无量纲量：

①无量纲压力：$p_{\mathrm{D}}=\dfrac{Kh\left(p_{\mathrm{i}}-p\right)}{1.842\times10^{-3}q\mu^{*}B}$；

②无量纲时间：$t_{\mathrm{D}}=\dfrac{3.6Kt}{\phi\mu^{*}c_{\mathrm{t}}r_{\mathrm{w}}^{2}}$；

③无量纲井筒储集系数：$C_{\mathrm{D}}=\dfrac{0.1592C}{\phi\mu^{*}C_{\mathrm{t}}hr_{\mathrm{w}}^{2}}$；

④无量纲距离：$r_{\mathrm{D}}=\dfrac{r}{r_{\mathrm{w}}}$；

⑤等效黏度：$\mu_{\mathrm{a}}=\mu^{*}r_{\mathrm{D}}^{1-n}$。

3）理论曲线特征分析

（1）$C_{\mathrm{D}}\mathrm{e}^{2S}$组合参数影响。

以非牛顿流体幂律指数的影响 n=0.7 为例，分析不同 $C_{\mathrm{D}}\mathrm{e}^{2S}$ 组合参数下曲线的变化特征。

①早期井筒储集控制阶段。

在双对数理论曲线中，早期的压力和压力导数曲线为斜率等于 1 的直线段。该直线段的长度随着 $C_{\mathrm{D}}\mathrm{e}^{2S}$ 组合参数的增大而增长。该直线段越长，说明井筒储集能力越大，井筒储集控制时间越长。

②晚期非牛顿流特征表现阶段。

在双对数理论曲线中，曲线的后段，由于非牛顿流特征表现明显，呈现出压力和压力导数曲线平行趋势，平行线的斜率取决于非牛顿流幂律指数。

（2）非牛顿流体幂律指数的影响。

在 $C_{\mathrm{D}}\mathrm{e}^{2S}$ 参数组合为 10 时，分析不同非牛顿流体幂律指数下曲线的变化特征。

①早期井筒储集控制阶段。

在双对数理论曲线中，早期的压力和压力导数曲线为斜率等于 1 的直线段。

②晚期非牛顿流特征表现阶段。

在双对数理论曲线中，曲线的后段，由于非牛顿流特征表现明显，呈现出压力和压力导数曲线平行趋势，平行线的斜率取决于非牛顿流幂律指数。非牛顿流幂律指数的值为 0.5~1。非牛顿流幂律指数越小，上翘程度越大。

非牛顿流幂律指数越接近 1，则非牛顿流特征越不明显，其趋势向牛顿流发展。当非牛顿流幂律指数等于 1 时，则为完全牛顿流体。此时压力导数曲线特征为水平直线段，而且其值等于 0.5。

2. 均质圆形封闭地层中聚合物非牛顿流体数值解

1）物理模型的基本假设

推导均质地层中聚合物井非牛顿幂律流体的渗流数学模型时，先做如下假设：

（1）流动是平面径向的、外边界为圆形封闭边界；

（2）地层等厚；

（3）渗透率和孔隙度为常数；

（4）系统的压缩系数很小且为常数；

（5）忽略重力影响；

（6）流动为单相等温非牛顿流体的流动，存在一定的屈服应力；

（7）井筒储集系数和表皮系数为常数。

2）理论模型描述

（1）控制方程：

$$\frac{\partial^2 p_{\mathrm{D}}}{\partial r_{\mathrm{D}}^2}+\frac{n}{r_{\mathrm{D}}}\frac{\partial p_{\mathrm{D}}}{\partial r_{\mathrm{D}}}=r_{\mathrm{D}}^{1-n}\frac{\partial p_{\mathrm{D}}}{\partial t_{\mathrm{D}}} \tag{6.2.20}$$

（2）初始条件：

$$p_{\mathrm{D}}\left(r_{\mathrm{D}},0\right)=0 \tag{6.2.21}$$

（3）内边界条件：

$$C_{\mathrm{D}}\frac{\partial p_{\mathrm{wD}}}{\partial t_{\mathrm{D}}}-\left.\frac{\partial p_{\mathrm{1D}}}{\partial r_{\mathrm{D}}}\right|_{r_{\mathrm{D}}=1}=1 \tag{6.2.22}$$

（4）外边界条件（封闭边界油藏）：

$$\left.\frac{\partial p_{\mathrm{D}}}{\partial r_{\mathrm{D}}}\right|_{r_{\mathrm{D}}=r_{\mathrm{eD}}}=0 \tag{6.2.23}$$

（5）定义的无量纲量：

①无量纲压力：$p_{\mathrm{D}}=\dfrac{Kh\left(p_{\mathrm{i}}-p\right)}{1.842\times10^{-3}q\mu^{*}B}$；

②无量纲时间：$t_{\mathrm{D}}=\dfrac{3.6Kt}{\phi\mu^{*}c_{\mathrm{t}}r_{\mathrm{w}}^2}$；

③无量纲井筒存储系数：$C_{\mathrm{D}}=\dfrac{0.1592C}{\phi\mu^{*}C_t h r_{\mathrm{w}}^2}$；

④无量纲距离：$r_{\mathrm{D}}=\dfrac{r}{r_{\mathrm{w}}}$；

⑤等效黏度：$\mu_{\mathrm{a}}=\mu^{*}r_{\mathrm{D}}^{1-n}$。

3）理论曲线特征分析

在幂律指数为 n=0.9、$C_{\mathrm{D}}\mathrm{e}^{2S}$=10 时，分析不同圆形封闭边界距离下曲线的变化特征。

（1）早期井筒储集控制阶段。

在双对数理论曲线中，早期的压力和压力导数曲线为斜率等于 1 的直线段。

（2）中期非牛顿流特征表现阶段。

在双对数理论曲线中，由于非牛顿流特征表现明显，呈现出压力和压力导数曲线平行趋势，平行线的斜率取决于非牛顿流幂律指数。

（3）晚期边界影响段。

对于圆形封闭聚合物油藏，在双对数理论曲线中，晚期会出现斜率为 1 的直线段，随着边界距离的增大，斜率为 1 的直线段右移。圆形封闭边界距离较小时，非牛顿流的上翘特征不明显，主要原因是因为封闭边界的上翘反应比非牛顿流的特征上翘反应更强，封闭边界的上翘反应将非牛顿流体的反应掩盖了。只有当边界距离较大时，非牛顿流的特征才表现得明显。

3. 均质圆形定压地层中聚合物非牛顿流体数值解

1）物理模型的基本假设

推导均质地层中聚合物井非牛顿幂律流体的渗流数学模型时，先做如下假设：

（1）流动是平面径向的；外边界为圆形定压边界；

（2）地层等厚；

（3）渗透率和孔隙度为常数；

（4）系统的压缩系数很小且为常数；

（5）忽略重力影响；

（6）流动为单相等温非牛顿流体的流动，存在一定的屈服应力；

（7）井筒储集系数和表皮系数为常数。

2）理论模型描述

（1）控制方程：

$$\frac{\partial^2 p_D}{\partial r_D^2}+\frac{n}{r_D}\frac{\partial p_D}{\partial r_D}=r_D^{1-n}\frac{\partial p_D}{\partial t_D} \tag{6.2.24}$$

（2）初始条件：

$$p_D(r_D,0)=0 \tag{6.2.25}$$

（3）内边界条件：

$$C_D\frac{\partial p_{wD}}{\partial t_D}-\left.\frac{\partial p_{1D}}{\partial r_D}\right|_{r_D=1}=1 \tag{6.2.26}$$

（4）外边界条件（定压边界油藏）：

$$p_D\big|_{r_D=r_{eD}}=0 \tag{6.2.27}$$

（5）定义的无量纲量：

①无量纲压力：$p_D=\dfrac{Kh(p_i-p)}{1.842\times10^{-3}q\mu^* B}$；

②无量纲时间：$t_D=\dfrac{3.6Kt}{\phi\mu^* c_t r_w^2}$；

③无量纲井筒存储系数：$C_D=\dfrac{0.1592C}{\phi\mu^* C_t h r_w^2}$；

④无量纲距离：$r_D = \frac{r}{r_w}$；

⑤等效黏度：$\mu_a = \mu^* r_D^{1-n}$。

3）理论曲线特征分析

在幂律指数为 n=0.9、$C_D e^{2S}$=10 时，分析不同圆形定压边界距离下曲线的变化特征。

（1）早期井筒储集控制阶段。

在双对数理论曲线中，早期的压力和压力导数曲线为斜率等于 1 的直线段。

（2）中期非牛顿流特征表现阶段。

在双对数理论曲线中，由于非牛顿流特征表现明显，呈现出压力和压力导数曲线平行趋势，平行线的斜率取决于非牛顿流幂律指数。

（3）晚期边界影响段。

对于圆形定压边界聚合物油藏，在双对数理论曲线中，压力曲线会出现一个水平直线段，在压力导数曲线上表现为曲线的急剧下掉。压力曲线上直线段出现的早晚取决于边界距离的大小。边界距离越大，压力曲线的水平段和压力导数的下掉会出现得越晚。

圆形定压边界距离较小时，非牛顿流的上翘特征不明显，主要原因是因为定压边界的下掉反应比非牛顿流的上翘特征反应更强，边界下掉反应将非牛顿流体的反应掩盖了。只有当边界距离较大时，非牛顿流的特征才表现得明显。

三、应用实例

1. 聚合物驱油过程中压力恢复（降落）曲线的变化规律

以杏五区中块聚合物驱油矿场试验区为例，通过所研究的聚合物驱非牛顿渗流数值试井解释分析方法，对聚合物驱油过程中的注入井及中心采油井的试井资料进行了解释，对曲线的变化规律及聚合物驱试井曲线特征进行分析与总结，并通过曲线变化对驱油效果进行了评价。

（1）水驱空白阶段。

水驱空白阶段注入井和生产井的压力曲线比较完整。

①早、中、晚段明显，在足够的关井时间内压力导数曲线均出现 0.5 水平线；

②曲线反映油藏为均质油藏或双重孔隙油藏牛顿流体渗流特征。但部分注入井压力降落曲线反映井壁附近伤害严重，表皮系数较大，油藏反映复合油藏特征，分析主要原因是注入井为新井或补孔作业井，替喷时间短，井底伤害物未完全替出。

（2）聚合物段塞注入阶段。

进入聚合物驱阶段后，注入井的曲线形态发生了明显的变化。

①由于受非牛顿流体流变性的影响，虽然压力曲线早期也出现了 45° 直线，但时间较短；

②油藏类型由水驱空白阶段的均质油藏到聚合物注入初期（生产井未见聚时）的复合油藏，再到见聚合物后的均质油藏及后续水驱阶段的复合油藏特征；

③在前置聚合物段塞注入初期，注入井导数曲线上翘，油藏为复合油藏，如杏 5-2-328 井，说明压力传播先经过低流度的非牛顿流体区，后经过流度较低的富油区；

④随着注入时间的延长，曲线在出现较短的早期特征后，压力及压力导数曲线呈某一

斜率平行上翘，其特征类似于具有无限导流或有限导流垂直裂缝井的压力曲线，且上翘斜率的大小取决于非牛顿流体的幂律指数的大小，幂律指数越大，曲线上翘的斜率越大；

⑤导数曲线由上翘型（压力先传播非牛顿区，后传播到牛顿区，且导数曲线呈区复合状弯曲）逐渐变平及下掉型，又变化为上翘型，说明流体流度在地层中的变化是复杂的，初期有富油带产生，曲线上翘，后续段塞注入流体的黏度降为主段塞的50%，试井曲线下掉幅度较大，后续水驱后地层中仍有聚合物残留。

注入聚合物后，生产井试井曲线多为多区复合：

①在注聚初期，生产井尚未见聚合物前，压差曲线中期上升平缓，后期上翘快，在导数曲线上中期趋于水平直线，后期导数曲线上翘，这主要是压力传播先经过牛顿流体渗流区，先出现径向流直线段，当压力传播到非牛顿流体渗流区时，曲线上升快，表现出非牛顿流体渗流特征。

②随着地层中聚合物驱替前缘的推进，直至生产井见聚合物，中期的导数曲线水平段逐渐消失，并开始上翘，表现出非牛顿流体渗流特征。在压力随时间变化曲线上看，随着注聚时间的延长，曲线下移，压力上升缓慢，达到稳定的时间延长。

2. 杏4-30-P32井驱油效果评价及应用

（1）驱油效果分析。

利用所研究的聚合物试井数值解释分析软件，对杏五区中块聚合物驱油过程中油水井试井资料解释结果及曲线形态变化分析。对于注入井来说，若油藏为复合油藏，则油藏中存在富油带或原油乳化带，当富油带被聚合物段塞向前推进突破油井后，油井含水将会下降，产油量将会升高；当富油带完全突破油井后，含水会降为最低；当聚合物完全充满地层后，对应油井的产油量将会逐渐下降，含水将会逐渐上升。

对于生产井在聚合物注入早期若油藏由均质变为复合油藏，则说明油藏中存在原油乳化带，当该乳化带逐渐逼近油井后，油井的含水将会降低，产油量将会上升，且产出液的黏度及浓度将会增大；当油藏由复合型再变为均质油藏后，油井含水将会逐渐下降，并将降为最低；若注入井曲线变为多弯曲状，即油藏为多区复合油藏时，油井的产油会呈阶段性变化，直到含水上升及产油量下降为止。

在后续水驱阶段，若注入井油藏为复合油藏，说明地层中存在聚合物乳化带，该乳化带的含油量低于前期聚合物注入阶段，因此对应油井产油量逐渐降低，含聚合物的浓度也将逐渐降低。

（2）典型井应用实例。

杏4-30-P32井为杏4-6面积聚合物试验区的采油井，该井在水驱空白阶段探测到断层距离为230m。2002年6月测试，油藏为两区复合油藏，且外区流度小于内区流度，探测到聚合物乳化带前缘位置为24m。2002年10月测试，该井试井曲线反映油藏为均质油藏，说明目前地层中全部充满聚合物溶液。

该井于2002年7月见聚合物，目前采出液浓度为32mg/L，黏度为0.8mPa·s，聚合物推进速度快，使聚合物的黏度损失较大。该井试井曲线变化与生产动态非常吻合。通过试井曲线反映聚合物在地层中分布情况，得出该井存在单层突进现象，应该增加对应注入井注入液的浓度及黏度，对储层进行调剖，降低高渗透层的有效渗透率。

因此，若在聚合物驱油过程中，聚合物突破时间较快，且对应产出液浓度及黏度较低，说明存在单层突进现象，应当适当增加聚合物的黏度，对地层进行调剖后，再降低聚合物的浓度及黏度。这样有利于提高中低渗透层的出油潜力，有效地提高原油采收率。

第三节　油藏工程及数学方法在聚驱效果评价中的应用

数学方法注水油田开发效果精细和综合评价中得到了大量应用，本节进一步探索尝试应用数学方法评价聚合物驱开发效果。首先，探索了驱替特征曲线法的应用；其次，对数理统计等方法进行了有益的尝试[3-9]；最后，应用油藏工程方法分析了开发效果的主要影响因素[10-11]。通过不断发展完善聚合物驱开发效果评价技术，既为动态调整、明确对策提供了及时、有效的方法手段，又为改善聚合物驱开发效果、确保技术进步提供了重要的生产支持。

一、驱替特征曲线法

水驱特征曲线是研究注水油田水驱规律和效果评价的重要手段，以其方法简单完善而得到国内外油田开发工作者的普遍应用，已经成为水驱油田开发效果评价、动态分析与预测以及开发方案调整的重要方法和依据。实际开发过程中，聚合物的驱替规律与水驱的驱替特征也存在着十分相似之处，尤其是在含水回升及后续水驱阶段，也会出现明显的直线段。因而，利用驱替特征曲线预测聚合物驱开发指标评价开发效果也不失为一种较理想的方法。聚合物驱以扩大波及体积为主，因此整个聚合物驱过程可以近似看作为一个大的措施，根据新的驱替规律可以预测聚合物驱的各项指标，并以此作为标准与实际指标进行对比，从而评价开发效果的好坏。

1. 驱替特征曲线的评价与优选

（1）矿场实际统计对比。

聚合物驱的驱替特征曲线在后续水驱后期出现的良好直线关系，通过对喇萨杏油田不同开发区 16 个进入后续水驱阶段的工业化聚合物驱区块生产数据回归，绘制了四种类型驱替特征曲线，结果发现：甲型和乙型直线段出现较晚，丙型和丁型直线段出现较早，其中乙型驱替特征曲线相关性最好（表 6.3.1），聚驱从 0.17PV 左右开始符合。从不同水驱曲线特征对比看，甲型和乙型在后期出现上扬趋势，但乙型直线段要比甲型略晚；而丙型和丁型形态一致，聚驱时出现第二直线段。因而，甲型和乙型特征曲线可用于评价聚驱过程中的效果，丙型和丁型特征曲线可用于评价水驱和聚驱开发后期的开发效果。

表 6.3.1　一类、二类油层四种类型水驱特征曲线相关系数汇总表

序号	区块名称	甲型曲线相关系数 R^2	乙型曲线相关系数 R^2	丙型曲线相关系数 R^2	丁型曲线相关系数 R^2
1	北北块	0.9998	0.9995	0.0001	0.9904
2	北二西西块	0.9961	0.9979	0.8209	0.9921
3	北三西西块	0.9962	0.9985	0.4641	0.9916
4	北一区中块	0.9992	0.9997	0.7443	0.9906
5	断东东块	0.9804	0.9876	0.3976	0.995

续表

序号	区块名称	甲型曲线相关系数 R^2	乙型曲线相关系数 R^2	丙型曲线相关系数 R^2	丁型曲线相关系数 R^2
6	断东中块	0.9932	0.9969	0.8095	0.9912
7	二厂一类南五区	0.9996	0.9999	0.4553	0.9912
8	南三区东部	0.9952	0.9986	0.2833	0.9869
9	南中西	0.9977	0.9987	0.1755	0.9927
10	杏四区—杏六区面积北部	0.9947	0.9973	0.4506	0.9816
11	杏一区—杏二区东部Ⅰ块	0.9996	0.9993	0.0741	0.9812
12	北北块一区二类	0.9963	0.9994	0.5028	0.9831
13	北二西西块二类	0.9997	0.9992	0.0513	0.9818
14	北一二排西二类	0.9997	0.9998	0.9458	0.9862
15	北一区断东西二类	0.9995	0.9991	0.7633	0.9747
16	南二东二类	0.9999	0.9997	0.6279	0.9921
平均		0.9967	0.9981	0.4415	0.9884

（2）理论分析对比。

在历史拟合模型基础上，根据注聚时含水、聚合物用量设计了模拟方案，开展了不同注聚合物时机数值模拟研究。设计了6个模拟方案：分别假定在水驱至含水率为0、30%、50%、80%、90%、95%时进行聚驱，达到设计用量后进行后续水驱直至含水率达98%模拟结束，聚合物浓度均为1000mg/L，聚合物注入速度均按现场实际注入速度，聚合物设计用量分别为800mg/（L·PV）。在数值模拟研究基础上，对比研究了不同注聚时机驱替特征曲线。结果表明：随着注聚时间的提前，甲型和乙型特征曲线出现直线段的时间提前，且直线段的斜率变大。而越早注聚，丙型和丁型特征曲线出现第二直线段的时间越早，直线段越长。

2. 评价指标体系及标准

（1）评价指标。

根据矿场实际，主要评价指标包括聚合物驱含水率、产油量和提高采收率等3项指标，其中最为重要的是提高采收率指标。

（2）评价标准的建立。

①含水率评价模型。

以乙型水驱曲线为例，其基本表达式为：

$$\lg L_{\mathrm{P}} = a + bN_{\mathrm{P}} \tag{6.3.1}$$

式中 L_{P}——累计产液量，$10^4\mathrm{m}^3$；

a——截距；

b——斜率。

通过聚驱乙型特征曲线相关公式推导得到，得到含水率预测的微分方程式（6.3.2），据此可以进行含水率预测，并与实际值进行比较，从而评价开发效果好或差。

$$\frac{\mathrm{d}f_{\mathrm{w}}}{\mathrm{d}t}=bQ_{\mathrm{l}}\left(1-f_{\mathrm{w}}\right)^{2} \tag{6.3.2}$$

式中　Q_{l}——年产液，10^{4}t；

f_{w}——含水率。

②产油量评价模型。

在含水率预测的基础上，由于后续水驱阶段产液量一般变化不大，可以采用定液法进行预测。考虑措施影响，将式（6.3.2）进一步改写为：

$$\frac{\mathrm{d}f_{\mathrm{w}}}{\mathrm{d}t}=bQ_{\mathrm{l}}\left(1-f_{\mathrm{w}}\right)^{m_{2}} \tag{6.3.3}$$

式中　m_{2}——拟合系数。

根据式（6.3.3），可以进一步预测产油量的变化趋势，并与实际值进行比较，从而评价开发效果好或差。

③提高采收率评价模型。

通过聚驱乙型特征曲线相关公式推导得到阶段采出程度、采收率提高值与聚合物用量的半对数呈线性关系。

当油田注采平衡时，则累计注入溶液量与累计产液量体积相等，即

$$L_{\mathrm{P}}=mV_{\mathrm{P}}$$
$$m=\frac{W_{\mathrm{P}}}{V_{\mathrm{P}}} \tag{6.3.4}$$

式中　L_{P}——累计产液量，$10^{4}\mathrm{m}^{3}$；

V_{P}——孔隙体积，$10^{4}\mathrm{m}^{3}$；

W_{P}——聚合物驱阶段累计注入溶液量，$10^{4}\mathrm{m}^{3}$；

m——注入油层的孔隙体积倍数。

将式（6.3.4）代入式（6.3.1）中可得：

$$\lg mV_{\mathrm{P}}=a+bN_{\mathrm{P}} \tag{6.3.5}$$

式中　N_{P}——累计产油量，10^{4}t。

将 $N_{\mathrm{p}}=RN$ 代入式（6.3.5）中可得：

$$\lg mV_{\mathrm{P}}=a+bRN \tag{6.3.6}$$

式中　R——聚合物驱阶段采出程度；

N——地质储量，$10^{4}\mathrm{m}^{3}$。

提高采收率的表达式为：

$$\Delta E_{\mathrm{R}}=R-E_{\mathrm{R}} \tag{6.3.7}$$

式中 E_R——水驱最终采收率；

ΔE_R——提高采收率值。

将式（6.3.7）代入式（6.3.6）并整理可得：

$$\lg mV_P = a + bNE_R + \lg\frac{1}{V_P} + bN\Delta E_R \tag{6.3.8}$$

根据聚合物用量的表达式，$P_y=mC_P$，代入式（6.3.8）可得：

$$\lg P_y = a + bNE_R + \lg\frac{C_P}{V_P} + BN\Delta E_R \tag{6.3.9}$$

式中 P_y——聚合物用量，mg/（L·PV）；

C_P——聚合物浓度。

令 $a_1 = a + bNE_R + \lg\frac{C_P}{V_P}$ 同时 $b_1=bN$，则可以推导出聚用量与提高采收率值关系式：

$$\lg P_y = a_1 + b_1\Delta E_R \tag{6.3.10}$$

从式（6.3.10）可以看出聚合物用量 P_y 和提高采收率的值 E_R 在半对数坐标中呈线性关系，因此，通过回归分析方法就可以建立聚合物驱阶段提高采收率的预测模型。

绘制现场工业化区块阶段采出程度、采收率提高值与聚合物用量关系曲线，呈半对数线性关系。应用此方法预测了不同用量下聚驱阶段采出程度和采收率提高值，与实际值较吻合，可用于聚驱开发效果评价和预测。在用量 200mg/（L·PV）后取一年 12 个点回归出公式，用以预测后面曲线并实际比较计算误差，三个区块的结果对比表明，该方法的精度相对较高，实用性较好（表 6.3.2 至表 6.3.4），可用于不同条件、不同开采阶段的提高采收率的效果评价和预测。

表 6.3.2 北二东西块一类油层聚合物驱区块阶段采出程度预测结果与实际值对比

聚合物用量 /[mg/（L·PV）]	300	400	500	600	700	800	900	1000
实际聚驱阶段采出程度 /%	8.51	11.40	13.91	15.99	17.97	20.05	21.19	21.73
预测聚驱阶段采出程度 /%	8.19	11.65	14.21	16.02	17.94	19.44	20.80	22.04
绝对误差 /%	0.32	0.25	0.30	0.02	0.04	0.62	0.39	0.31
相对误差 /%	3.7	2.2	2.1	0.1	0.2	3.1	1.9	1.4

表 6.3.3 北二东西块一类油层聚合物驱区块采收率提高预测结果与实际值对比

聚合物用量 /[mg/（L·PV）]	300	400	500	600	700	800	900	1000
实际采收率提高值 /%	3.31	6.91	8.27	9.47	12.74	15.82	17.48	17.94
预测采收率提高值 /%	2.38	5.95	8.91	11.00	13.23	14.97	16.55	17.98
绝对误差 /%	0.93	0.96	−0.64	−1.53	−0.49	0.85	0.93	−0.04
相对误差 /%	28.1	13.9	−7.7	−16.2	−3.8	5.4	5.3	−0.2

表 6.3.4　北二西西块二类油层聚合物区块阶段采出程度预测结果与实际值对比

聚合物用量 /[mg/（L·PV）]	200	250	300	400	500	600	700	800
实际聚驱阶段采出程度 /%	5.18	6.88	8.14	10.42	12.36	13.8	14.95	15.92
预测聚驱阶段采出程度 /%	5.13	6.80	8.16	10.31	11.97	13.33	14.48	15.48
绝对误差 /%	−0.05	−0.08	0.02	−0.11	−0.39	−0.47	−0.47	−0.44
相对误差 /%	−0.9	−1.2	0.2	−1.1	−3.1	−3.4	−3.1	−2.8

二、数学方法在聚合物驱开发效果评价中的应用

数学方法在水驱油田开发效果综合评价中得到了广泛的应用，考虑到聚合物驱全过程的驱替特征和指标变化规律，探索尝试应用数理统计、灰色系统理论等方法来评价聚合物驱的开发效果。

1. 数理统计方法

聚合物驱开发效果评价模型，大致从两个方面建立模型：一是数学建模的方法；二是统计分析（经验公式）的方法。基于统计理论的方法，统计样本可来自矿场数据或实验数据，也可来自数值模拟结果。建立聚驱开发效果潜力预测模型实质是函数拟合的过程，建立影响聚驱开发效果与其影响因素的函数关系，然后进行拟合预测。在初步筛选已有数理统计方法的基础上，探索应用了多元线性回归、二次多项式逐步回归和人工神经网络三种统计方法对一类油层结束注聚的 29 个区块进行了聚驱效果定量化评价。

（1）统计方法的基本原理。

在实际应用中，由于统计方法是从复杂系统中归纳出一般规律，再用于该系统的预测，许多数学建模所不能描述的机理往往可隐含在统计规律中，通常会取得较好的应用效果。用回归方程定量地刻画一个应变量与多个自变量间的线性依存关系，称为多元回归分析（Multiple linear regression），简称多元回归（Multiple regression）。多元回归分析是多变量分析的基础，回归分析的基本思想是：虽然自变量和因变量之间没有严格的、确定性的函数关系，但可以设法找出最能代表它们之间关系的数学表达形式。

①多元线性回归分析。

研究在线性相关条件下，两个和两个以上自变量对一个因变量的数量变化关系，称为多元线性回归分析。假设因变量 y 与自变量 x_1，x_2，⋯，x_m 有线性关系，那么建立 y 的 m 元线性回归模型：

$$y=\beta_0+\beta_1x_1+\cdots+\beta_mx_m+\xi \tag{6.3.11}$$

式中　β_0，β_1，⋯，β_m——回归系数；

ξ——遵从正态分布 N（0，σ^2）的随机误差。

多元回归分析用来描述一个预测量与其相关参数的线性关系，适用于关系简单的相关分析，具有计算速度快、能表达预测量与其相关参数之间亲疏关系的优点，但如果相关参数与被分析或预测的因素之间的关系较为复杂、为非线性关系时，预测结果与实际相差较

大，精度较低，这种方法就不再适用。

②二次多项式逐步回归。

多项式模型在非线性回归分析中占有重要的地位。当因变量与自变量之间的确实关系未知时，可以用适当幂次的多项式来近似反映。当所涉及的自变量在两个以上时，所采用的多项式称为多元多项式。例如，二元二次多项式模型的形式如下：

$$y=\beta_0+\beta_1x_1+\beta_2x_2+\beta_3x_1x_2+\beta_4x_1^2+\beta_5x_2^2+\xi \tag{6.3.12}$$

一般来说，涉及的变量越多，变量的幂次越高，计算量就越大。因此，在实际的因素定量分析中，多元高次多项式用得比较少，本文采用的是二次多项式逐步回归的方法。

现代的二次回归正交旋转设计试验，即把正交设计和回归分析有机地结合起来，在正交设计的基础之上，利用回归分析，在给出的因素和指标之间，找出一个明确的函数表达式，建立因果关系的数学模型，以便定量地描述在某个生物学过程中各因素指标的作用，并利用该数学模型预测和控制生产。目前，组建多元二次回归模型几乎都运用二次（旋转）回归设计来实现，当然也可对某些符合要求的历史资料做同样的分析，组建类似于二次（旋转）回归模型的多元二次多项式模型，即

$$y=b_0+\sum_{i=1}^{m}b_ix_i+\sum_{i=1}^{m}b_{ii}x_i^2+\sum_{i=1}^{i<j}b_{ij}x_ix_j \tag{6.3.13}$$

在处理数据矩阵时，除原始数据外还自动生成包含数据的二次多项式（即把各个自变量数据的二次多项式也作为一个自变量因子）。二次多项式逐步回归分析就是保留对因变量影响显著的项，删除不显著的项。二次多项式可用来描述复杂的非线性关系，但拟合样本和预测样本的精度低，回归的方程比较烦琐，不便于计算。

③人工神经网络方法。

人工神经网络技术本质上是一信息非线性变换系统，具有自组织、自学习能力。通过对数据样本的学习，神经网络会自动地逼近那些能最佳地逼近样本数据规律的函数，在使用时不需要建立任何的数学物理模型和人工干预，就能自动地建立预测模型和较精确地映射任意高度非线性的输入输出关系并且具有容错性和自适应性。BP（Back propagation）神经网络是一种按照误差逆向传播算法训练的多层前馈神经网络，在人工神经网络的实际应用中，绝大部分的神经网络模型都采用 BP 网络及其变化形式。它也是前向网络的核心部分，体现了人工神经网络的精华，是应用最广泛的神经网络模型之一。

20 世纪 80 年代中期，David Runelhart 为解决多层神经网络隐含层连接权学习问题，建立了误差反向传播算法（Error back propagation training），简称 BP，并在数学上给出了完整推导。人们把采用这种算法进行误差校正的多层前馈网络称为 BP 网。BP 神经网络具有任意复杂的模式分类能力和优良的多维函数映射能力，解决了简单感知器不能解决的异或和一些其他问题。从结构上讲，BP 网络具有输入层、隐藏层和输出层；从本质上讲，BP 算法就是以网络误差平方为目标函数、采用梯度下降法来计算目标函数的最小值。

人工神经网络无须事先确定输入输出之间映射关系的数学方程，仅通过自身的训练，学习某种规则，在给定输入值时得到最接近期望输出值的结果。作为一种智能信息处理系统，人工神经网络实现其功能的核心是算法。BP 神经网络是一种按误差反向传播（简称

误差反传）训练的多层前馈网络，其算法称为 BP 算法，它的基本思想是梯度下降法，利用梯度搜索技术，以期使网络的实际输出值和期望输出值的误差均方差为最小。

基本 BP 算法包括信号的前向传播和误差的反向传播两个过程。即计算误差输出时按从输入到输出的方向进行，而调整权值和阈值则从输出到输入的方向进行。正向传播时，输入信号通过隐含层作用于输出节点，经过非线性变换，产生输出信号，若实际输出与期望输出不相符，则转入误差的反向传播过程。误差反传是将输出误差通过隐含层向输入层逐层反传，并将误差分摊给各层所有单元，以从各层获得的误差信号作为调整各单元权值的依据。通过调整输入节点与隐层节点的联接强度和隐层节点与输出节点的联接强度以及阈值，使误差沿梯度方向下降，经过反复学习训练，确定与最小误差相对应的网络参数（权值和阈值），训练即告停止。此时经过训练的神经网络即能对类似样本的输入信息，自行处理输出误差最小的经过非线性转换的信息。

（2）三种回归方法的应用效果分析比较。

对三种回归方法所使用样本数为 29 个，即一类油层已结束注聚的 29 个区块。在应用回归方程之前，随机选取 3 个区块数据作为检验回归方程或回归模型有效性的数据，而剩余的 26 个区块数据用来作统计方法回归的原始输入数据（表 6.3.5 和表 6.3.6）。

优选了对聚驱开发效果影响比较大的因素，包括单位面积厚度储量、有效渗透率、砂岩厚度、有效厚度、水驱采出程度、注聚前含水、聚合物用量、注聚浓度、井口黏度 9 个因素，来建立聚驱开发效果的预测模型。

①多元线性回归方程为：

$$y=0.02347x_1+3.85235x_2+0.06814x_3+0.07816x_4-0.55275x_5+ \\ +0.71856x_6+0.01548x_7-0.02145x_8-0.08297x_9-13.56531 \tag{6.3.14}$$

②二次多项式逐步回归方程为：

$$y=16.84494-32.48337x_2x_2-0.000024x_7x_7+0.001252x_9x_9+0.0516929 \\ x_2x_7-0.00951x_5x_9+0.00029x_6x_7 \tag{6.3.15}$$

③ BP 神经网络方法的回归方程是隐含的非线性方程：

$$y=\mathrm{ANN}(x_1,\ x_2,\cdots,x_9) \tag{6.3.16}$$

式中　x_1——单位面积厚度储量，$10^4\mathrm{m}^3/\mathrm{m}^2$；

x_2——有效渗透率，$\mu\mathrm{m}^2$；

x_3——砂岩厚度，m；

x_4——有效厚度，m；

x_5——水驱采出程度；

x_6——注聚前含水率；

x_7——聚合物用量，mg/（L·PV）；

x_8——注聚浓度，mg/L；

x_9——井口黏度，mPa·s。

通过与实际样本的采出程度对比发现，发现二次多项式逐步回归和人工神经网络的拟合样本与实际样本拟合较好，但是预测样本跟实际有较大误差。主要原因是回归分析方法为减小计算误差需要有大量的样本数目参与函数拟合，而油田实际样本数只有 29 个（BP 神经网络回归要求样本数目最少要达到 50 个），而且聚驱效果的因素较多，因素之间相互影响，统计方法很难来对这种复杂的因素进行较确的定量化，所以用这三种方法对聚驱效果进行定量化描述也是不合理的。因此需要寻找更合理的数学方法对聚驱开发效果进行评价。

表 6.3.5 聚驱效果统计方法预测原始数据

样品	区块	有效渗透率 / μm^2	砂岩厚度 / m	有效厚度 / m	水驱采出程度 /%	注聚合物前含水率 / %	聚合物用量 / [mg/（L·PV）]	注聚合物浓度 /（mg/L）	井口黏度 /（mPa·s）
拟合样本	北一区 1，2 排西部	0.88	24.30	15.86	33.07	87.92	574.84	993.00	38.80
	北一区中块	0.58	27.90	17.30	29.06	90.65	672.20	1015.00	39.80
	北一区断东中块	0.78	19.30	12.52	28.60	89.71	764.51	985.00	34.00
	北一区断东东块	0.64	20.40	14.00	30.54	91.18	629.35	940.00	37.00
	北一区断西	0.20	22.60	16.60	33.11	88.33	744.38	985.00	44.00
	西区	0.61	16.20	13.00	34.53	90.77	670.52	962.50	33.80
	东区	0.43	18.80	11.40	36.53	94.24	869.46	999.90	79.90
	中区西部	0.57	26.30	22.30	36.36	96.87	1156.25	1339.70	148.20
	南二区东部	0.58	17.30	12.30	39.10	92.86	783.30	1010.00	38.30
	南三区东部	0.50	16.30	10.92	40.37	92.57	787.70	1009.00	38.30
	南四区西部	0.53	15.90	9.50	37.62	93.98	824.30	995.00	37.10
	南四区东部	0.60	13.90	8.30	40.15	95.65	532.60	1049.00	49.80
	南五区	0.46	16.40	10.20	47.08	85.59	1367.72	1211.00	44.50
	北二西东块	0.55	19.90	15.00	31.00	89.60	765.00	998.80	32.30
	北二西西块	0.50	15.78	12.10	31.00	90.77	707.00	1002.00	32.10
	北三西西块	0.63	16.24	10.12	31.71	90.61	672.00	944.70	39.30
	北三西东块	0.46	16.00	10.90	33.56	94.49	737.93	1149.10	72.50
	北二东西块	0.67	16.80	12.80	34.78	93.72	1128.14	1327.90	67.40
	杏一区—杏二区东部 I 块	0.52	10.20	8.20	35.90	95.29	1555.77	1643.00	81.00
	杏四区—杏六区面积北部	0.49	14.60	10.50	38.16	93.97	1402.93	1277.40	41.60
	杏四区—杏六区面积南部	0.48	13.90	10.50	38.70	93.55	1148.32	1239.00	42.20
	北东块	0.52	22.36	13.32	33.30	92.21	727.97	1025.20	38.70
	南中块东部	0.83	16.60	15.44	32.68	93.91	721.86	1024.10	44.00
	北北块	0.74	13.00	12.41	32.24	94.65	786.05	998.20	52.90
	北西块	0.92	15.10	14.18	32.30	92.84	1091.94	1189.40	120.80
	南中块西部	0.55	17.10	14.20	36.90	94.20	1171.69	1142.30	77.30
预测样本	中区东部	0.67	12.90	9.20	35.35	88.35	1022.00	966.22	64.70
	北二东东块	0.51	13.70	10.80	34.20	93.47	1274.40	1114.93	51.50
	杏四区—杏五区中部	0.47	13.00	10.50	36.00	90.97	1239.40	856.20	28.70

表 6.3.6　三种统计方法采出程度预测值与实际值比较

样品	区块	目前阶段采出程度 / %	多元线性回归拟合值	多项式回归拟合值	BP 神经网络回归拟合值
拟合样本	北一区 1，2 排西部	15.90	22.28	14.19	16.87
	北一区中块	24.24	26.59	23.65	24.95
	北一区断东中块	23.04	28.58	25.68	24.03
	北一区断东东块	18.57	26.81	22.24	19.38
	北一区断西	16.10	22.17	17.29	17.06
	西区	16.52	24.34	22.86	19.04
	东区	12.89	23.44	15.65	14.77
	中区西部	16.86	18.81	16.37	17.46
	南二区东部	24.81	23.53	23.06	25.99
	南三区东部	28.11	22.19	22.18	25.26
	南四区西部	22.22	25.69	24.56	26.63
	南四区东部	10.19	18.80	13.58	13.88
	南五区	13.88	17.36	12.89	15.37
	北二西东块	28.02	26.40	26.09	27.99
	北二西西块	22.73	25.56	25.17	28.55
	北三西西块	27.98	25.58	22.48	28.59
	北三西东块	21.93	20.58	17.82	22.77
	北二东西块	23.09	22.90	24.17	24.80
	杏一区—杏二区东部 I 块	13.89	20.86	13.86	15.11
	杏四区—杏六区面积北部	24.12	27.73	21.45	26.87
	杏四区—杏六区面积南部	18.61	23.91	23.44	19.34
	北东块	26.96	25.25	23.71	28.81
	南中块东部	19.88	27.26	21.10	21.54
	北北块	28.00	28.02	22.86	25.71
	北西块	21.81	22.70	22.58	23.52
	南中块西部	17.8	25.71	19.01	20.13
预测样本	中区东部	27.05	24.65	21.73	13.59
	北二东东块	19.62	30.29	23.33	25.99
	杏四区—杏五区中部	14.31	34.19	26	20.89

2. 灰色系统评价方法

（1）灰色系统理论方法原理及步骤。

灰色系统评价各类油层聚驱开发效果主要是用灰色关联度表示待评价样本与各级别间的相似程度，通过衡量因素之间的关联程度，寻找系统中各因素间的主要关系，找出影响目标值的重要因素，从而掌握事物的主要特征，是以一种新的思维方式来实现影响聚驱开发效果的地质、剩余油和注入参数的综合评判方法。

首先对储层静态特征进行灰色系统评价，优选有关地质和剩余油的 7 个参数 3 级分类标准进行评价，评价参数为：单层有效厚度、孔隙度、渗透率、河道相比例、聚驱控制程度、一类连通控制程度和水驱采出程度。

灰色关联分析方法的标准和权系数是利用储层静态特征与储层物性、和剩余油分布关系数据库，分别以各参数对储层本身地质的基本因素进行统计确定的。

采用统计平均数据列 X_{oi} 为储层静态评价标准（储层物性、连通和剩余油分布等 m 个地质参数 n 级分类标准）：

$$X_{oi}=\{X_{oi}(1),X_{oi}(2),\cdots,X_{oi}(n)\} \tag{6.3.17}$$

储层静态特征初始评价数据列 X 表示为：

$$X=\{X(1),X(2),\cdots,X(n)\} \tag{6.3.18}$$

采用数据标准化方法，对以上评价数据列 X、被比较数据列 X_{oi} 进行均值标准化处理，使之成为无量纲、标准化的数据 $X_0(k)$，$X_i(k)$。

$$X_{0,i}(k)=\frac{X(k)}{\dfrac{1}{m+1}\left[\sum_{i=1}^{m}X_{0,i}(k)+X(k)\right]}\quad (k=1,2,\cdots,n;\ i=1,2,\cdots,m) \tag{6.3.19}$$

标准化后的评价数据列 $X_0(k)$、被比较数据列 $X_i(k)$ 表示为：

$$X_0(k)=\{X_0(1),X_0(2),\cdots,X_0(n)\} \tag{6.3.20}$$

$$X_i(k)=\{X_i(1),X_i(2),\cdots,X_i(n)\} \tag{6.3.21}$$

然后，采用标准指标绝对差的极值加权组合放大技术，由式（6.3.22）计算灰色多元加权系数：

$$P_i(k)=\frac{\min_i\min_k\Delta_i(k)+A\max_i\max_k\Delta_i(k)}{A\max_i\max_k\Delta_i(k)+\Delta_i(k)}Y_0(k) \tag{6.3.22}$$

$$\Delta_i(k)=\left|X_0(k)-X_i(k)\right| \tag{6.3.23}$$

式中 $P_i(k)$ ——数据 X_0 与 X_i 在第 k 点（参数）的灰色多元加权系数；

$\min\limits_i\min\limits_k\Delta_i(k)$——标准指标两级最小差；

$\max\limits_i\max\limits_k\Delta_i(k)$——标准指标两级最大差；

$\Delta_i(k)$ ——第 k 点 X_0 与 X_i 的标准指标绝对差；

$Y_0(k)$ ——第 k 点（参数）的权值；

A——灰色分辨系数。

从而可以得出灰色加权系数序列：

$$\boldsymbol{P}_i(k)=\{P_i(1),P_i(2),\cdots,P_i(n)\} \tag{6.3.24}$$

由于系数较多，信息过于分散，不便于优选，采用综合归一技术，将各点（参数及权）系数集中为一个值，其表达式为：

$$P_{\max}=\max_{i}\{\boldsymbol{P}_i\} \tag{6.3.25}$$

$$\boldsymbol{Y}_i=\frac{1}{\sum\limits_{k=1}^{n}Y_{\text{o}}(k)}\sum_{k=1}^{n}Y_i(k) \tag{6.3.26}$$

式中 $\boldsymbol{P}_i$——灰色多元加权归一系数的行矩阵；

$\boldsymbol{Y}_i$——则为相应的灰色多元加权归一权系数矩阵。

（2）灰色系统评价方法应用。

利用矩阵作数据列处理，采用最大隶属原则。选用单层有效厚度、孔隙度、渗透率、河道相比例、聚驱控制程度、一类连通控制程度和聚驱前采出程度作为评价聚驱区块静态特征的参数，把储层分为 A 类、B 类和 C 类。

按照上述公式统计的评价参数和权系数见表 6.3.7。

表 6.3.7 油层静态特征“灰色系统”评价参数及权系数

地质特征评价参数	类别	储量分类评价标准			权值
		A 类	B 类	C 类	
单层有效厚度 /m	标准	4.0	3.0	2.0	1.2
	权系数	0.30	0.35	0.35	
孔隙度 /%	标准	27.0	24.0	21.0	1.5
	权系数	0.32	0.34	0.34	
渗透率 /μm^2	标准	0.70	0.55	0.40	0.9
	权系数	0.34	0.33	0.33	
河道相比例 /%	标准	70.0	50.0	30.0	1.3
	权系数	0.32	0.34	0.34	
聚驱控制程度 /%	标准	80.0	70.0	60.0	1.2
	权系数	0.35	0.31	0.38	
一类连通控制程度 /%	标准	50.0	35.0	20.0	1.0
	权系数	0.36	0.32	0.32	
聚驱前采出程度 /%	标准	30.0	35.0	40.0	1.3
	权系数	0.31	0.37	0.35	

以采油一厂中区东部研究区数据为例，采用储层静态特征的评价标准的权系数，分别进行矩阵分析、标准化和标准指标绝对差的极值加权组合放大，并进行综合归一，得到精细评价储层静态特征的行矩阵：

$$\boldsymbol{P}(5)=[0.42, 0.35, 0.27] \tag{6.3.27}$$

按照最大隶属原则，该区块特征值评价结论为 A 类。

利用评价聚驱开发效果参数、标准和权系数，对六个采油厂一类油层的聚驱开发区块进行了分析处理和具体应用，建立起一套灰色系统精细评价聚驱开发效果的分析处理系统。

目前该方法已经实现计算机的自动处理。从评价结果来看：灰色系统评价方法可以对不同地质条件区块的精细评价，灰色系统评价方法效率较高；如果应用该方法对二类油层进行评价，则油层评价标准需要做相应的调整。

（3）目标值差分法。

目标值差分是在地质与剩余油条件分类结果基础上，确定各类油层聚驱效果目标值，实际值与目标值差分分类，然后利用综合评价方法评估聚驱开发效果，最终根据得分来确定最终评价结果，该方法克服了以往好坏油层评价标准一致的缺陷。

该方法的基本思路是在储层静态特征评价的基础上，针对 A 类、B 类和 C 类地质特征的储层，不同类型储层目标参数聚驱阶段采出程度、采收率提高值、吨聚产油和吨聚增油四参数标准不同（表 6.3.8）。如果各参数实际值与目标值的差值大于 0.15 倍的目标值，结果为 A。如果各参数实际值与目标值的差值小于 0.15 倍目标值的负数，结果为 C。否则结果为 B。

表 6.3.8 目标值差分参数表

<table>
<tr><th rowspan="2">目标参数</th><th colspan="3">地质与剩余油条件</th><th rowspan="2">差分标准</th><th rowspan="2">权重</th></tr>
<tr><th>A 类</th><th>B 类</th><th>C 类</th></tr>
<tr><td>聚驱阶段采出程度</td><td>20</td><td>16</td><td>12</td><td rowspan="4">$O=P-Q$
If（$O > 0.15Q$）O_i=A
If（$O < -0.15Q$）O_i=C
Else O_i=B
P——实际值；Q——目标值；O——差值</td><td>1.1</td></tr>
<tr><td>采收率提高值</td><td>15</td><td>13</td><td>11</td><td>1.2</td></tr>
<tr><td>吨聚产油</td><td>120</td><td>100</td><td>80</td><td>1.1</td></tr>
<tr><td>吨聚增油</td><td>60</td><td>50</td><td>40</td><td>1.2</td></tr>
</table>

各参数评价完后，使用综合评价方法评估开发效果，使用式（6.3.28）进行计算：

$$Y = Y_1 m_1 + Y_2 m_2 + Y_3 m_3 + Y_4 m_4 \tag{6.3.28}$$

式中 Y——最终综合得分；

Y_i——差分结果，A=80，B=60，C=40，i=1，2，3，4；

m_i——各项参数权重，i=1，2，3，4。

利用最终的得分来确定最终评价结果。其中，模糊评判得分 $Y > 310$，评价结果为 A；$250 \leqslant Y \leqslant 310$，评价结果为 B；$Y < 250$，评价结果 C。

利用评价聚驱开发效果参数、标准和权系数，对六个采油厂一类油层的聚驱开发区块进行了分析处理和具体应用（表 6.3.9），建立一套灰色系统精细评价聚驱开发效果的分析处理系统。处理的结果与基本的地质认识一致，符合长垣沉积体系演变规律。

表 6.3.9 油层静态特征“灰色系统”区块评价参数及结果

序号	区块	地质特征								剩余油	灰色系统评价结果
		开采层位	有效厚度/m	单层有效厚度/m	孔隙度/%	渗透率/μm^2	河道相厚度比例	对中分聚驱控制程度/%	一类连通控制程度/%	聚驱前采出程度/%	
1	中区东部	PI1-4	9.2	1.8	26.2	0.672	83.5	84.3	66.7	35.4	A
2	南二东	PI1-4	12.3	1.8	25.4	0.585	75.8	81.5	74.4	39.1	B
3	南五区	PI1-4	10.2	1.5	24.6	0.455	68.9	68.3	72.0	42.6	C
4	北二西西块	PI1-4	12.0	3.0	25.5	0.497	82.6	78.8	72.0	30.4	B
5	北二东西块	PI1-7	10.1	1.7	26.1	0.634	76.8	74.6	67.6	34.8	B
6	杏四区西部	PI12-33	9.5	2.4	28.3	0.485	87.8	76.5	79.1	39.1	B
7	杏十三区	PI3	8.3	1.6	26.2	0.243	89.5	59.5	56.2	41.3	C
8	北东块	PI1-2	13.3	3.3	26.6	0.568	95.6	84.7	80.4	33.6	A
9	北西块	PI1-2	14.2	3.6	27.1	0.923	96.4	89.6	82.3	34.6	A

表 6.3.10 为基于地质评价的“目标值差分”聚驱开发效果精细评价结果，可以看出地质评价为 B 类的区块，通过选择正确的注入参数和合理的井网井距，可以使得聚驱开发效果达到 A 类，例如南二东研究区。A 类地质特征研究区块一般开发效果均较好，其聚驱开发评价结果为 A 类，但是个别因为注入参数的选择和断层等原因，导致其聚驱开发评价结果为 B 类，没有出现 C 类的情况。同时可以看出最终的评价结果较为合理，该方法具有较强的实际应用价值。

表 6.3.10 基于地质评价的“目标值差分”聚驱开发效果精细评价结果

序号	区块	灰色系统地质剩余油评价结果	聚驱效果				聚驱效果分类评价结果				评判综合得分	开发效果评价结果
			阶段采出程度/%	采收率提高值/%	平均吨聚产油/t	平均吨聚增油/t	阶段采出程度	采收率提高值	平均吨聚产油	平均吨聚增油		
1	南二东	B	24.92	19.9	164	131	A	A	A	A	368	A
2	北二东西块	B	23.3	19.5	117	88	A	A	A	A	368	A
3	北二西西块	B	25.8	11.5	188	84	A	B	A	A	344	A
4	中区东部	A	27.21	16.3	147	88	A	B	A	B	320	A
5	北西块	A	22.1	17.1	122	72	B	A	B	B	300	A
6	北东块	A	21.8	12.7	131	90	B	B	B	B	276	B
7	杏四区西部	B	18.1	13.1	62	45	B	B	C	C	254	B
8	杏十三区	C	9.1	8.0	46	40	B	C	B	B	254	B
9	南五区	C	14.10	8.9	52	33	B	C	C	C	218	C

三、基于影响因素的典型聚驱区块开发效果评价

1. 聚驱效果影响因素典型区块解剖

为了建立多区块之间开发效果、开发效益的合理评价标准，搞清影响区块开发效果、开发效益的关键因素，制定针对性较强调整对策，对大庆油田 56 个聚驱区块的开发动态特征进行分析后，对南二区东部和南五区注聚区块进行精细解剖，分析沉积环境、沉积相发育、砂体发育模式、储层物性、聚驱控制程度等参数对聚驱开发效果的影响。南二区开发层位葡 $\text{I}_{1\text{-}4}$，注采井距 250m，注聚前含水率 93.0%，最大含水降幅 25.1%，采收率提高值 19.5%，聚驱阶段采出程度 24.4%，取得了较好的开发效果。南五区开发层位也是葡 $\text{I}_{1\text{-}4}$，注采井距为 175m，注聚前含水率 96.0%，而最大含水降幅仅 7.9%，采收率提高值也只有 8.4%，聚驱阶段采出程度 13.6%。南二区和南五区距离不太远，沉积环境大体相似，砂体厚度相近，注聚前剩余油分布相差不多，但是二者的聚驱开发效果相差很远，因此选择南二区和南五区进行解剖分析。

（1）对南二东和南五区葡 $\text{I}_{1\text{-}4}$ 砂岩组进行了重新划分对比。

本次研究综合参考前人的对比方法，结合分流河道（河流）相沉积特点，以“旋回对比、分级控制、相控约束、三维闭合”为对比原则进行划分。“旋回对比”即综合应用前人对比的成果和现有的密井网测井资料，识别长期的基准面旋回，然后在长期基准面的控制下，利用岩心和测井资料结合，进行中短期旋回（小层和单元）的对比。在岩心标定测井的基础上，进行单层的划分对比。“分级控制”即分不同的级次建立地层格架，从油组、砂岩组、小层、单层逐级对地层进行划分。“相控约束”即是通过对沉积相的识别对不同的相带采取不同的对比方法。“三维闭合”即是对比结束后在三维空间内将全区对比骨架剖面进行闭合。整个沉积单元划分调整过程综合应用等时对比原则，调动一切可用资料，借助地质分析软件的三维显示技术，优化了研究区精细等时沉积单元格架。在对比过程中针对原油层划分对比界限不闭合的问题进行了调整，使沉积界限更具有等时性。

①砂体劈分不符合地层发育模式，主要针对葡 $\text{I}_{2\text{—}3}$ 河道下切导致薄层席状砂归属问题，进行地层全区闭合。

②砂体劈分不合理，同期砂体分属两个沉积单元，导致不闭合；

③薄层砂体和泥岩归属问题；“骑墙层”归属问题。

（2）平面上进行沉积微相识别与组合。

南二区和南五区葡 I_1 发育枝状三角洲内前缘砂体，葡 I_2 发育高弯曲分流河道砂体，葡 $\text{I}_{3\text{-}4}$ 都是发育稳定型三角洲外前缘席状砂体。

①高弯曲分流河道砂体。

高弯曲分流河道砂储层主要包括河道砂体、溢岸砂体、废弃河道及泛滥平原。河道亚相是河流中砂体最发育、砂体厚度最大的沉积相带。曲流砂带主要是点坝的连片沉积，点坝是曲流河储层的主体。薛培华等通过对拒马河点坝砂体研究认为，曲流河点坝砂体由侧积体、侧积层、侧积面三要素组成。从洪峰开始到洪峰退去，在河流水动力条件从强到弱的全过程中，河流侧向加积所形成的沉积物增生体被称为一个侧积体。侧积体是点坝砂体中的等时单元，也是点坝砂体的基本沉积建造单元。侧积体在平面上呈新月形，其砂体最大宽度是河曲的弯顶处，大致相当于洪水泛滥河流满岸宽度的 2/3。在一个点坝砂体中，

每个侧积体的规模大小往往不尽相同，受控于每次水动力作用的差异。

溢岸沉积包括天然堤、决口扇与决口水道等沉积微相。

天然堤由洪水期河水漫越河岸后，流速突降、携带的大部分悬移物质在岸边快速沉积下来而形成。平面上主要分布于曲流河的凹岸和顺直河段的两侧，分布面积较小，以小朵状、小豆荚状镶于河道砂体的边部。

决口沉积砂体包括决口扇砂和决口水道砂。决口扇和决口水道是在洪水能量较强时，河流冲裂河岸向河间洼地推进过程中沉积下来的扇形或水道形沉积体，与天然堤共生。

漫溢砂沉积是洪水期水流将泥砂冲刷到低洼处滞留所致。每次洪水事件沉积的砂体厚度较小，不超过 1m。枯水期，砂泥按照重力分异进行沉积。一般因地形变化，平面上主要分布在大片的泛滥平原泥岩中。

河道在演变过程中，整条河道或某一段河道丧失了作为地表水流通行路径的功能时，原来沉积的河道就变为废弃河道，在曲流河沉积中又称牛轭湖。废弃河道是识别单一曲流带边界的重要标志，也是判断点坝侧积体侧积方向的重要依据。废弃河道的成因与曲流河点坝侧积体的形成密切相关，洪水周期性发生，侧积作用不断进行，河弯曲率逐渐增加，河道长度不断增大，河床坡度逐渐减小，流速降低。在某一次大洪水期，河水冲破河弯颈取直前行，原来的河道被淤泥充填，成为废弃河道。

曲流河道废弃分为突然废弃和逐渐废弃两种形式。突弃型废弃河道主要填充淤泥，又可细分为两种类型，即“曲颈取直”和“冲沟取直”（串沟取直）。前者是随着河流的弯度越来越大，形成很窄的“地峡”，这时可由一次特大洪水作用冲掉“地峡”，使河道取直；后者是沿着冲沟冲刷出一个新河床，使河道取直。渐弃型废弃河道是逐渐取直，废弃河道间歇性充填，充填物含有部分泥质粉砂及粉砂。

泛滥平原属于一种相对细粒的溢岸沉积，即洪泛平原细粒沉积。该亚相主要发育河漫滩，河漫湖泊和河漫沼泽不发育。岩性以泥质粉砂岩、粉砂质泥岩、泥岩为主。

②三角洲内前缘水下分流河道砂体。

水下分流河道砂体主要包括三角洲平原下游近湖岸地区的一些十分窄小的顺直型分流河道砂体和大量的以树枝状延伸、遍布于三角洲内前缘的小型水下分流河道砂体。这两类河流均属于分流体系末端高度分散的衰竭型河流，河流规模窄小，水流强度和切割能力较弱；经常决口改道，单一河道存在时间短暂，不发生明显的侧向迁曲，主要由垂向夹积作用形成河道充填砂体，其砂体宽度近似等于河道宽度。

水下河道砂体沉积时期，由于湖泊水体很浅，气候变化、河湖能量相对强弱等沉积条件不同，沉积的砂体类型具有不同的特点，通过对水下分流河道砂体进行解剖，共划分出枝状三角洲、枝—坨过渡状三角洲和坨状三角洲三种沉积模式。

枝状三角洲由树枝状分布的分流河道砂体所组成，是陆上分流河道向水下前缘相的自然延续形成，这类分流河道砂体呈豆荚状或不规则条带状断续分布，之间由薄层砂所连接，厚层河道砂体延伸长短不一、宽度窄小，有相当数量的砂体小于 300m 宽，薄层砂也呈条带状，分流间地区为泥质岩所充填，钻遇率为 30%~50%。

枝—坨过渡状三角洲的分流河道呈不明显的枝状或网状分布，在分流河道砂体间大面积地分布着表内席状砂及表外储层，泥质岩充填的面积显著变小，反映了水体加深，河流作用减弱，湖泊的改造作用增强。

坨状三角洲以表内席状砂发育为主，厚度在 1m 左右，面积可占全区的 40%~70%，在席状砂中散布着许多形态和分布不规则的厚砂坨，是水下分流河道被改造后的残余部分，已不能完整地恢复其原始沉积面貌，砂岩尖灭区很少见，反映了沉积时盆地边缘的水深明显增加，处于常年水域覆盖之下，湖浪及沿岸流的改造作用显著增强，河流作用显著减弱，但仍能供给丰富的碎屑物质。

③三角洲外前缘前缘席状砂。

这类砂体主要包括各类三角洲内外前缘席状砂。在湖岸线以下河流作用仍可波及的范围内，洪水期众多水下分流河道将大量的泥砂带入湖盆，再由波浪簸选均夷，改造成各式各样的席状砂。这种砂层分选好、质较纯净，可成为极好的储层。依据有效厚度分为主体席状砂（0.5m＜有效厚度＜2m）、非主体席状砂（0＜有效厚度＜0.5m）。外前缘席状砂体与内前缘席状砂体十分相似，但仍有下列几点明显差异：一是顶部缺乏正渐变段，砂体向上突变为水平层理的暗色泥岩；二是反渐变段底部出现较多的页片水平层理的黑色泥岩等反映水深增加的特征；三是在砂层顶、底出现较多的原生钙质粉砂岩薄层，砂岩中钙质含量也明显增加，反映这里由于远离淡水河口，碳酸钙易于达到饱和状态；最后一点则是层序中生物化石比前者大量增加。

（3）聚驱效果影响因素分析。

①沉积环境影响。

南二区东部研究区和南五区主体带均位于大型陆相浅水湖盆河流—三角洲沉积体系中分流平原亚相沉积环境中。南二区东部研究区则位于分流平原亚相上部靠近泛滥平原的位置，而南五区则位于分流平原亚相下部靠近湖岸线的位置，南五区位于南二区南部，葡Ⅰ组河道砂体类型由高弯曲分流河道砂体向南逐渐演变为低弯曲分流河道砂体，河道规模变小。两个研究区的沉积环境的演变导致两者的储层发育规模、物性和非均质性等一系列参数存在明显的差异，南二区要明显好于南五区。

②沉积相分布影响。

从南二区和南五区的沉积相分布来看，南二区葡Ⅰ$_1$河道发育比例明显高于南五区，南五区葡Ⅰ$_1$明显不发育。南二区葡Ⅰ$_{2a}$单元和葡Ⅰ$_{2c}$单元的河道发育比例则是南五区的 2 倍。对于外前缘相席状砂主要发育的葡Ⅰ$_3$和葡Ⅰ$_4$来说，南二区各沉积单元的主体席状砂发育的比例也明显高于南五区。南二区平均砂体厚度 17.1m，平均有效厚度 12.7m，而南五区平均砂体厚度 16.1m，平均有效厚度 9.4m，也都小于南二区（表 6.3.11）。因此可以看出，从沉积相分布来看，南二区的河道砂体和主体席状砂的发育明显好于南五区。

表 6.3.11　南二东区及南五区沉积相分布统计

区块	河道相发育比例 /%					主体席状砂比例 /%				平均砂岩厚度 /m	平均有效厚度 /m
	葡Ⅰ$_{1a}$	葡Ⅰ$_{1b}$	葡Ⅰ$_{2a}$	葡Ⅰ$_{2b}$	葡Ⅰ$_{2c}$	葡Ⅰ$_{3a}$	葡Ⅰ$_{3b}$	葡Ⅰ$_{4a}$	葡Ⅰ$_{4b}$		
南二东	21.2	61.2	74.4	69.4	94.4	60.0	52.0	50.5	56.0	17.1	12.7
南五区	0.5	7.8	32.0	78.0	48.5	49.7	11.5	64.8	5.0	16.1	9.4

③砂体垂向叠置模式影响。

河流相储层中，河道砂体发育的砂体一般发育六种砂体叠置模式：层状延展式、垒状多层式、多层多边式、多边迁移式、单边迁移式和透镜—席状交叉式。在低 A/S 值条件下，砂体空间叠置样式为“拼合型”，剖面上多期砂体呈“线—线”接触方式复合，连通性好；在中 A/S 值条件下，砂体空间叠置样式为“迷宫型”，剖面上多期砂体呈“线—点”或“点—点”接触方式复合，连通性变差；在高 A/S 值条件下，砂体空间叠置样式为“孤立型”，剖面上多期砂体孤立分布，互不连通。

以上述六种砂体叠置模式为指导，对南二区和南五区葡 $\mathrm{I}_{1\text{-}4}$ 砂体的展布规律进行研究和分析，可以得到：南二区采收率提高值大于 15% 的区域砂体叠置模式为层状延展式砂体分布模式，河道砂体非常发育，井间砂体连通性非常好，均为河道—河道间连通，因此聚驱开发效果好。南二区采收率提高值小于 15% 的区域砂体叠置模式为多层多边式砂体分布模式，河道砂体发育规模稍小于上一种模式，井间连通为河道—河道和河道—河间连通，连通性较好，因此聚驱开发效果也较好。而南五区葡 $\mathrm{I}_{1\text{-}4}$ 砂体叠置模式以垒状多层式砂体分布模式为主，河道发育规模明显小于以上两种类型，除葡 I_2^2 层外，河间砂体连通均为河间砂—河间砂连通，连通性较差，而且砂体的储层物性也较差，因此其聚驱开发效果也差。

④储层物性影响。

南二区和南五区葡 $\mathrm{I}_{1\text{-}4}$ 砂体的孔隙度和渗透率的差异也非常明显。南二区砂体孔隙度以大于 30% 的特高孔发育为主，而南五区则以 25%~30% 的高孔分布为主，其平均孔隙度南二区明显大于南五区。渗透率的分布规律和孔隙度非常相似。南二区砂体的渗透率发育主要以高渗透率和特高渗透率为主，一般渗透率均在 $500\times10^{-3}\mu m^2$ 以上，而南五区的渗透率分布范围主要在（10~50）$\times10^{-3}\mu m^2$ 的低渗透率和（500~2000）$\times10^{-3}\mu m^2$ 的高渗透率区间内，其渗透率明显小于南二区。因此可以看出，南二区的储层物性也明显好于南五区，这也同样是影响聚驱开发效果的地质因素。

⑤控制程度影响。

聚驱控制程度的计算方法是聚合物驱注入参数和注采关系对聚合物驱效果影响的定量表征。由于聚合物分子远大于水分子，油层中一部分较小的孔隙只允许水分子通过而不允许聚合物分子通过，从而缩小了聚合物溶液的实际控制体积，影响了聚驱效果。因此，在考虑聚合物相对分子质量与油层渗透率匹配关系和井网对油层控制程度的基础上，提出聚聚控制程度的概念，即在一定聚合物相对分子质量前提下，聚合物溶液可进入的油层孔隙体积占油层总孔隙体积的百分比，其公式为：

$$\begin{gathered}\eta_{聚}=V_{聚}\ /V_{总}\\ V_{聚}=\left(S_{聚i}\,H_{聚i}\,\phi\right)\quad(j=1,2,3)\end{gathered}\tag{6.3.29}$$

式中　$V_{聚}$——井网可控制聚驱孔隙体积，m^3；

$S_{聚i}$——第 i 油层聚驱井网可控制面积，m^3；

$H_{聚i}$——第 i 油层聚合物溶液可进入的注采井间连通厚度，m；

$V_{总}$——区块的总孔隙体积，m^3；

ϕ——孔隙度。

根据数值模拟研究结果，不同聚控油层含水率变化曲线表明：随着聚控增加，综合含水率曲线逐渐由 V 形变为 U 形；综合含水率曲线下降幅度变大，回升速度变缓；综合含水率曲线下降到最低点的注入孔隙体积倍数增多。随着聚控的增加，采收率提高值增大，聚驱效果明显变好。

聚驱控制程度综合考虑了聚合物相对分子质量与油层渗透率的匹配关系以及井网对砂体的控制程度，这一概念的提出，实现了聚合物驱注入参数和注采关系对聚合物驱效果影响的深化表征，为聚驱方案优化设计提供了可靠的理论依据。

应用以上方法对南二区和南五区一类油层聚驱开发区块进行聚驱控制程度计算（表 6.3.12），南二区为 250m 井距，南五区为 175m 井距，在注采井距相差 75m 的条件下，南五区的聚驱控制程度仍略低于南二区东部。在相同注采井距条件下，推算聚驱控制程度相差 10 个百分点以上。

表 6.3.12　南二区东部与南五区聚驱控制程度对比表

区块	注采井距 / m	水驱控制程度 /%	聚驱控制程度 /%		
			1200 万相对分子质量，浓度 1000mg/L	1900 万相对分子质量，浓度 1000mg/L	2500 万相对分子质量，污水，浓度 1500mg/L
南二区东部	250	97.2	81.0	79.4	72.5
南五区	175	96.3	80.4	78.4	66.0
差值	75	−0.9	−0.6	−1.0	−6.5

从分类聚驱控制程度来看，南二区和南五区水驱控制程度、连通控制程度和连通方向数相近，但南五区河道—河道控制程度较南二区东部低 13.0%，表明即使在井距缩小到 175m 的情况下，连通质量仍然较差（表 6.3.13）。

表 6.3.13　南二区东部与南五区分类控制程度对比表

区块	注采井距 / m	水驱控制程度 /%	一类连通控制程度 /%	二类连通控制程度 /%	河道—河道控制程度 /%	连通方向数 / 个
南二东区	250	97.2	74.4	22.8	66.2	3.22

⑥注入参数方面。

研究结果表明，聚合物相对分子质量越高，聚合物驱的采收率提高值越大。例如在渗透率为 0.1μm^2 附近使用 800 万相对分子质量，采收率可以提高 7 个百分点左右；而渗透率下降到 0.05μm^2 时，使用 550 万相对分子质量，聚合物驱采收率提高值只有 4.5 个百分点以下。因此在地质条件和注入条件允许的情况下，应该尽量选择高相对分子质量的聚合物，以便在相同的条件下取得更好的聚合物驱油效果。

聚合物在通过多孔介质时将受到孔隙结构和几何尺寸大小即渗透率的影响，一定相对分子质量的聚合物只能通过与之相适应的多孔介质，所以，进行聚合物相对分子质量选择时必须考虑聚合物分子所对应的渗透率极限。实验结果表明，550 万相对分子质量适合水相渗透率 0.05μm^2 以上油层；800 万相对分子质量适合水相渗透率 0.1μm^2 以上油层。室内聚合物相对分子质量与油层匹配关系实验表明，油层渗透率越高，适合的相对分子质量也越高，呈线性关系。因此，应根据油层发育特点选择适合的聚合物相对分子质量。

聚合物溶液的注入浓度是影响聚合物驱效果的又一重要因素。应根据每个井组的油层发育特点、水驱时的注入能力和所选用的聚合物性能指标确定单井注入浓度。聚驱时压力上升值随浓度的变化关系表明，当浓度由500mg/L升高至1000mg/L时，对于平均渗透率为0.2μm^{2}的油层，注入压力上升值将由2.3MPa增加至7.9MPa，增加了5.6MPa；而对于平均渗透率为0.6μm^{2}的油层，注入压力上升值将由0.8MPa增加至2.3MPa，增加了1.5MPa。值得注意的是，随着注入浓度的增加，油层压力增加的速率也增加，可见，对于油层发育较差的井，聚合物溶液的注入浓度不易选得很高。

南二区东部与南五区注入体系存在差别，南二区东部注入中分聚合物清水体系，南五区以2500万相对分子质量聚合物污水体系为主（表6.3.14）。

表6.3.14 南二区东部与南五区聚驱注入参数对比表

区块	段塞1				段塞2				段塞3				总注入量/PV
	相对分子质量/万	水质	浓度/(mg/L)	注入量/PV	相对分子质量/万	水质	浓度/(mg/L)	注入量/PV	相对分子质量/万	水质	浓度/(mg/L)	注入量/PV	
南二区东部	1900	清水	1000	0.10	中分	清水	1000	0.65					0.75
南五区西部	1900	清水	1000	0.10	2500	清水	1000	0.17	2500	污水	1350	0.47	0.74
南五区东部	1900	清水	1000	0.51					2500	污水	1500	0.39	0.90

南二区采用的是1200万相对分子质量，浓度1000mg/L注入参数，聚驱控制程度达到81.0%，虽然南五区采用175m注采井距，但其注入体系以2500万相对分子质量聚合物，1500mg/L注入浓度为主，导致其聚驱控制程度仅为66%，较南二区东部低15%（表6.3.15），二者的聚驱控制程度相差较多，南二区明显好于南五区。

表6.3.15 南二区东部与南五区不同注入体系下聚驱控制程度对比表

区块	注采井距/m	水驱控制程度/%	聚驱控制程度/%		
			1200万相对分子质量，浓度1000mg/L	1900万相对分子质量，浓度1000mg/L	2500万相对分子质量，污水浓度1500mg/L
南二区东部	250	97.2	81.0	79.4	72.5
南五区	175	96.3	80.4	78.4	66.0
差值	75	-0.9	-0.6	-1.0	-6.5

2. 影响聚驱效果主要因素定量排序

通过对典型区块分析认为，地质条件和注入参数是造成两个区块聚驱控制程度差异的关键因素。聚驱控制程度和注入参数又是影响聚驱效果的主要因素。为此，依据现场实际应用情况，应用数值模拟方法，研究了聚驱控制程度、聚合物相对分子质量、浓度、用量对聚驱效果的影响，为聚驱效果对比评价方法的建立提供了依据。研究结果表明：聚合物的相对分子质量、浓度和控制程度对采收率的影响排序为：聚驱控制程度＞聚合物相对分子质量＞浓度。聚驱控制程度是聚合物浓度和相对分子质量在储层运移的一种集中体现。

第四节　对标评价图版的建立与应用

一、对标评价图版法

为了建立多区块之间开发效果、开发效益的合理评价标准，搞清影响区块开发效果、开发效益的关键因素，制定针对性较强调整对策，通过对比大庆油田50余个聚驱区块的阶段采出程度和聚合物用量的曲线，分别针对一类和二类油层的不同聚驱控制程度区块，划分为“A、B、C、D”四类，来评价区块之间的开发效果和开发效益。

1. 图版建立原理

以“聚驱阶段采出程度”为纵坐标，以“聚合物用量”为横坐标，绘制了一类油层、二类油层效果分析图，在效果分析图的基础上，参考聚驱开发实际动态资料和数值模拟资料，绘制了动态趋势线，并把它作为分类的界线，将一类、二类油层聚驱区块按照开发效果和效益，划分出了A、B、C、D四类，绘制了分类评价图，建立了分类评价方法；另外，针对一类油层和二类油层不同聚驱控制程度下聚驱开发效果差异较大的特点，将一类油层细分为聚驱控制程度大于80%区块和小于80%区块两个标准评价图版，将二类油层细分为聚驱控制程度大于70%区块和小于70%区块两个标准评价图版（图6.4.1和图6.4.2）。

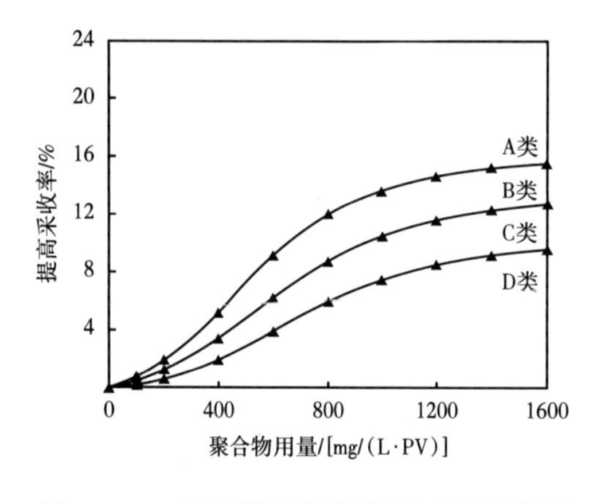

图6.4.1　一类油层聚驱开发效果对标评价图版

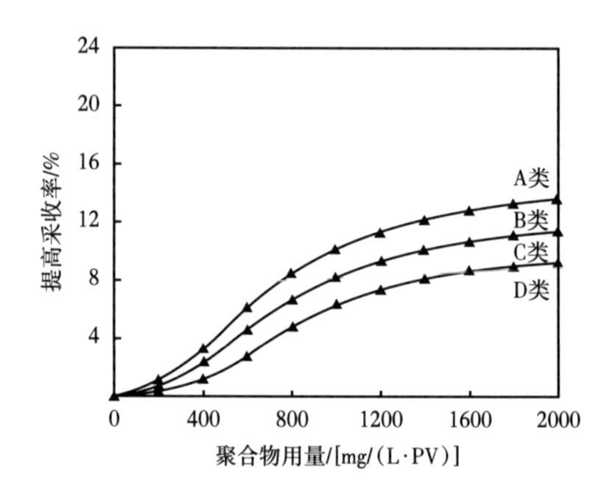

图6.4.2　二类油层聚驱开发效果对比评价图版

一类油层、二类油层聚驱效果综合评价标准图版绘制的是区块注聚全过程的阶段提高采收率随聚合物用量变化的曲线，既考虑了开发效果，又考虑了开发效益。因此，该方法主要有四方面指导意义：一是可以对区块注聚全过程开发效果、开发效益进行跟踪分析评价。二是依据分类评价结果，可以对影响开发效果的关键因素进行客观分析；地质条件相近的区块，分类评价差异大，应重点分析注入参数匹配情况；注入参数相同的区块，分类评价差异大，应重点分析油层条件对开发效果的影响。三是对注聚初期区块可以依据分类评价结果，尽早发现存在的问题，尽早进行优化调整。四是对注聚后期的区块可以指导优化停注聚工作，从分类评价曲线上可以看出，部分区块注聚后期曲线明显向横坐标（聚合物用量）偏移，继续注聚对提高采收率作用不大，而且会造成聚合物的巨大浪费。

更加建立的对标评价图版对不同油层的开发效果进行评价：一类油层中，29 个聚驱控制程度大于 80% 注聚区块中，A 类 14 个，占 56.0%，B 类 6 个，占 24.0%，C 类 5 个，占 20.0%，D 类 0 个。4 个聚驱控制程度小于 80% 注聚区块中，A 类 0 个，B 类 3 个，占 75.0%，C 类 1 个，占 25.0%，D 类 0 个。二类油层中，11 个聚驱控制程度大于 70% 注聚区块中，A 类 3 个，占 27.3%，B 类 5 个，占 45.4%，C 类 3 个，占 27.3%，D 类 0 个。7 个聚驱控制程度小于 70% 注聚区块中，A 类 6 个，占 85.7%，B 类 1 个，占 14.3%，C 类和 D 类 0 个。

2. 主要指标技术界限

根据对标评价结果，结合矿场实际动态，深入总结 A 类区块的主要做法特征，形成了聚驱主要指标技术界限（表 6.4.1），指导聚驱跟踪调整工作。

表 6.4.1　聚合物驱主要指标技术界限

技术要点	主要指标技术界限
注采平衡是根本	（1）区块注采比为 0.9~1.0; （2）地层压力在原始地层压力附近
参数匹配是核心	（1）区块注聚参数匹配率达到 90.0% 以上; （2）区块注入速度：井距 125m 控制在 0.20PV/a 左右，井距 150m 控制在 0.15~0.20PV/a
精细挖潜是保证	（1）分注率 60% 以上; （2）采油井压裂增油，在低值期 6t 以上，回升期 4t 以上; （3）油层动用程度达到 70% 以上
层系封堵是保证	（1）注入井 100% 封堵; （2）采出井分批次封堵
清水体系是保障	（1）前置清配清稀段塞; （2）黏度 40mPa·s
优化停聚是效益	（1）区块含水率达 92.0% 时着手编制停注聚方案; （2）井组含水率达 94.0% 为停注聚界限

3. 聚驱全过程开采技术政策

通过开展对标、赶标、超标工作，结合工业化区块开发的实际情况，进一步明确了跟踪调整应该坚持的四项原则：注入速度要保持稳定；注聚参数要稳步调整；调整措施要稳步实施；压力系统要保持稳定。

具体而言，包括：（1）区块注采平衡要坚持全过程注采比保持在 1.0 附近；（2）调整注入速度要坚持先降产液速度后提注入速度；（3）匹配注入参数要坚持以满足 90% 油层动用为目的；（4）实施跟踪调整要坚持稳步实施，保持合理压力系统；（5）注入体系设计要坚持中前期清配清稀、后期清配污稀；（6）部署开发区块要坚持多区块低速开采模式。

（1）区块注采平衡要坚持全过程注采比保持在 1 以上。

“十二五”期间，部分区块因产液速度高于注入速度，出现了注采不平衡的问题，导致压力升幅小、含水率降幅小和油井受效差。为此，制定了不同开发阶段的注采比目的及技术界限（表 6.4.2）。

表 6.4.2　注聚各开发阶段注采比界限

开发阶段	目的	注采比界限
空白水驱	注聚受效打好基础	保证注采平衡，注采比控制为 0.9~1.0
注聚初期、含水率下降	保证受效充分	注采比应适当提高，控制为 1.0~1.2
回升前期	控制含水回升速度	注采比应适当降低，控制在 1.0 附近
回升后期	控制低效无效循环	注采比可进一步降低，控制为 0.9~1.0

2012 年以来，年注入量调整保持 4000 井次以上，注聚区块年度注采比由 0.92 逐步恢复到 1.0 左右的合理水平。

（2）调整注采速度要坚持先降产液速度、后提注入速度。

区块出现注采不平衡的问题，一般是采液速度过高造成的。因此，确定调整注入速度的原则是先降低产液速度、后适当提高注入速度（或者保持稳定）。降低产液速度，短期内会影响一部分产量；长远看会改善开发效果，提高采收率，从而产出更多的油。北北块二区二类油层注采不平衡的问题，先降低采液速度、稳步提高注入速度进行了治理，区块开发效果逐步改善。

（3）匹配注入参数要坚持以满足 90% 油层动用为目的。

以满足 90% 以上油层动用为目的，考虑注入动态情况，合理匹配注入浓度。

杏八区丁块主要做法：先投注入井，弥补地下亏空；相对分子质量由 2500 万改为 1900 万；注采比 1.0 左右；清水体系注入。

（4）实施跟踪调整要坚持稳步实施、保证压力系统稳定。

萨北开发区注入参数匹配合理，注入压力系统合理，每年需要实施的增产、增注措施工作量相对较少，且都是稳步实施，保证了压力系统的稳定，致使含水率也没有出现突升突降的现象。含水率变化符合聚驱规律，基本上没有突变现象。措施集中实施的区块，含水率回升速度加快。

（5）注入体系设计要坚持中前期清配清稀、后期清配污稀。

清配清稀注入体系质量好，区块开发效果总体好于清配污稀体系。为此，近几年一直坚持“清水、污水”的合理调运，保证新注聚区块和含水下降区块清水的供应（表 6.4.3）。

表 6.4.3　工业化区块分类油层注入体系情况表

年份	各区块注入体系情况 / 个			
	清水稀释	污水稀释	清水 + 污水稀释	合计
2010	4	20	4	28
2011	6	27	1	34
2012	7	27	3	37
2013	16	21	2	39
2014	8	26	3	37
2015	7	26	2	35
2016	10	26	2	38
2017	9	26	1	36

（6）部署开发区块要坚持多区块低速开采模式。

萨北开发区二类油层2006年开始投入开发以来（表6.4.4），采取多区块低速开采模式，开发周期长，注聚区块平均注入速度0.14PV/a左右，较油田平均水平低0.04PV/a。

表6.4.4　萨北开发区不同阶段注采速度情况对比

区块	井距/m	注聚初期		含水率低值期		含水率回升期	
		注入速度/PV/a	采出速度/PV/a	注入速度/PV/a	采出速度/PV/a	注入速度/PV/a	采出速度/PV/a
北二西西块二类	150	0.15	0.17	0.16	0.15	0.12	0.11
北三西西块二类	125	0.2	0.2	0.18	0.19	0.16	0.18
北三西东北块	125	0.17	0.24	0.15	0.18	0.15	0.16
北三西东南块	125	0.15	0.19	0.15	0.15	0.15	0.14

萨北开发区4个二类油层开发区块，统计已开始停注聚的3个区块，平均开发周期111个月；4个区块的综合含水均在聚合物用量1100mg/（L·PV）以后回升到94%（表6.4.5）。

表6.4.5　萨北开发区二类油层区块开发周期对比

区块	注聚时间	目前含水率/%	低值期时长/月	注聚全过程		含水率回升至94%时	
				聚合物用量/[mg/（L·PV）]	周期/月	聚合物用量/[mg/（L·PV）]	周期/月
北二西西二类	2006年11月	96.08	16	1469	132	1325	104
北三西西二类	2008年11月	96.53	18	1485	104	1335	73
北三西东北块	2009年10月	96.69	16	1502	97	1131	67
北三西东南块	2011年9月	94.93	20	1207	74以上	1128	69

这种模式的优点：注聚速度相对较低，给跟踪调整工作留有空间；区块规模不大，经验教训可以指导其他区块及时调整；含水短期内不会出现大幅度变化，原油产量运行平稳。

4. 应用情况及取得效果

（1）树立四个特色标杆区块。

“十二五”期间，以区块对标分类评价为引领，强化跟踪调整，形成了“分层次”的对标管理体系。选定4个“高效开发区块”作为标杆（表6.4.6），全面开展“对标、赶标、超标”工作，寻找差距、明确对策、制定目标，努力提升注聚区块开发水平。

表6.4.6　喇萨杏油田4个高效开发区块基本情况

油层划分	区块	注聚时间	含水率/%	提高采收率/%	分类结果
一类	南三区西部	2002年10月	89.08	24.21	A
二类	北东块一区	2009年1月	94.75	18.5	A
	北三西西块	2008年11月	95.14	19.8	A
	南三区东部南块	2010年1月	93.27	17.5	A

四个区块的特色：

①及时跟踪调整的标杆区块—北东块一区。

开采萨Ⅲ$_{4-10}$油层，2008年注聚，初期采用清配清稀体系，高分高浓注聚，2500万相对分子质量，浓度2000mg/L。2011年开始，针对注入压力高，80%以上井注入困难的实际，实施了梯次降浓，单井个性调整。

主要做法：含水回升期前采用清水体系；全过程注入速度0.16PV/a左右；保持注采平衡，注采比1.0左右；及时进行浓度调整，回升期浓度1000mg/L左右，预计最终提高采收率18.50个百分点。

②坚持全程优化的标杆区块—北三西西块。

区块开采萨Ⅱ$_{10}$—萨Ⅲ$_{10}$油层，2008年11月注聚，通过实施开发全过程优化调整，取得了很好的开发效果，低值期保持18个月，对标分类全过程保持在A类水平。

主要做法：含水回升期前采用清水体系；全过程参数匹配率90%以上，黏度40mPa·s左右；含水下降期按方案设计速度注入，回升期逐步控速；注聚前调剖，注聚过程中分注率提高到90%以上，预计提高采收率19.8个百分点。

③控制含水率回升的标杆区块—南三区东部南块。

开采萨Ⅱ$_{7-12}$油层，2010年1月注聚，注聚初期注采比低，注入浓度偏高，属于C类区块。为改善开发效果，针对区块存在的问题，实施了综合调整，开发效果明显改善。

主要做法：注聚初期注入速度略高于方案设计，见效后逐步下调；回升期前实施挖潜措施241井次，分注率80%以上；回升期逐步降浓并实施交替注聚；预计最终提高采收率17.50个百分点。

④注聚周期最长的标杆区块—南三区西部。

开采葡Ⅰ$_{1-4}$油层，2002年11月注聚，全过程低速注入，注入速度控制在方案设计0.14PV/a以下，注采比保持在1.0左右，开发周期长达15年以上，聚合物用量仅为1284mg/（L·PV）。

主要做法：含水率回升期前采用清水体系；全过程注入速度低于方案设计，回升期进一步控速；保持注采平衡，注采比保持在1.0左右；清水体系浓度1000mg/L，污水体系浓度1300mg/L，预计最终提高采收率24.21个百分点。

通过对四大标杆区块的解剖分析，对比注采两端9项开发指标控制情况，总结出标杆区块各项开发指标的共同特征（表6.4.7）。

表6.4.7 四大标杆区块解剖分析情况统计表

序号	开发指标	四大标杆区块共同特征
1	注入体系	注聚中前期均使用清水体系
2	注入压力	注聚中前期稳步上升，后期保持稳定； 不需要顶压注入，但要全过程保持良好的注入能力
3	注入速度	全程控制在0.2PV/a以下，后期逐步控速
4	注入浓度	平均注入浓度1100~1400mg/L，多数采用梯次降浓注入
5	注采平衡	全程保持注采平衡，注采比控制在1.0左右

续表

序号	开发指标	四大标杆区块共同特征
6	产液情况	全程产液速度在 0.2PV/a 以下，后期逐步降低
7	全区流压	全过程基本保持稳定，控制在 3~5MPa
8	采聚浓度	前期稳步上升，中后期保持稳定
9	综合含水率	变化符合聚驱规律，注聚后期回升缓慢

典型经验：坚持全过程注采平衡，地层压力保持合理水平；注入参数匹配率达 85% 以上，油层动用程度高；注聚前期注入体系好，注入黏度保持合理水平；回升期含水率上升控制较好，提高采收率占 40% 左右。

（2）科学指导各开发区开展对标管理。

通过开展各厂之间开发指标对标，明确了各厂工作重点。通过各厂之间的吨聚增油、分注率等指标的对标，明确了调整方向，实施针对性的调整。

①萨中开发区。

调整做法：合理匹配注采速度，调整注采平衡；优化注聚参数，提高分注率。

调整效果：聚驱开发效果逐步改善，吨聚增油达到 45t；中区西部、中区东部二类压力系统逐步得到调整，采油井持续见效；断西西块二类月含水率回升速度有所控制。

②萨南开发区。

调整做法：优化浓度调整，提高二类油层驱油效率；开展南七区两个一类油层注聚区块的综合治理。

调整效果：三东二类南、北两个区块对标曲线由 B 类跨入到 A 类；注聚区块对标分类全部达到 A 类；一类油层南七东对标实现跨类改善，南七西对标曲线上翘。

③萨北开发区。

调整做法：继续加大二类油层方案调整力度；开展过渡带地区一类油层综合治理。

调整效果：聚驱开发效果持续向好，吨聚增油 55t 以上；二类油层对标分类全部保持在 A 类；北过西区对标由 C 类进入 B 类；北 3-1—北 3-3 排西区对标曲线上翘。

④杏北开发区。

调整做法：优化注聚参数，控制含水率回升区块的含水率上升速度。

调整效果：吨聚增油达到 43t；3 个区块含水率回升速度得到控制。

⑤杏南开发区。

调整做法：开展井组之间调整潜力对标，优化注聚浓度，调整注采平衡。

调整效果：杏十二区西部实现注采平衡，聚驱持续见效；杏十三区西部综合含水率及提高采收率幅度均好于数模，对标曲线上翘，接近 B 类水平。

⑥喇嘛甸开发区。

调整做法：优化注聚参数，调整压力系统，实现注采平衡，北北块二区、南中西一区月注采比提高到 1.1。

调整效果：二类油层保持了较好的开发效果，吨聚增油 45.6t；北北块二区二次受效，南中西一区跨类改善，北西块一区连续 7 个月含水率下降，月含水率下降 1.25 个百分点。

“十五”至“十一五”期间，通过不断完善、总结、应用，有效指导了各厂进行聚驱开发效果调整工作，确保达到预期提高采收率效果和目标。

（3）全面提升各类区块开发效果。

通过开展区块之间开发对标评价，有效指导了各区块综合调整工作。

A类区块：及时跟踪调整，开发效果持续向好。2013年底，一类油层中A类区块3个，占17.6%；二类油层中A类区块10个，占58.8%。此类区块重点是及时跟踪调整，如南中东一区，跟踪调整注入浓度，开发效果持续向好。目前，阶段提高采收率12.94个百分点，比数模高1.19个百分点。

B类区块：及时优化调整，开发效果不断改善。2013年底，一类油层中B类区块1个，占5.9%；二类油层中B类区块6个，占35.3%。此类区块重点是优化调整，如南三区东部二类油层北块，扩大周期注聚规模，注重浓度、速度、措施相结合。目前，提高采收率11.55个百分点，对标曲线由B类提升到A类。

C类、D类区块：加强综合治理，努力提升区块开发水平。2013年底，一类油层C类、D类区块13个，占76.5%；二类油层C类、D类区块1个，占5.9%。2014年，重点对7个用量较小的区块开展综合治理，对照A类典型区块，寻找差距、分析原因，明确治理对策。实施注入井方案调整1767井次，注采井增产、增注措施426井次，区块开发效果初步改善，3个区块实现跨类。

三是开展井组之间调整潜力对标，实施了针对性挖潜措施。以注入井为中心，按照关键指标，对井组进行分类，如杏十三区，实现分类挖潜，聚驱开发效果明显改善，对标曲线上翘，已多提高采收率1.93个百分点。

总体看来，通过对标评价的应用，聚驱开发效果明显改善，注聚区块中A类、B类区块数由上一年的20个增加到当年的26个，比例由58.8%提高到70.3%，C类、D类区块比例分别下降到21.6%、8.1%。

对标分类管理体系创建与应用的启示：

①经典的聚驱理论要坚持，创新应该在继承的基础上实施。

②注采平衡是聚驱提高采收率的根本保证，必须坚持做到全过程的注采平衡。

③聚驱开发要做到稳字当先。注聚参数要稳步调整、注入速度要基本保持稳定、调整措施要稳步实施、压力系统要保持稳定。

④含水回升期的跟踪调整工作不能忽视，此阶段提高采收率占40%左右。

通过开展“对标、赶标、超标”工作，37个注聚区块借鉴高效开发区块的经验做法，实施有针对性的跟踪调整，4个区块实现开发效果提档升级，4个区块开发效果改善，18个区块保持高效开发，预计平均提高采收率可达到14个百分点。

二、分阶段对标评价

截至“十三五”末期，大庆长垣油田投产聚驱区块共有60余个，其中一类油层54个区块，二类油层33个区块。随着聚合物驱规模的不断扩大，抗盐聚合物等新型体系不断增加，聚驱主体对象由北部一类油层转变到北部二类油层和南部一类油层，如何对不同阶段、不同油层的区块进行“精耕细作”，科学评价开发现状，以及时进行跟踪调整，制定合理的调整对策，挖掘油层最大潜力，从而确保聚驱开采效果。

目前评价三次采油区块开发效果主要应用二维的单指标对标评价图版，该方法操作方便，简单易行。图版通过绘制区块的聚合物驱用量与提高采收率实时变化曲线，跟踪曲线在对标区间内的变化趋势，判断开发效果并制定调整对策。但是，由于该图版参考指标的单一性，没有考虑区块地质条件的差异对开发效果的影响，无法对不同潜力油层开发效果做出合理的评价；同时，三次采油不同驱替阶段相应的调整目的和措施对策重点不同，该图版无法给出各开发阶段的对标界限，制定调整对策没有针对性。因此，针对油田的实际需求，结合开发经验，建立了改进对标图版法—分阶段对标评价法。

1. 分阶段对标评价图版的建立

油层潜力又是开发效果的重要物质基础。因此，区块开发效果分类评价需要把油层潜力和开发效果相结合。以地质评价综合系数作为横坐标、开发评价综合系数为纵坐标，绘制区块分类对标评价图版。处于图版中的区块由地质评价均值线和开发效果均值线分成了四个类别。

处于标杆区的区块油层条件较差，但开发效果好，属于总体开发效果最好区块；处于理想区的区块油层条件较好，开发效果也较好，属于正常开发区块；处于潜力区的区块油层条件较好，但开发效果较差，属于重点调整的区块；处于提升区的区块油层条件较差，开发效果也较差，属于潜力调整区块（图 6.4.3）。

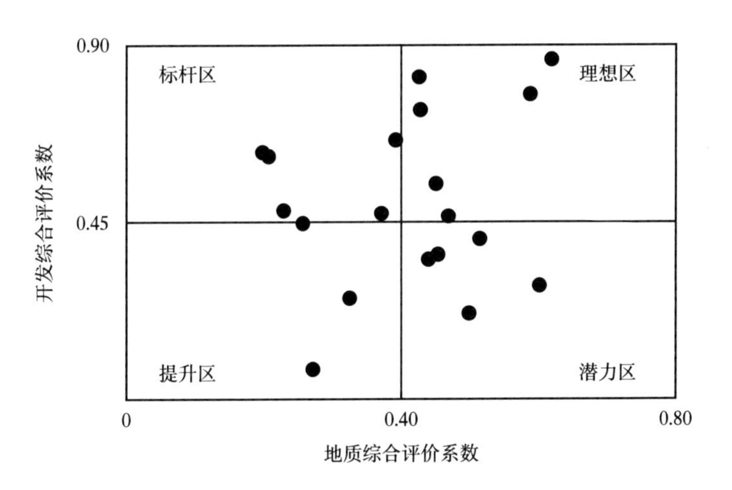

图 6.4.3　二类聚驱后续水驱阶段对标图版

（1）分阶段对标评价图版的方法原理。

为建立不同驱替阶段的多维对标界限，给出区块具有针对性的措施调整方向，建立了改进对标评价法。首先，对不同阶段的区块地质潜力和开发效果做出合理的综合分类；其次，确定影响开发效果的主控因素，给出不同开发阶段每类开发效果的对标区间；再次，优选出开发效果均处于标杆区的典型区块；最后，通过比照可调主控因素与对标界限的差距，分析开发中存在的主要矛盾，制定区块有针对性的调整对策。

（2）分阶段对标评价图版的主要流程。

确定评价指标体系的层次。评价指标体系分为目标层、中间层和基础层，此次油层潜力和开发效果评价结果为目标层，沉积特征、物性特征和储层特征为地质因素评价中间层，注入指标、采出指标和效益指标为开发效果评价中间层，各项参数为基础层。

按照全面、独立、易于计算的原则，建立了3个方面8项油层潜力评价指标体系（图6.4.4），3个方面7项开发效果评价指标体系（图6.4.5）。

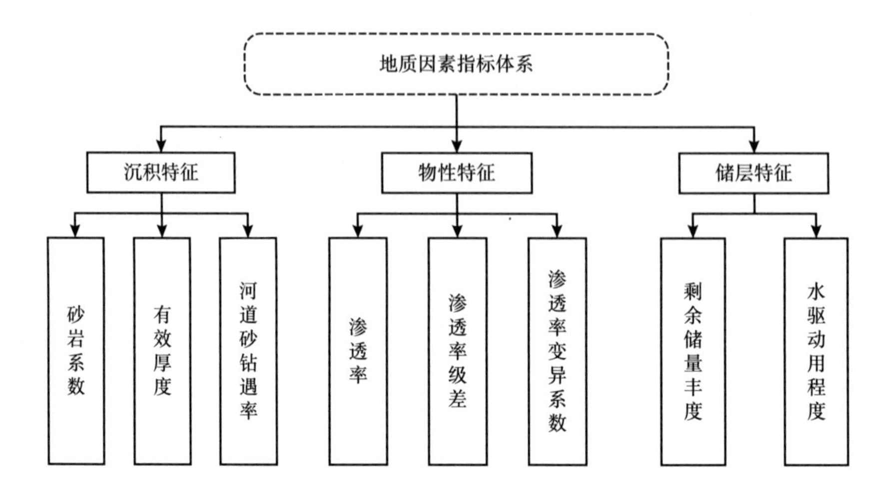

图6.4.4　三次采油地质因素评价指标体系

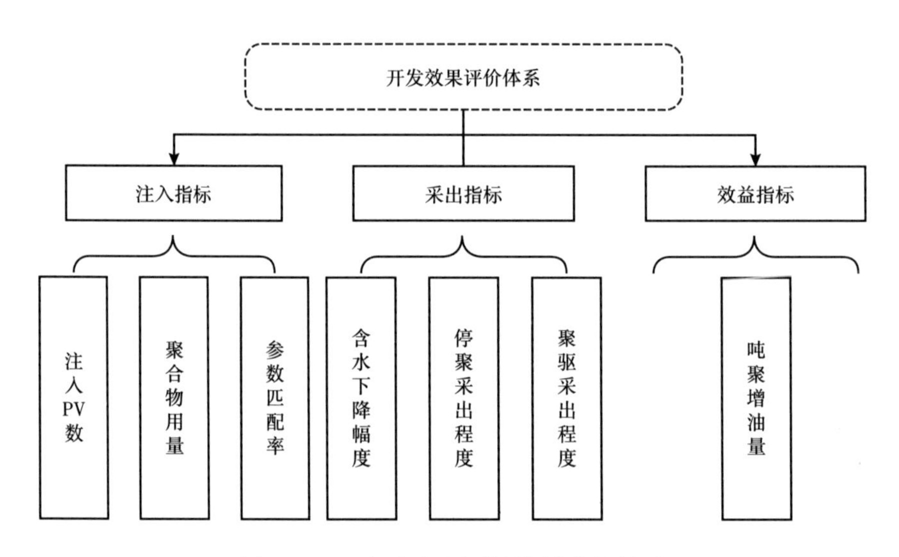

图6.4.5　三次采油开发效果评价指标体系

为了去除量纲的影响，对选定的8项油层潜力评价和7项开发效果评价指标需要进行归一化处理。对于正相关指标（包括有效厚度、砂岩系数、渗透率、河道砂钻遇率、剩余储量丰度等），利用下式进行转换。

$$Z_{ij}=\frac{X_{ij}-\min\left(X_{ij}\right)}{\max\left(X_{ij}\right)-\min\left(X_{ij}\right)}\quad\left(i=1,2,3;\ j=1,2,3,4\right)\tag{6.4.1}$$

式中　Z_{ij}——无量纲评价指标；

　　　X_{ij}——评价指标实际值；

$\max(X_{ij})$——指标实际值的最大值；

$\min(X_{ij})$——指标实际值的最小值。

对于负相关指标（包括渗透率变异系数、层间级差和水驱动用程度），利用下式转换。

$$Z_{ij}=\frac{\max\left(X_{ij}\right)-X_{ij}}{\max\left(X_{ij}\right)-\min\left(X_{ij}\right)}\quad (i=1,2,3;\ j=1,2,3,4) \tag{6.4.2}$$

利用层次分析法确定各级指标的权重。按照因素之间的相互影响和隶属关系将评价层系划分为不同层次的要素组合，形成有序的层次结构模型。

构造比较矩阵并求解。以 u_i 表示某一层次的指标，u_{ij} 表示 u_i 相对于 u_j 的重要性数值，u_{ij} 取值采用（0，1，2）三标度法，对中间层和每个基础层的指标逐一进行两两比较后赋值，构造比较矩阵。通过计算转换后的比较矩阵的特征值，得到各项指标的权重。

建立综合评价模型。根据中间层和基础层的指标权重和归一化的指标体系，建立目标层的综合评价模型，实现潜力层系（区块）的量化描述。潜力层系的综合评价系数可表示为：

$$K=\alpha_1\sum_{j=1}^{n}\beta_{1j}Z_{1j}+\alpha_2\sum_{j=1}^{n}\beta_{2j}Z_{2j}+\alpha_3\sum_{j=1}^{n}\beta_{3j}Z_{3j} \tag{6.4.3}$$

式中　K——综合评价分值；

$\alpha_1,\alpha_2,\alpha_3$——中间层指标的权重；

$\beta_{1j},\beta_{2j},\beta_{3j}$——基础层指标的权重。

通过确定各指标的权重，构建综合评价模型，根据各区块目前的开发状态，按照含水率下降期、低值期、回升期和后续水驱四个阶段，分别建立以地质和开发综合评价系数为横坐标、纵坐标的综合评价图版，选出均处于标杆区和理想区的标杆区块，制定了遵循“八个必须”（井网必须独立完善、层系必须坚决封堵、体系质量必须确保达标、全过程注采必须保持平衡、注入速度必须合理衔接、注入参数必须合理匹配、跟踪调整必须及时到位和开发管理必须专业精细）是保证聚驱效果的红线底线并持续完善全生命周期跟踪调整过程中分阶段的技术政策界限，确保开发效果不断提高。

2. 二类 B 油层对标实践及效果

大庆长垣油田二类油层进一步划分为二类 A、B 两类油层（表 6.4.8），物性逐渐变差。二类 A 油层取得了较好的聚驱效果，萨Ⅲ$_{4-10}$ 聚驱平均提高采收率 14.5 个百分点，萨Ⅲ$_{1-7}$ 预测提高采收率 12.1 个百分点。二类 B 油层受地质条件差及采出程度高、含水率高等影响，以及开采过程中出现的聚合物相对分子质量与油层不匹配、层系组合级差大、注入能力差等问题，开发效果不够理想，以喇嘛甸油田为例，二类 B 油层相对独立，且储量占比大。投注的 8 个区块中，投注较早的 6 个区块存在着见效井比例低、含水率降幅小、阶段提高采收率低等问题，均未达到预期效果。针对“十二五”时期以来二类 B 油层聚驱效果变差的情况，通过分阶段对标图版对不同区块的开采现状进行评价，有效指导了开发调整，确保二类 B 较差区块的聚驱效果不断改善。

（1）二类 B 油层地质与开发特征。

根据沉积类型、砂体规模与物性特征等将油层划分三种类型。其中二类 B 油层以分流平原、三角洲内前缘沉积为主，与二类A油层相比，单层厚度及砂体规模小。

表 6.4.8　喇萨杏油田油层划分标准

<table>
<tr><th colspan="2" rowspan="3">油层类型</th><th colspan="4">主要判定参数</th><th colspan="2">辅助判定参数</th></tr>
<tr><th rowspan="2">主要沉积相</th><th colspan="2">主要砂体</th><th rowspan="2">单层碾平有效厚度 /m</th><th rowspan="2">油层总钻遇率</th><th rowspan="2">表外钻遇率 / 油层总钻遇率</th></tr>
<tr><th>沉积类型</th><th>钻遇率 /%</th></tr>
<tr><td rowspan="2">一类油层</td><td>IA</td><td>泛滥平原</td><td>辫状河道砂体、曲流点坝砂体</td><td>≥ 60</td><td>≥ 3</td><td>≥ 95</td><td>≤ 5</td></tr>
<tr><td>IB</td><td>分流平原</td><td>大型高弯分流河道砂</td><td>≥ 60</td><td>≥ 1.5</td><td>≥ 90</td><td>≤ 10</td></tr>
<tr><td rowspan="9">二类油层</td><td rowspan="5">IIA</td><td rowspan="2">泛滥平原
分流平原</td><td>分流河道砂</td><td>≥ 30</td><td rowspan="5">≥ 1</td><td rowspan="2">≥ 80</td><td rowspan="2">≤ 20</td></tr>
<tr><td>厚层席状砂及河道</td><td>≥ 50</td></tr>
<tr><td rowspan="3">内前缘</td><td>水下分流河道砂体</td><td>≥ 20</td><td rowspan="3">≥ 80</td><td rowspan="2">≤ 30</td></tr>
<tr><td>席状砂</td><td>≥ 30</td></tr>
<tr><td>厚层席状砂及河道</td><td>≥ 40</td><td>≤ 20</td></tr>
<tr><td rowspan="4">IIB</td><td rowspan="2">泛滥平原
分流平原</td><td>分流河道砂</td><td>≥ 20</td><td rowspan="4">≥ 0.5</td><td rowspan="2">≥ 60</td><td rowspan="2">≤ 20</td></tr>
<tr><td>厚层席状砂及河道</td><td>≥ 40</td></tr>
<tr><td rowspan="2">内前缘</td><td>席状砂及河道砂</td><td>≥ 60</td><td rowspan="2">≥ 80</td><td rowspan="2">≤ 30</td></tr>
<tr><td>薄层席状砂</td><td>≤ 25</td></tr>
</table>

①平面上二类B葡Ⅱ$_{7}$—高Ⅰ$_{4+5}$储层砂体相变剧烈，连续性差。

一是二类B油层河道砂体连续性差，注采井连通率低。萨Ⅲ$_{4-10}$以高弯曲分流河道砂体发育为主，砂体连片性好；葡Ⅱ$_{7-10}$发育低弯曲分流河道砂和坨状内前缘，河道规模小，河间砂发育；高Ⅰ$_{1-5}$发育低弯曲分流河道砂体和坨状内前缘砂，河间砂连续性差。二类B油层河道砂体钻遇率29.7%，较二类A油层低35.2个百分点；二类B油层表外和尖灭钻遇率43.1%，较二类A油层高28.6个百分点；二类B油层高Ⅰ$_{1-5}$尖灭钻遇率32.4%，较葡Ⅱ$_{7-10}$高18.4个百分点。二类B砂体的河道规模50~260m，较二类A河道宽度少200~540m；河道—河道连通率20.6%，较二类A萨Ⅲ$_{4-10}$低51.7个百分点；总连通率54.5%，较二类A萨Ⅲ$_{4-10}$低28.7个百分点。

二是二类B油层聚驱较二类A油层注采能力低。在二类B油层注入强度比二类A油层低33%的基础上，初始注入压力比二类A油层高3.3MPa；二类B油层视吸水指数比二类A油层低25%~30%；二类B油层产液指数初期比二类A油层低55%，注0.4PV时低45%。

②纵向上葡Ⅱ$_{7}$—高Ⅰ$_{5}$层间渗透率级差大，油层动用不均衡。

一是二类B储层河道规模小，厚度明显变薄、连续性变差。ⅡA砂体发育厚度大，平面连续性好，以河道—河道连通为主；ⅡB葡Ⅱ$_{7-10}$砂体河道规模小，河道连续性差，三种连通方式共存；ⅡB高Ⅰ$_{1-5}$相对于葡Ⅱ$_{7-10}$砂体规模更小，河道控制程度低。

二是葡Ⅱ$_{7-10}$与高Ⅰ$_{1-5}$油层组合渗透率级差偏大。葡Ⅱ$_{7-10}$与高Ⅰ$_{1-5}$分别属于葡萄花层系葡Ⅱ油层组和高台子层系高Ⅰ油层组，层系组合后，渗透率级差3倍以上，二类A萨Ⅲ$_{4-10}$只有1.7倍。北北块一区二类B油层注聚初期吸液厚度比例只有75.4%，二类A萨Ⅲ$_{4-10}$吸液厚度比例89.1%，少动用13.7个百分点；统计不同层段注聚阶段吸水剖面表明，渗透率较低的高台子油层2018年油层吸液厚度比例不足70%，2019年改注1200万相对分子质量后，吸液厚度比例达到了80.2%；示踪剂和中间油井取样分析结果表明：二类B油层见剂时间比二类A油层晚40~66d；高Ⅰ$_{1-5}$比葡Ⅱ$_{7-10}$见剂时间晚30~60d；中间油井取样葡Ⅱ$_{7-10}$采聚浓度明显高于高Ⅰ$_{1-5}$。二类B油层平面上连通率低，纵向上层间级差大。从聚驱控制程度上看，二类B油层只有71.5%，较二类A油层低16.7个百分点，较106m井距的北西块二区断北低12.3个百分点。

③葡Ⅱ$_7$—高Ⅰ$_5$油层注聚前采出程度高，剩余油少。

二类B油层注聚区块水驱阶段采出程度高。二类B区块综合含水率97.4%，较二类A油层和北西块二区断北分别高2.6个百分点和2.3个百分点；水驱采出程度40.7%，分别高4.0个百分点和4.2个百分点；高水淹比例55%，分别高26.2个百分点和16.7个百分点。二类B油层含水饱和度大于55%井数比例，明显高于二类A油层。统计含水饱和度大于55%井数比例：葡Ⅱ$_{7-10}$井数比例39.4%，较萨Ⅲ$_{4-10}$高30.9个百分点；高Ⅰ$_{1-5}$井数比例75.9%，较萨Ⅲ$_{4-10}$高67.4个百分点；高Ⅰ$_{1-5}$井数比例较葡Ⅱ$_{7-10}$高36.5个百分点。

同一区块不同井组分析表明，含油饱和度和连通率越高，见效程度越好。根据见效程度，将井组划分为Ⅰ类至Ⅳ类，Ⅰ类、Ⅱ类井组主要位于基础井网油井排或注采分流线附近，Ⅲ类、Ⅳ类井组主要位于基础井网水井排或注采主流线上。Ⅰ类井组含油饱和度和一类连通率分别为45.8%和55.9%；Ⅱ类井组含油饱和度和一类连通率分别为44.4 %和46.5%；Ⅲ类、Ⅳ类井组含油饱和度和一类连通率分别为40.9%和43.4%。Ⅰ类井组见效特点，这类井组有23个，占比24.5%，综合含水率90.4%，与见效前相比，含水率下降6.9个百分点。从井网关系看，主要位于基础井网油井排上；Ⅱ类井组见效特点，这类井组有16个，占比17.0%，综合含水率94.0%，含水率下降4.6个百分点。从井网关系看，主要位于原水驱注采井分流线或基础井网油井排上；Ⅲ类、Ⅳ类井组见效特点，这类井组55口，占比58.5%，综合含水率96.3%，含水率下降1.8个百分点。从井网关系看，主要位于基础井网水井排或注采主流线上。

④二类B油层注入聚合物相对分子质量与高台子油层匹配程度低，油层动用比例低。

通过聚驱控制程度研究，二类A油层2500万相对分子质量聚驱控制程度88.2%，106m井距的北西块二区断北1200万相对分子质量聚驱控制程度83.8%。

二类B油层2500万、1900万和1200万相对分子质量聚驱控制程度分别为57.3%、68.5%和75.3%，只有1200万相对分子质量能够达到75%水平。

通过优化相对分子质量，一是纵向上层间矛盾明显减少。北北块一区二套注聚相对分子质量由2500万和1900万相对分子质量聚合物调整为1200万后，高台子油层聚驱控制程度由57.5%增加到70.7%，层间控制程度差异由1.37倍缩小到1.17倍；二是吸液厚度明显增加。2019年将2500万和1900万相对分子质量聚合物调整为1200万，吸液厚度比例达到83.5%，增加了6.1个百分点。高台子低渗透率油层动用状况得到有效改善。相对分子质量调整后高Ⅰ$_{1-5}$吸液厚度比例增加了10.6个百分点，渗透率小于$100\times10^{-3}\mu m^2$和

（100~200）$\times 10^{-3}\mu m^2$ 分别增加了 9.4 个百分点和 12.9 个百分点

（2）明确影响二类 B 油层聚驱开发效果的主控因素。

通过对标分析表明：一是二类 B 油层条件差是客观因素，比二类 A 少提高采收率 2~3 个百分点。开发与地质研究显示，开展宏观精细地质解剖 18172 层次，微观特征实验分析 10790 样次，建模数模研究 102 组。结果表明，二类 B 油层河道砂发育规模小，表外、尖灭钻遇率高；水驱井网密度大，开发时间长，剩余油相对较少；二是水驱干扰是主要因素。影响少提高采收率 3~5 个百分点。通过数模与现场验证，应用自主研发 CHEMEOR2.0 数模软件计算 16233 井次，现场资料核查 8822 井次，封堵效果验证 1876 井次。结果表明，水驱干扰影响聚合物黏度场和压力场，导致注采失衡，注采比低、压力系统紊乱，聚驱扩大波及作用受限；三是注入状况差是重要因素，影响少提高采收率 1~2 个百分点。动态与调整分析表明，开展注入质量监测分析 583 井次，剖面、压力监测与动态分析 31859 井次，管线穿孔调查 1651 井次。结果表明，早期注聚区块注入体系适应性差，压力系统调控不合理；老旧管线穿孔频发、水质波动等影响聚合物体系注入质量。

（3）完善全生命周期跟踪调整过程中分阶段技术政策界限。

二类 B 油层治理实践重要启示，确保化学驱开发效果需要坚持做到“八个必须”。根据现场开采实际，持续完善生命周期跟踪调整技术政策界限：

①投产前阶段，目标是合理组合层系、优化井网井距；对策及技术界限是层系井网独立完善、注采井距 106~150m、化学驱控制程度不小于 70%、效益开发单井厚度不小于 4m；

②空白水驱阶段，目标是平衡注采关系、保持压力空间，对策及技术界限是开井率 100%、封堵率 100%、注入方案符合率大于 90%、注采比 0.9~1.1、压力空间大于 4MPa、地层总压差 ±0.8MPa；

③投注初期阶段，目标是均衡压力、调整剖面，对策及技术界限是参数匹配率大于 80%、注入合格率大于 95%、ΔP 月上升小于 0.5MPa、流压不小于 4MPa；

④含水率下降阶段，目标是提高动用促进受效，对策及技术界限是分注率大于 70%、动用比例大于 75%、注入端低渗层改造、压裂半径 小于 60m；

⑤低含水率稳定阶段，目标是提高注采能力、保持动用程度，对策及技术界限是注采能力下降幅度小于 50%、低渗层动用厚度比例大于 70%、流压 2.0~4.0MPa、优化油井压裂半径小于 40m、措施有效率大于 75%、水驱井密封率 100%；

⑥含水率回升阶段，目标是动用接替潜力层、防治化学剂突破，对策及技术界限是水驱井密封率 100%、流压不小于 4.0MPa、措施有效率大于 75%、优化平面层间注采速度、压堵结合控含水率、个性化设计停注聚时机、采出井薄差层压裂；

⑦后续水驱阶段，目标是控制含水率回升、深挖后续水驱阶段潜力，对策及技术界限是治理低效无效循环、深化剩余油认识与挖潜、优化注水结构、优化分层注水、优化周期注采和治理关停井。

（4）制定了“治理两驱干扰、合理参数匹配、调控压力系统”三大调整对策。

制定分区块、分阶段、分井组对标结果，制定了实施优化调整 6487 井次。八个区块效果均得到较大程度改善，注聚后期区块稳定期延长，注聚中期区块逐步见效，注聚初期区块开发效果已呈现较好趋势。

①注聚初期 2 个区块，严格执行注剂“七个条件”，从源头上奠定提升效果的基础，注聚后严格执行“八个必须”技术政策，开发效果符合数模预测。

②注聚中期 2 个区块，以消除水驱干扰、优化井组分类、强化精准施策为主线，及时跟踪调整，区块开始见效，综合含水率下降 2 个百分点以上。

③注聚后期 4 个区块，以调控注采平衡、优化措施改造为核心，重构压力系统，含水率月回升速度由 0.19 个百分点降至 0.03 个百分点，稳定期延长 4 个月以上。

3. 后续水驱阶段开发效果评价与调整对策

从产量结构上看，后续水驱区块已成为三次采油的主体，储量占比达 72.2%。按照油层的沉积状态，目前处于后续水驱阶段的 53 个区块分属于北部一类和北部二类、南部一类油层。通过综合评价模型计算，利用分阶段图版，可以确定北部一类、二类油层、南部一类油层后续水驱区块开发效果的分类结果（表 6.4.9 至表 6.4.11）。北部一类、二类油层开发效果较好的区块分布在萨北和萨南开发区，重点调整的潜力区块应该在萨中和喇嘛甸开发区，包括北部一类油层的南中块、北一区断东东块、南一区西部区块和二类油层的北北块一二区上返。南部一类油层开发效果整体较差，聚驱潜力调整区块主要有杏一区—杏三区西部Ⅱ区、杏十二区西部和南七区—杏一区西部。

表 6.4.9　北部一类油层后续水驱阶段区块综合评价结果

效果分类	后续区块	层位	地质综合系数	开发综合系数
Ⅰ类	中区东部	葡Ⅰ$_{1-4}$	0.352	0.691
Ⅰ类	南二区东部	葡Ⅰ$_{1-4}$	0.366	0.625
Ⅰ类	南三区东部	葡Ⅰ$_{1-4}$	0.242	0.682
Ⅰ类	南二区西部	葡Ⅰ$_{1-4}$	0.290	0.674
Ⅰ类	北二区西部西块	葡Ⅰ$_{1-4}$	0.467	0.543
Ⅰ类	北三区西部东块	葡Ⅰ$_{1-4}$	0.427	0.557
Ⅱ类	北东块	葡Ⅰ$_{1-2}$	0.546	0.632
Ⅱ类	北北块	葡Ⅰ$_{1-2}$	0.598	0.651
Ⅱ类	北西块	葡Ⅰ$_{1-2}$	0.785	0.501
Ⅱ类	北一区断东中块	葡Ⅰ$_{1-7}$	0.535	0.541
Ⅱ类	北二区西部东块	葡Ⅰ$_{1-7}$	0.597	0.708
Ⅱ类	北三区西部西块	葡Ⅰ$_{1-4}$	0.497	0.789
Ⅲ类	南中块东部	葡Ⅰ$_{1-2}$	0.790	0.423
Ⅲ类	南中块西部	葡Ⅰ$_{1-2}$	0.689	0.409
Ⅲ类	北一区中块	葡Ⅰ$_{1-7}$	0.633	0.490

续表

效果分类	后续区块	层位	地质综合系数	开发综合系数
Ⅲ类	北一区断东东块	葡Ⅰ$_{1-7}$	0.495	0.445
Ⅲ类	南一区西部东块	葡Ⅰ$_{1-4}$	0.486	0.475
Ⅲ类	南一区西部西块	葡Ⅰ$_{1-4}$	0.569	0.182
Ⅳ类	东区	葡Ⅰ$_{1-7}$	0.254	0.279
Ⅳ类	北二区东部西块	葡Ⅰ$_{1-7}$	0.271	0.484
Ⅳ类	北二区东部东块	葡Ⅰ$_{1-7}$	0.300	0.244
Ⅳ类	北三区东部西块	葡Ⅰ$_{1}$—葡Ⅱ$_{3}$	0.347	0.325
Ⅳ类	北三区东部东块	葡Ⅰ$_{1-7}$	0.414	0.396
Ⅳ类	北 3-1 排 -3-3 排葡一组东区	葡Ⅰ$_{1-7}$	0.474	0.378
均值			0.480	0.500

表 6.4.10　北部二类油层后续水驱阶段区块综合评价结果

效果分类	后续区块	层 位	地质综合系数	开发综合系数
Ⅰ类	南二区东部上返	萨Ⅱ$_{7-12}$	0.246	0.654
Ⅰ类	南三区东部南块上返	萨Ⅱ$_{7-12}$	0.357	0.612
Ⅰ类	南三区东部北块上返	萨Ⅱ$_{7-12}$	0.321	0.594
Ⅰ类	北三区西部东北块上返	萨Ⅱ$_{10}$—萨Ⅲ$_{10}$	0.459	0.530
Ⅱ类	北东块Ⅰ区上返	萨Ⅲ$_{4-10}$	0.597	0.641
Ⅱ类	南中东Ⅰ区上返	萨Ⅲ$_{4-10}$	0.557	0.543
Ⅱ类	北西块Ⅰ区上返	萨Ⅲ$_{1-7}$	0.649	0.555
Ⅱ类	北二区西部西块上返	萨Ⅱ$_{13}$—萨Ⅲ$_{10}$	0.623	0.749
Ⅱ类	北三区西部西块上返	萨Ⅱ$_{10}$—萨Ⅲ$_{10}$	0.568	0.768
Ⅲ类	北北块Ⅰ区上返	萨Ⅲ$_{4-10}$	0.662	0.437
Ⅲ类	北北块Ⅱ区上返	萨Ⅲ$_{4-10}$	0.496	0.364
Ⅳ类	北西块Ⅱ区上返	萨Ⅲ$_{1}$—葡Ⅱ$_{7}$	0.474	0.455
Ⅳ类	北东块Ⅱ区上返	萨Ⅲ$_{4-10}$	0.412	0.246
Ⅳ类	中区西部上返	萨Ⅱ$_{10}$—萨Ⅲ$_{10}$	0.397	0.237
均值			0.480	0.520

表 6.4.11　南部一类油层后续水驱阶段区块综合评价结果

效果分类	后续区块	层位	地质综合系数	开发综合系数
Ⅰ类	杏一区—杏二区东部Ⅰ块	葡 I_1—葡 I_{33}	0.480	0.428
Ⅱ类	南四区西部	葡 I_{1-4}	0.543	0.854
Ⅱ类	杏四区—杏六区面积北部	葡 I_1—葡 I_{33}	0.657	0.707
Ⅱ类	杏四区—杏六区面积南部	葡 I_1—葡 I_{33}	0.725	0.506
Ⅱ类	杏四区西部	葡 I_1—葡 I_{33}	0.743	0.535
Ⅲ类	南五区	葡 I_{1-4}	0.524	0.417
Ⅲ类	南七区—杏一区西部	葡 I_{1-2}	0.501	0.358
Ⅲ类	杏四区—杏五区中部	葡 I_1—葡 I_{33}	0.737	0.413
Ⅲ类	杏一区—杏三区西部Ⅱ区	葡 I_{1-3}	0.557	0.323
Ⅲ类	杏十二区西部	葡 I_3	0.540	0.295
Ⅳ类	南七区—杏一区东部	葡 I_{1-4}	0.262	0.379
Ⅳ类	杏一区—杏三区西部Ⅰ区	葡 I_{1-3}	0.451	0.232
Ⅳ类	杏一区—杏三区西部Ⅲ块	葡 I_{1-3}	0.436	0.380
Ⅳ类	杏十三区东部	葡 I_3	0.301	0.408
Ⅳ类	杏十二区东部	葡 I_3	0.180	0.179
均值			0.500	0.420

由于后续水驱区块可以实施的调整对策有限，并且处于整个开发过程后期，含水率和产液接近或者已经到达经济技术界限，面临着返层开发和聚驱后新技术的应用。因此，对于后续水驱区块选取目前含水率和采出程度作为判断指标、采液速度作为主控因素、目前开井率和后续注入 PV 数作为辅助指标来制定后续阶段的调整对策：一是对于“十四五”末期前含水达到和接近经济界限的区块直接转聚驱后或者返层开发。二是对于含水距经济界限还有几年开采时间的区块，主要考虑采液速度，如果目前采液速度高于技术经济界限则采取稳液或者控液措施；如果目前采液速度低于技术经济界限则通过开井率和后续注入体积辅助指标综合确定优化提液或者提高开井率整体提液等措施。

以Ⅲ类区块调整措施制定为例。从到达经济极限含水时间上判断，南一区西部东块、北北块一区上返、杏一区—杏三区西部Ⅰ区、杏一区—杏三区西部Ⅱ区和杏四区—杏五中部已经到达经济开采界限，含水率高、注水无效循环严重，需要返层接替或者转聚驱后开。

对于“十四五”结束后到达含水界限的区块，依据目前采液速度和合理采液速度界限（表 6.4.12）。高于采液速度界限的北 3-1 排 -3-3 排葡一组东区和北一区中块采取控液和稳液措施；低于采液速度界限的南中块西部、南中块东部、北一区断东东块和杏十二区西部，目前开井率较低，应加大低效井和长关井治理，优化提液；南五区目前开井率较高、进入后续时间较长，应整体提液，已得到最大的开采效益。

表 6.4.12　后续水驱阶段Ⅲ类区块开采状况与到达经济极限含水时间统计表

分类油层	区块	开采层系	地质储量 / 10^4t	总采出程度 / %	目前含水 / %	经济极限含水年份
北部一类	南中块西部	葡 I$_{1-2}$	2002	58.31	98.3	2026
	南中块东部	葡 I$_{1-2}$	1983	54.41	98.05	2033
	北 3-1 排 -3-3 排葡一组东区	葡 I$_{1-7}$	552	54.09	97.05	2021
	北一区中块	葡 I$_{1-7}$	1863	54.26	97.92	2036
	北一区断东东块	葡 I$_{1-7}$	2115	49.94	97.5	2024
	南一区西部东块	葡 I$_{1-4}$	1607	55.02	98.5	2020
	南一区西部西块	葡 I$_{1-4}$	1526	58	98.87	2021
北部二类	北北块 I 区上返	萨Ⅲ$_{4-10}$	1295	52.65	98.14	2020
南部一类	南五区	葡 I$_{1-4}$	877	57.12	97.5	2022
	杏一区—杏三区西部 I 区	葡 I$_{1-3}$	711	51.9	98.87	2019
	杏一区—杏三区西部Ⅱ区	葡 I$_{1-3}$	1083	55.2	98.37	2019
	杏四—五中部	葡 I$_{1}$—葡 I$_{33}$	963	53.3	98.98	2019
	杏十二区西部	葡 I$_{3}$	653	57.73	98.08	2022

通过对后续水驱区块进行三级指标综合论证，最终确定了 30 个区块的调整方向及对策（表 6.4.13）。含水率接近或达到经济极限含水率的区块进行上下返及转聚驱后；含水率未接近经济含水率的区块依据采液速度界限提液或控液（表 6.4.14）。

表 6.4.13　后续水驱阶段Ⅲ类区块开采状况与技术采液界限统计表

区块	开采层系	地质储量 / 10^4t	后续采液速度 / %	技术采液界限 / %	目前开井率 /%	后续累计注入体积 /PV
南中块西部	葡 I$_{1-2}$	2002	22	29.45	48.5	1.07
南中块东部	葡 I$_{1-2}$	1983	13.1	19.79	40.2	0.80
北 3-1 排 -3-3 排东区	葡 I$_{1-7}$	552	33.5	31.2	98.7	0.23
北一区中块	葡 I$_{1-7}$	1863	10.7	10.19	38.8	0.98
北一区断东东块	葡 I$_{1-7}$	2115	6.8	7.94	33.2	0.60
南一区西部西块	葡 I$_{1-4}$	1526	18.5	20.59	62.4	0.48
南五区	葡 I$_{1-4}$	877	17.8	27.84	86.6	0.77
杏十二区西部	葡 I$_{3}$	653	29.1	43.37	41.8	0.42

表 6.4.14　后续水驱阶段区块调整对策汇总表

问题及矛盾	区块名称	调整对策
含水率达到经济界限；低效无效循环严重	南一区西部东块、北三区西部东北块上返、杏一区—杏二区东部Ⅰ块、杏一区—杏三区西部Ⅱ区、杏一区—杏三区西部Ⅰ区、杏一区—杏三区西部Ⅲ块、杏四区—杏五区中、杏四区—杏六区面积北部、杏四区—杏六区面积南部、杏四区西部、北北块Ⅰ区上返（共 11 个区块）	二类油层进行上下返层开发；一类油层开展聚驱后提高采收率技术
含水率接近经济界限；含水率高、效益差；低效无效循环严重	中区西部上返、东区、北 3-1 排 -3-3 排葡一组东区、南二区东部、南三区东部南块上返、南三区东部北块上返（共 6 个区块）	二类油层控液达到经济极限含水上下返层；一类油层控液达到含水率经济界限转聚驱后
采液速度低；采出程度低	北二区西部西块上返、北三区东部东块、北三区东部西块、北东块Ⅱ区上返、南七区—杏一区东部、南七区—杏一区西部、杏十二区东部（共 7 个区块）	提高注入采出速度，整体优化提液
采液速度低；采出程度低；开井率低	北东块、北西块、南中块东部、南中块西部、北一区断东东块、杏十二区西部（共 6 个区块）	优化开井率提液

参考文献

[1] 李志，李富恒，侯平，等 . 国际油公司勘探战略对标评价方法初探 [J]. 中国石油勘探，2022，7（6）：137-144.

[2] 李岩，赖如强，尚玥彤，等 . 石油和化工行业对标管理的评价指标体系 [J]. 化工管理，2020，31：32-33.

[3] 袁庆峰 . 油田开发实践与认识 [M]. 北京：石油工业出版社，2014，88-115.

[4] 王渝明，宋新民，王凤兰，等 . 砂岩油田聚合物驱提高采收率技术 [M]. 北京：石油工业出版社，2019.

[5] 邵振波，张晓芹 . 大庆油田二类油层聚合物驱实践与认识 [J]. 大庆石油地质与开发，2001，28（5）：163-167.

[6] 孔祥亭，唐莉，周学民 . 聚合物驱开发规划指标预测方法研究 [J]. 大庆石油地质与开发，2001，20（5）：46-49.

[7] 刘玉坤，毕永斌，隋新光 . 聚合物驱开发指标预测方法研究 [J]. 大庆石油地质与开发，2007，26(2)：105-107.

[8] 周丛丛，李洁，张晓光，等 . 基于人工神经网络的聚合物驱提高采收率预测 [J]. 大庆石油地质与开发，2008，27（3）：113-116.

[9] 张雪玲 . 大庆油田二类油层聚合物驱产油量预测模型应用 [J]. 特种油气藏，2016，23（2）：128-131.

[10] 翟亮，李兆敏，张星，等 . 基于支持向量机的注聚防串参数优化方法 [J]. 油气地质与采收率，2007，14（4）：88-91.

[11] 侯健 . 提高原油采收率潜力预测方法 [M]. 北京，中国石油大学出版社，2007.